高等职业教育“十三五”规划教材

应 用 数 学

主　　编　高　焱

副 主 编　陈继业　张宏斌　郝连军　王达开

参　　编　刘　君　田春尧　杨　迪　徐健楠

主　　审　王贺元

机 械 工 业 出 版 社

本书的编写充分考虑到高职院校学生的实际情况，结合“高等数学”课程在高职教育中的定位和课程标准，遵循“以应用为目的，以必需、够用为度”的教学原则，适度淡化了深奥的数学理论，注重让学生理解重要的数学思想、掌握重要的数学方法及其在实际和相关专业中的应用，目的在于培养学生对知识的运用能力、勇于探索的精神和可持续发展的能力。

本书的主要内容有：函数、极限与连续，导数与微分，导数的应用，不定积分，定积分及其应用，常微分方程，拉普拉斯变换，线性代数。

本书可作为高职院校理工类各专业以及部分普通高等院校的教材，也可作为其他专业的参考用书。

为方便教学，本书配备电子课件等教学资源。凡选用本书作为教材的教师均可登录机械工业出版社教育服务网 www. cmpedu. com 免费下载。如有问题请致信 cmpgaozhi@ sina. com，或致电 010-88379375 联系营销人员。

图书在版编目(CIP)数据

应用数学/高焱主编. —北京：机械工业出版社，2016. 6(2018. 8 重印)
高等职业教育“十三五”规划教材
ISBN 978-7-111-53693-2

Ⅰ. ①应… Ⅱ. ①高… Ⅲ. ①应用数学—高等职业教育—教材 Ⅳ. ①O29

中国版本图书馆 CIP 数据核字(2016)第 095592 号

机械工业出版社(北京市百万庄大街 22 号 邮政编码 100037)
策划编辑：刘子峰 责任编辑：刘子峰
责任校对：张 薇 封面设计：张 静
责任印制：常天培
北京铭成印刷有限公司印刷
2018 年 8 月第 1 版第 2 次印刷
184mm×260mm · 14 印张 · 342 千字
标准书号：ISBN 978-7-111-53693-2
定价：34. 80 元

凡购本书，如有缺页、倒页、脱页，由本社发行部调换

电话服务	网络服务
服务咨询热线：010-88379833	机 工 官 网：www.cmpbook.com
读者购书热线：010-88379649	机 工 官 博：weibo.com/cmp1952
	教育服务网：www.cmpedu.com
封面无防伪标均为盗版	金 书 网：www.golden-book.com

前　言

随着我国高职教育教学改革的不断深化，高职教育的培养目标日益明确。“高等数学”课程在高职教育中起着举足轻重的作用。同时，社会的发展和生源的变化为课程改革提出了新的任务。在本书的编写过程中，充分考虑到高职院校学生的实际情况，结合“高等数学”课程在高职教育中的定位和课程标准，遵循“以应用为目的，以必需、够用为度”的教学原则，适度淡化了深奥的数学理论，注重让学生理解重要的数学思想、掌握重要的数学方法及其在实际和相关专业中的应用，目的在于培养学生对知识的运用能力、勇于探索的精神和可持续发展的能力。在编写中力求使教材结构紧凑、语言简练，对必要的基本理论、基本方法和基本技能的阐述深入浅出、通俗易懂，在教学内容上删去了一些烦琐的推理和证明。在各章、节后都配有一定数量的习题与复习题，供教师和学生选用，并附有部分习题参考答案。同时，在各章最后都穿插了“数学小百科”，目的是引导学生学习数学家的探索精神，激发学生的兴趣，亲近数学的理论，拓宽学科的视野。

本书由辽宁石化职业技术学院的高焱任主编，陈继业、张宏斌、郝连军、王达开任副主编，参加编写的还有刘君、田春尧、杨迪、徐健楠。具体分工如下：高焱编写第一章、第二章、第三章、第四章、第五章、第六章和第八章，陈继业编写第七章，张宏斌编写第一章习题和答案，郝连军编写第二章习题和答案，王达开编写第三章习题和答案，刘君编写第四章习题和答案，田春尧编写第五章习题和答案，高焱编写第六章习题和答案，杨迪编写第七章习题和答案，徐健楠编写第八章习题和答案。辽宁工业大学的王贺元教授认真审阅了全稿并提出了宝贵意见。

由于作者水平有限，书中不妥之处在所难免，敬请广大读者批评指正。

编　者

目　录

第一章　函数、极限与连续

极限揭示了函数的变化趋势，是数学中一个重要的基本概念，也是学习微分学的基础．本章将在复习和加深理解函数有关知识的基础上，研究函数的极限和连续等问题．

学习目标：

1. 理解函数极限与连续的基本思想．
2. 掌握求函数极限的几种主要方法．

第一节　初 等 函 数

一、函数的概念

在中学阶段已学过函数的定义，为今后便于学习，现将函数的有关概念重述如下．

1. 函数的定义

定义 1　设 D 是一个实数集，如果对属于 D 中的每一个数 x，按照某个对应关系 f，都有唯一数值 y 和它对应，那么 y 就叫作定义在数集 D 上的 x 的**函数**，记作 $y=f(x)$．其中，x 叫作**自变量**，数集 D 叫作函数的**定义域**，当 x 取遍 D 中的一切实数时，与它对应的函数值组成的集合 M 叫作函数的**值域**．

2. 函数的几种特性

（1）**奇偶性**　设函数 $y=f(x)$ 的定义域关于原点对称，如果对于定义域内的 x，都有 $f(-x)=f(x)$，则称 $f(x)$ 为**偶函数**；如果都有 $f(-x)=-f(x)$，则称 $f(x)$ 为**奇函数**．奇函数的图形关于坐标原点对称，偶函数的图形关于 y 轴对称．如果函数 $f(x)$ 既非偶函数，也非奇函数，那么 $f(x)$ 叫作**非奇非偶函数**．

例如，$y=x^3$ 和 $y=\sin x$ 是奇函数，$y=x^2$ 和 $y=\cos x$ 是偶函数．

（2）**单调性**　对于区间 (a,b) 内的任意两点 x_1，x_2，当 $x_1<x_2$ 时，有 $f(x_1)<f(x_2)$，则称函数 $y=f(x)$ 在 (a,b) 内是**单调增加**的，区间 (a,b) 叫作函数 $f(x)$ 的单调增加区间；如果有 $f(x_1)>f(x_2)$，则称函数 $y=f(x)$ 在 (a,b) 内是**单调减少**的，区间 (a,b) 叫作函数 $f(x)$ 的单调减少区间．单调增加的函数的图形沿 x 轴正向上升，单调减少的函数的图形沿 x 轴正向下降，如图 1-1 所示．

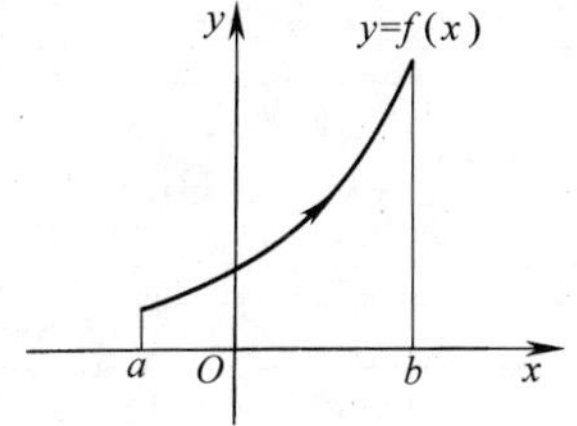

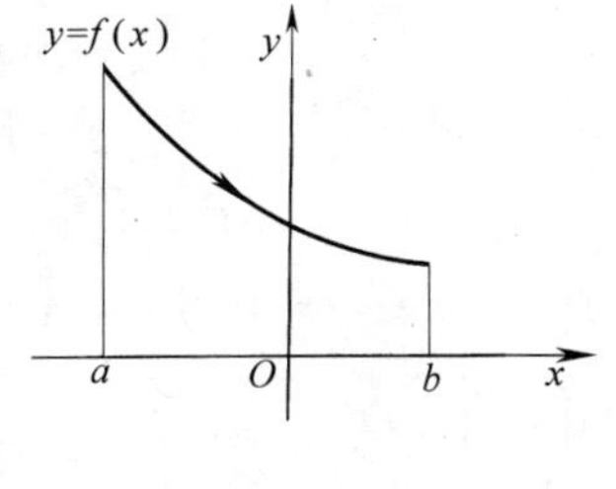

图　1-1

在某一个区间内单调增加或单调减少的函数都称为这个区间内的**单调函数**．

（3）**周期性**　对函数 $y=f(x)$，若存在不为零的数 T，使得

$$f(x+T)=f(x)$$

在 $f(x)$ 的定义域内恒成立，则称函数 $f(x)$ 为**周期函数**．使上式成立的最小正数 T，称为 $f(x)$ 的**最小正周期**，简称**周期**．

例如，函数 $y=\sin x$，$y=\cos x$ 的周期是 2π；$y=\tan x$，$y=\cot x$ 的周期是 π，它们都是周期函数. 又如，正弦型函数 $y=A\sin(\omega x+\varphi)$ 也是周期函数，其周期为$\frac{2\pi}{\omega}$.

（4）**有界性** 设函数$f(x)$在区间(a,b)内有定义，如果存在一个正数M，使对任意$x\in(a,b)$时，有

$$|f(x)|\leqslant M$$

成立，则称函数$f(x)$在(a,b)内**有界**. 有界函数的图形位于两平行线$y=\pm M$之间.

例如，当$x\in(-\infty,+\infty)$时，有$|\sin x|\leqslant 1$，所以$y=\sin x$在$(-\infty,+\infty)$内是有界的. 又如，函数$y=\frac{1}{x}$在区间$(0,1)$内是无界的，因为当$x\in(0,1)$时，不存在正数M，使$\left|\frac{1}{x}\right|\leqslant M$对所有$x\in(0,1)$成立. 但$y=\frac{1}{x}$在区间$[2,3]$内有界，因为当$x\in[2,3]$时，有$\left|\frac{1}{x}\right|\leqslant\frac{1}{2}$成立，此时$M=\frac{1}{2}$.

二、基本初等函数

幂函数、指数函数、对数函数、三角函数和反三角函数统称为**基本初等函数**. 为便于应用，将它们的定义域、值域、图形和特性列表如下（表1-1）.

表 1-1 基本初等函数

函数	幂函数			
	$y=x^2$	$y=x^3$	$y=x^{\frac{1}{2}}$	$y=x^{-1}$
图形	$y=x^2$, (1,1)	$y=x^3$, (1,1)	$y=\sqrt{x}$, (1,1)	$y=\frac{1}{x}$, (1,1)
定义域	$x\in(-\infty,+\infty)$	$x\in(-\infty,+\infty)$	$x\in[0,+\infty)$	$x\in(-\infty,0)\cup(0,+\infty)$
值域	$y\in[0,+\infty)$	$y\in(-\infty,+\infty)$	$y\in[0,+\infty)$	$y\in(-\infty,0)\cup(0,+\infty)$
特性	偶函数 在$(-\infty,0)$内单调减少 在$(0,+\infty)$内单调增加	奇函数 单调增加	单调增加	奇函数 单调减少

函数	指数函数		对数函数	
	$y=a^x\ (a>1)$	$y=a^x\ (0<a<1)$	$y=\log_a x\ (a>1)$	$y=\log_a x\ (0<a<1)$
图形	$y=a^x\ (a>1)$, (0,1)	$y=a^x\ (0<a<1)$, (0,1)	$y=\log_a x\ (a>1)$, (1,0)	$y=\log_a x\ (0<a<1)$, (1,0)
定义域	$x\in(-\infty,+\infty)$	$x\in(-\infty,+\infty)$	$x\in(0,+\infty)$	$x\in(0,+\infty)$
值域	$y\in(0,+\infty)$	$y\in(0,+\infty)$	$y\in(-\infty,+\infty)$	$y\in(-\infty,+\infty)$
特性	单调增加	单调减少	单调增加	单调减少

（续）

函数	三角函数			
	$y=\sin x$	$y=\cos x$	$y=\tan x$	$y=\cot x$
图形	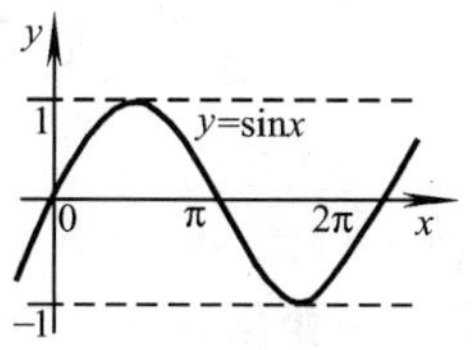	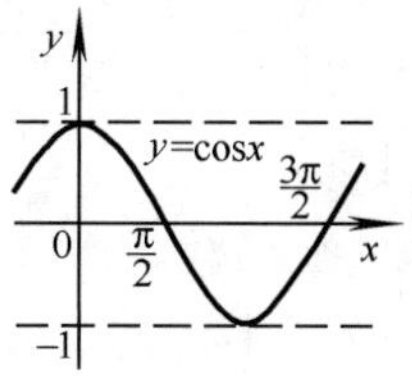	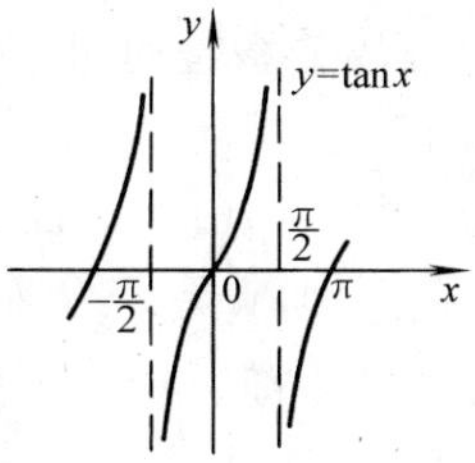	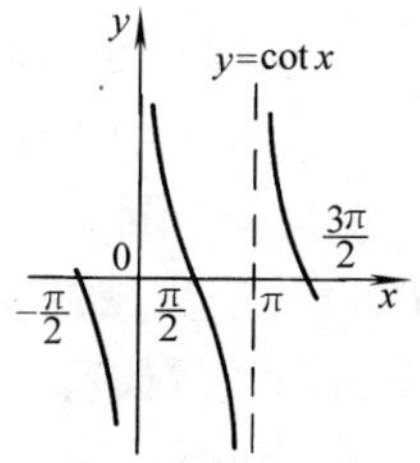
定义域	$x\in(-\infty,+\infty)$	$x\in(-\infty,+\infty)$	$x\neq k\pi+\frac{\pi}{2}$ $(k\in\mathbf{Z})$	$x\neq k\pi(k\in\mathbf{Z})$
值域	$y\in[-1,1]$	$y\in[-1,1]$	$y\in(-\infty,+\infty)$	$y\in(-\infty,+\infty)$
特性	奇函数，周期 2π，有界，在 $\left(2k\pi-\frac{\pi}{2},2k\pi+\frac{\pi}{2}\right)$ 内单调增加，在 $\left(2k\pi+\frac{\pi}{2},2k\pi+\frac{3\pi}{2}\right)$ 内单调减少 $(k\in\mathbf{Z})$	偶函数，周期 2π，有界，在 $(2k\pi,2k\pi+\pi)$ 内单调减少，在 $(2k\pi+\pi,2k\pi+2\pi)$ 内单调增加 $(k\in\mathbf{Z})$	奇函数，周期 π，在 $\left(k\pi-\frac{\pi}{2},k\pi+\frac{\pi}{2}\right)$ 内单调增加 $(k\in\mathbf{Z})$	奇函数，周期 π，在 $(k\pi,k\pi+\pi)$ 内单调减少 $(k\in\mathbf{Z})$

函数	反三角函数			
	$y=\arcsin x$	$y=\arccos x$	$y=\arctan x$	$y=\text{arccot}\,x$
图形	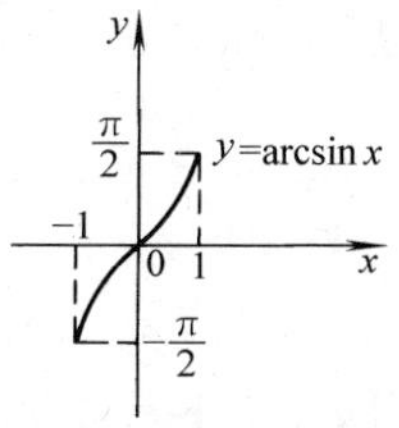	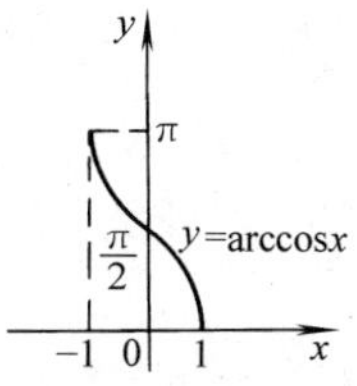	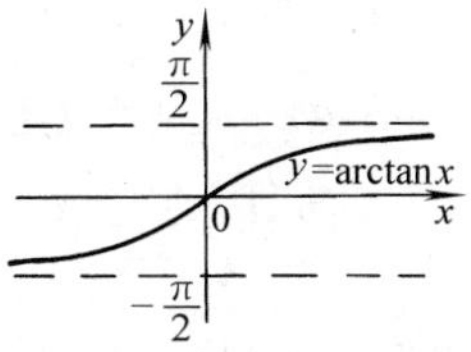	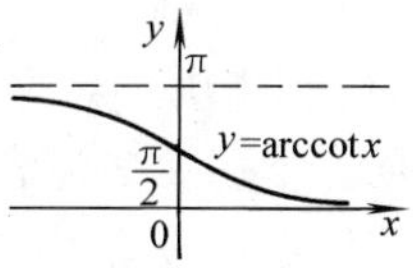
定义域	$x\in[-1,1]$	$x\in[-1,1]$	$x\in(-\infty,+\infty)$	$x\in(-\infty,+\infty)$
值域	$y\in\left[-\frac{\pi}{2},\frac{\pi}{2}\right]$	$y\in[0,\pi]$	$y\in\left(-\frac{\pi}{2},\frac{\pi}{2}\right)$	$y\in(0,\pi)$
特性	奇函数，单调增加，有界	单调减少，有界	奇函数，单调增加，有界	单调减少，有界

三、复合函数

在实际问题中，我们常会遇到几个较简单的函数组合成为复杂函数的情况. 例如，质量为 m 的物体，以初速度 v_0 向上抛，由物理学知道，动能 $E=\frac{1}{2}mv^2$，即动能 E 是速度 v 的函数；$v=v_0-gt$，即速度 v 又是时间 t 的函数（不计空气阻力），于是得 $E=\frac{1}{2}m(v_0-gt)^2$，这样

就把动能 E 通过速度 v 表示成了时间 t 的函数.

又如，从函数 $y=\ln(x+1)$ 可以看出，这个函数的值不是直接由自变量 x 来确定的，而是通过 $x+1$ 来确定的. 如果用 u 表示 $x+1$，那么函数 $y=\ln(x+1)$ 就可表示为 $y=\ln u$，而 $u=x+1$. 也就是说，y 与 x 的函数关系是通过变量 u 来确定的.

一般地，给出下面的定义：

定义 2 设 y 是 u 的函数 $y=f(u)$，而 u 又是 x 的函数 $u=\varphi(x)$，且 $u=\varphi(x)$ 的值域与 $y=f(u)$ 的定义域的交集非空，则 y 是 x 的函数. 这个函数叫作函数 $y=f(u)$ 与 $u=\varphi(x)$ 复合而成的函数，简称为 x 的**复合函数**，记作 $y=f[\varphi(x)]$，其中 u 叫作**中间变量**.

根据上述定义，可知函数 $y=\sin^2x$ 是 $y=u^2$ 与 $u=\sin x$ 复合而成的函数.

需要注意的是，函数 $u=\varphi(x)$ 的值域必须取在函数 $y=f(u)$ 的定义域内，否则复合函数将失去意义.

例如，复合函数 $y=\ln u$，$u=x+1$，由于 $y=\ln u$ 的定义域为 $(0,+\infty)$，所以中间变量 $u=x+1$ 的值域必须在 $(0,+\infty)$ 内，即 x 应在 $(-1,+\infty)$ 内.

例 1 试将下列各函数 y 表示成 x 的函数.

（1）$y=u^2$，$u=x^3-5x+2$　　　（2）$y=e^u$，$u=\sin v$，$v=x^2+1$

解 （1）将 $u=x^3-5x+2$ 代入 $y=u^2$ 中，可得 $y=(x^3-5x+2)^2$.

（2）将 $u=\sin v$，$v=x^2+1$ 代入 $y=e^u$ 中，可得 $y=e^{\sin(x^2+1)}$.

例 2 指出下列各复合函数的复合过程.

（1）$y=\sqrt{x^2+3x}$　　　（2）$y=\left(\arcsin\dfrac{1}{x}\right)^2$

解 （1）$y=\sqrt{x^2+3x}$ 是由 $y=\sqrt{u}$ 与 $u=x^2+3x$ 复合而成的.

（2）$y=\left(\arcsin\dfrac{1}{x}\right)^2$ 是由 $y=u^2$ 与 $u=\arcsin v$，$v=\dfrac{1}{x}$ 这三个函数复合而成的.

应当指出，不是任何两个函数都可以复合成一个复合函数. 例如，$y=\arcsin u$ 及 $u=2+x^2$ 就不能复合成一个复合函数，其原因在于 $u=2+x^2$ 的值域为 $[2,+\infty)$，与 $y=\arcsin u$ 的定义域 $[-1,1]$ 的交集为空集.

分析一个复合函数的复合过程时，每个层次都应是基本初等函数或常数与基本初等函数的四则运算；当分解到常数与自变量的基本初等函数的四则运算式，即简单函数时，就不再分解.

四、初等函数

定义 3 由基本初等函数和常数经过有限次四则运算和有限次的复合所构成的，能用一个式子表示的函数叫作**初等函数**.

例如，$y=1+\sqrt{x}$，$y=2\sin\dfrac{x}{2}$，$y=x\lg x$，$y=a^{\sin x}$ 等都是初等函数. 初等函数是最常见的一类函数，它是微积分研究的主要对象.

五、分段函数

有时，我们会遇到在不同的区间内用不同式子来表示的函数，这样的函数叫作**分段函数**.

例如，符号函数

$$f(x)=\operatorname{sgn}x=\begin{cases}1 & x>0\\ 0 & x=0\\ -1 & x<0\end{cases}$$

是定义在区间$(-\infty,+\infty)$内的一个分段函数. 当 $x>0$ 时, $f(x)=1$；当 $x=0$ 时, $f(x)=0$；当 $x<0$时, $f(x)=-1$. 它的图形如图 1-2 所示.

求分段函数值时，应把自变量的值代入相应取值范围的表示式进行计算.

例 3　已知函数

$$f(x)=\begin{cases}x^2 & x\geqslant 0\\ -x & x<0\end{cases}$$

求$f(3)$及$f(-4)$，并作出函数图形.

解　$f(3)=3^2=9$，$f(-4)=-(-4)=4$.

函数$f(x)$的图形由直线 $y=-x$ 的$(-\infty,0)$段和抛物线 $y=x^2$ 的$[0,+\infty)$段组成，如图 1-3 所示.

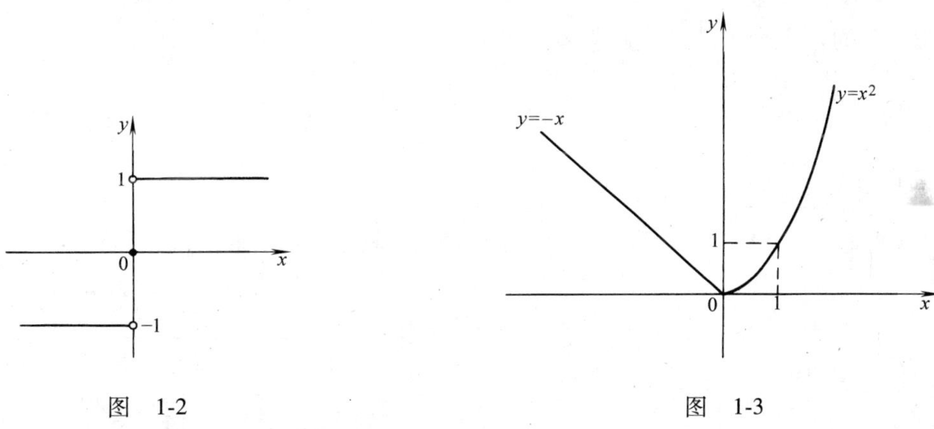

图　1-2　　　　图　1-3

分段函数 $y=\begin{cases}x & x\geqslant 0\\ -x & x<0\end{cases}$即 $y=\sqrt{x^2}$，是由$y=\sqrt{u}$，$u=x^2$ 复合而成的，所以它是一个初等函数. 而一般情况下，分段函数不是初等函数.

习题　1-1

1. 求下列函数的定义域.

（1）$y=\dfrac{1}{x^2+5x+6}$　（2）$y=\sqrt{4-x^2}+\dfrac{1}{\sqrt{x+1}}$　（3）$y=\sqrt{|x|-1}$

（4）$y=\lg\sin x$　（5）$y=\lg\dfrac{1+x}{1-x}$　（6）$y=\dfrac{x}{\tan x}$

2. 设$f(x)=1+x^2$，$\varphi(x)=\sin\dfrac{x}{3}$，求$f(0)$，$f\left(\dfrac{1}{a}\right)$，$f(t^2-1)$，$f[\varphi(x)]$，$\varphi[f(x)]$.

3. 设$f(x)=\begin{cases}0 & x<0\\ 2x & 0\leqslant x<\dfrac{1}{2}\\ 2(1-x) & \dfrac{1}{2}\leqslant x<1\\ 0 & x\geqslant 1\end{cases}$，作出函数的图形，并求$f\left(-\dfrac{1}{2}\right)$，$f\left(\dfrac{1}{3}\right)$，$f\left(\dfrac{3}{4}\right)$，$f(2)$的值.

4. 将下列各题中的 y 表示为 x 的函数.

（1）$y=\sqrt{u}$，$u=x^3-1$　（2）$y=\arcsin u$，$u=\sqrt{x}$

（3）$y=\lg u$，$u=2^v$，$v=\cos x$ （4）$y=e^u$，$u=v^2$，$v=\tan x$

5. 指出下列各复合函数的复合过程.

（1）$y=(1+x)^3$ （2）$y=\ln\sin x$

（3）$y=\arccos\sqrt{1+x}$ （4）$y=\sin^2(2x-1)$

第二节　极限的概念

极限是高等数学的重要概念之一，主要研究自变量在某一变化过程中函数的变化趋势. 下面首先讨论数列(整标函数) $x_n=f(n)$，$n\in\mathbf{N}$ 的极限，然后再讨论一般函数 $y=f(x)$ 的极限.

一、数列的极限

考察下面两个数列的变化趋势：

（1）$1,-\frac{1}{2},\frac{1}{3},-\frac{1}{4},\cdots,(-1)^{n-1}\frac{1}{n},\ \cdots$

（2）$\frac{1}{2},\frac{2}{3},\frac{3}{4},\frac{4}{5},\cdots,\frac{n}{n+1},\cdots$

为清楚起见，现将这两个数列的前几项分别在数轴上表示出来，分别如图1-4、图 1-5 所示.

图 1-4　　　图 1-5

由图 1-4 可以看出，当 n 无限增大时，数列 $x_n=(-1)^{n-1}\frac{1}{n}$的点逐渐密集在 $x=0$ 的附近，即数列 x_n 无限接近于 0；由图 1-5 可以看出，当 n 无限增大时，数列 $x_n=\frac{n}{n+1}$ 的点逐渐密集在 $x=1$ 的左侧，即数列 x_n 无限接近于 1.

上述的两个数列反映出的数列的变化趋势是：当 n 无限增大时，x_n 都分别无限接近于一个确定的常数. 对此有如下定义：

定义 1　如果当 n 无限增大时，数列 x_n 无限接近于一个确定的常数 A，那么 A 就叫作数列 x_n 的**极限**，记为

$$\lim_{n\to\infty}x_n=A \quad 或 \quad 当 n\to\infty 时，x_n\to A$$

由定义 1 可知，数列(1)的极限是 0，可记为 $\lim\limits_{n\to\infty}(-1)^{n-1}\frac{1}{n}=0$；数列(2)的极限是 1，可记为 $\lim\limits_{n\to\infty}\frac{n}{n+1}=1$.

应当指出，“数列 x_n 无限接近一个确定的常数 A”，是指随着 n 的无限增大，x_n 与 A 的距离 $|x_n-A|$ 无限减小. 如果当 $n\to\infty$ 时，x_n 无限接近的常数 A 不存在，则 x_n 的极限就不存在，如 $\lim\limits_{n\to\infty}[1+(-1)^n]$不存在.

例 1　观察下列数列的变化趋势，写出它们的极限.

(1) $x_n = 2 + \frac{(-1)^n}{n}$　　　(2) $x_n = -\frac{1}{3^n}$

解　列表考察这两个数列的前 5 项，及当 $n\to\infty$ 时，它们的变化趋势：

n	1	2	3	4	5	…	$\to\infty$
$x_n = 2 + \frac{(-1)^n}{n}$	$2-\frac{1}{1}$	$2+\frac{1}{2}$	$2-\frac{1}{3}$	$2+\frac{1}{4}$	$2-\frac{1}{5}$	…	$\to 2$
$x_n = -\frac{1}{3^n}$	$-\frac{1}{3}$	$-\frac{1}{9}$	$-\frac{1}{27}$	$-\frac{1}{81}$	$-\frac{1}{243}$	…	$\to 0$

由上表中两个数列的变化趋势及数列极限的定义可知

(1) $\lim\limits_{n\to\infty} x_n = \lim\limits_{n\to\infty}\left[2+\frac{(-1)^n}{n}\right] = 2$

(2) $\lim\limits_{n\to\infty} x_n = \lim\limits_{n\to\infty}(-\frac{1}{3^n}) = 0$

由数列极限的定义不难得出下面的结论：

(1) $\lim\limits_{n\to\infty} q^n = 0$　($|q|<1$)

(2) $\lim\limits_{n\to\infty} C = C$　(C 为常数)

二、函数的极限

前面讨论了当 $n\to\infty$ 时，数列 $x_n = f(n)$ 的极限. 现就一般函数 $y=f(x)$ 的自变量 x 的两类变化形式讨论函数的极限.

1. 当 $x\to\infty$ 时，函数 $f(x)$ 的极限

首先来看一个例子：当 $x\to\infty$（即 $|x|$ 无限增大）时，显然函数 $f(x) = \frac{1}{x}$ 无限地接近于 0. 一般地，当 $|x|$ 无限增大时，根据 $f(x)$ 的变化趋势，给出下面的定义：

定义 2　设函数 $y=f(x)$ 在 $|x|$ 相当大时有定义，如果当 $|x|$ 无限增大（即 $x\to\infty$）时，函数 $f(x)$ 无限接近于一个确定的常数 A，那么 A 就叫作函数 $f(x)$ 当 $x\to\infty$ 时的**极限**，记为

$$\lim_{x\to\infty} f(x) = A \quad 或 \quad 当\ x\to\infty\ 时，f(x)\to A$$

例 2　讨论极限 $\lim\limits_{x\to\infty}\frac{1}{x^2}$.

解　如图 1-6 所示，当 $x\to\infty$ 时，函数 $\frac{1}{x^2}$ 值无限接近于 0，即

$$\lim_{x\to\infty}\frac{1}{x^2} = 0$$

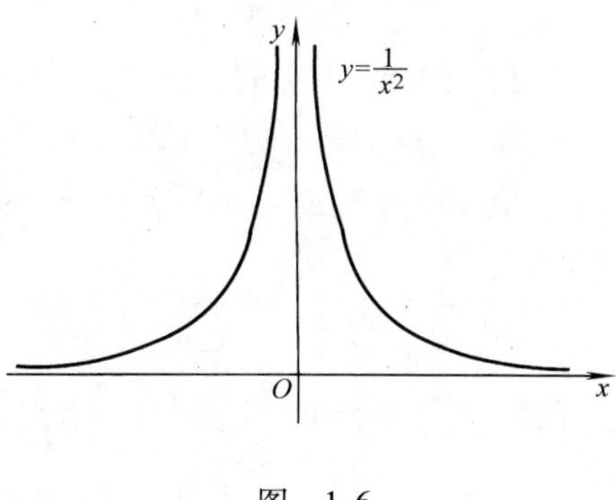

图　1-6

在定义 2 中，$x\to\infty$ 的含义是：既可 $x\to+\infty$（即 x 取正值而无限增大），亦可 $x\to-\infty$（即 x 取负值而绝对值无限增大）. 但有时 x 的变化趋势只需或只能取这两种变化中的一种情形. 对此有如下定义：

定义 3　如果当 $x\to+\infty$（或 $x\to-\infty$）时，函数

$f(x)$ 无限接近于一个确定的常数 A，那么 A 就叫作函数 $f(x)$ 当 $x\to+\infty$（或 $x\to-\infty$）时的**极限**，记为

$$\lim_{\substack{x\to+\infty\\(x\to-\infty)}} f(x)=A \quad 或 \quad 当\ x\to+\infty\ (x\to-\infty)\ 时，f(x)\to A$$

由图 1-6 可以看出，对于函数 $y=\frac{1}{x^2}$，有

$$\lim_{x\to+\infty}\frac{1}{x^2}=0 \quad 及 \quad \lim_{x\to-\infty}\frac{1}{x^2}=0$$

这两个极限值与 $\lim\limits_{x\to\infty}\frac{1}{x^2}$ 相等，都是 0.

一般地，$\lim\limits_{x\to\infty}f(x)=A$ 的充要条件是 $\lim\limits_{x\to+\infty}f(x)$ 和 $\lim\limits_{x\to-\infty}f(x)$ 都存在且都等于 A.

例 3 讨论当 $x\to\infty$ 时，函数 $y=\operatorname{arccot}x$ 的极限.

解 如图 1-7 所示，可知 $\lim\limits_{x\to+\infty}\operatorname{arccot}x=0$，$\lim\limits_{x\to-\infty}\operatorname{arccot}x=\pi$. $\lim\limits_{x\to+\infty}\operatorname{arccot}x$ 和 $\lim\limits_{x\to-\infty}\operatorname{arccot}x$ 虽然都存在，但不相等，所以 $\lim\limits_{x\to\infty}\operatorname{arccot}x$ 不存在.

2. 当 $x\to x_0$ 时，函数 $f(x)$ 的极限

$x\to x_0$ 表示 x 以任何方式从 x_0 的左、右两侧无限趋近于 x_0，但 $x\neq x_0$. 先看下面的例子：

考察当 $x\to-1$ 时，函数 $y=\frac{x^2-1}{x+1}$ 的变化趋势（图 1-8）. 当 x 无限趋近于 -1 时，$y=\frac{x^2-1}{x+1}$ 的值无限趋近于 -2.

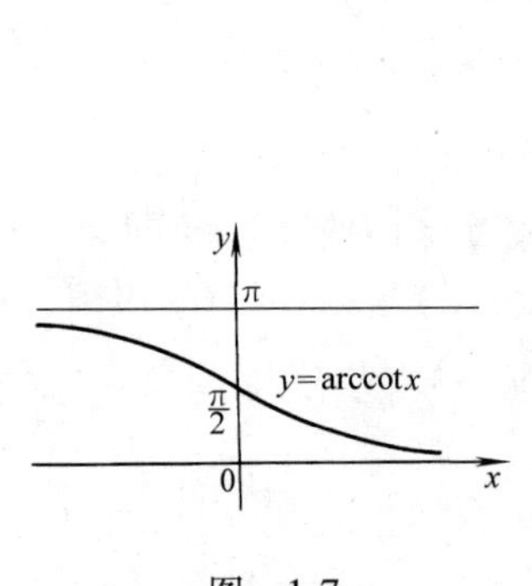

图 1-7

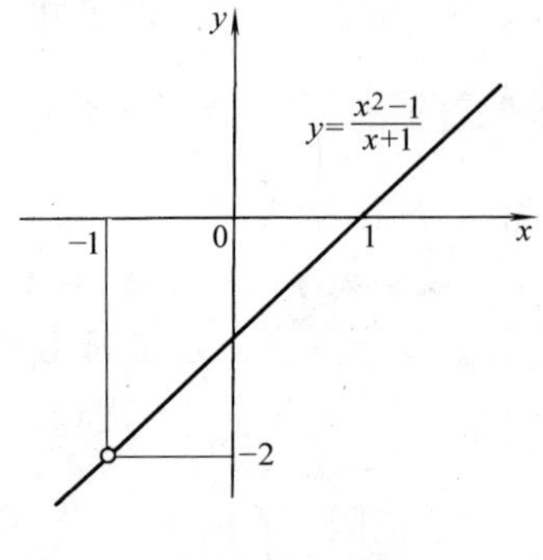

图 1-8

对于这种当 $x\to x_0$ 时，函数 $f(x)$ 的变化趋势，有如下的定义：

定义 4 设函数 $y=f(x)$ 在点 x_0 的左、右近旁有定义（在点 x_0 处，函数 $f(x)$ 可以没有定义），如果当 $x\to x_0$ 时，函数 $f(x)$ 无限接近于一个确定的常数 A，那么 A 就叫作函数 $f(x)$ 当 $x\to x_0$ 时的**极限**，记为

$$\lim_{x\to x_0}f(x)=A \quad 或 \quad 当\ x\to x_0\ 时，f(x)\to A$$

例如，当 $x\to-1$ 时，$f(x)=\frac{x^2-1}{x+1}$ 的极限为 -2，可记为

$$\lim_{x\to-1}f(x)=\lim_{x\to-1}\frac{x^2-1}{x+1}=-2$$

3. 当 $x \to x_0$ 时，$f(x)$ 的左极限和右极限

在前面给出的当 $x \to x_0$ 时，$f(x)$ 的极限定义当中，x 既可以从 x_0 的左侧无限趋近于 x_0（记为 $x \to x_0^-$），同时也可以从 x_0 的右侧无限趋近于 x_0（记为 $x \to x_0^+$）. 下面给出当 $x \to x_0^-$ 或 $x \to x_0^+$ 时函数极限的定义：

定义 5　如果当 $x \to x_0^-$ 时，函数 $f(x)$ 无限接近于一个确定的常数 A，那么 A 就叫作函数 $f(x)$ 当 $x \to x_0$ 时的**左极限**，记为

$$\lim_{x \to x_0^-} f(x) = A \quad 或 \quad f(x_0 - 0) = A$$

如果当 $x \to x_0^+$ 时，函数 $f(x)$ 无限接近于一个确定的常数 A，那么 A 就叫作函数 $f(x)$ 当 $x \to x_0$ 时的**右极限**，记为

$$\lim_{x \to x_0^+} f(x) = A \quad 或 \quad f(x_0 + 0) = A$$

左极限和右极限统称为**单侧极限**.

显然，函数 $f(x)$ 当 $x \to x_0$ 时极限存在的充要条件是：$f(x)$ 在点 x_0 处的左、右极限都存在并且相等，即 $f(x_0 - 0) = f(x_0 + 0) = A$.

例 4　讨论函数 $f(x) = \begin{cases} x+1 & x<0 \\ x^2 & 0 \leqslant x \leqslant 1 \\ 1 & x>1 \end{cases}$ 当 $x \to 0$ 和 $x \to 1$ 时的极限.

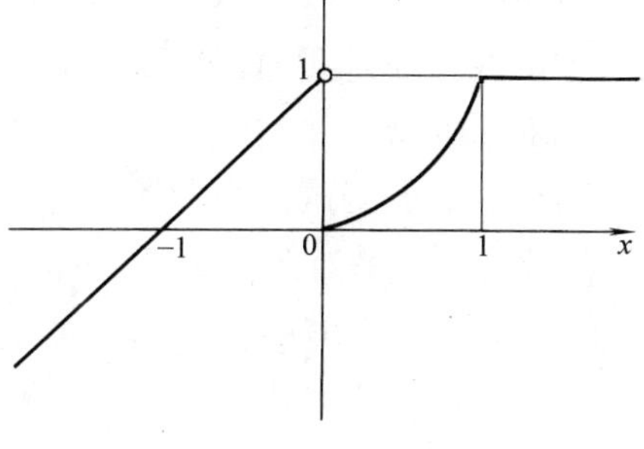

图　1-9

解　如图 1-9 所示.

（1）因为 $f(0-0) = \lim\limits_{x \to 0^-} f(x) = \lim\limits_{x \to 0^-}(x+1) = 1$

$$f(0+0) = \lim_{x \to 0^+} f(x) = \lim_{x \to 0^+} x^2 = 0$$

可见 $f(x)$ 当 $x \to 0$ 时的左、右极限不相等，所以它在 $x=0$ 处的极限不存在.

（2）因为

$$f(1-0) = \lim_{x \to 1^-} f(x) = \lim_{x \to 1^-} x^2 = 1$$

$$f(1+0) = \lim_{x \to 1^+} f(x) = \lim_{x \to 1^+} 1 = 1$$

可见 $f(x)$ 当 $x \to 1$ 时的左、右极限都存在且相等，所以

$$\lim_{x \to 1} f(x) = 1$$

习题　1-2

1. 观察下列数列当 $n \to \infty$ 时的变化趋势，并写出它们的极限.

（1）$x_n = \dfrac{1}{n} + 4$　　（2）$x_n = (-1)^n \dfrac{1}{n}$　　（3）$x_n = \dfrac{n}{3n+1}$

（4）$x_n = \dfrac{n-1}{n+1}$　　（5）$x_n = n \cdot (-1)^n$　　（6）$x_n = \sin n\pi$

2. 观察并写出下列极限值.

（1）$\lim\limits_{x \to 3}\left(\dfrac{1}{3}x + 1\right)$　　（2）$\lim\limits_{x \to -\infty} 2^x$　　（3）$\lim\limits_{x \to \infty}\left(2 + \dfrac{1}{x}\right)$

（4）$\lim\limits_{x\to 1}\dfrac{x^2-1}{x-1}$　　（5）$\lim\limits_{x\to 1}\ln x$　　（6）$\lim\limits_{x\to \frac{\pi}{2}}\sin x$

3. 讨论函数 $f(x)=\dfrac{|x|}{x}$ 当 $x\to 0$ 时的极限.

4. 设函数 $f(x)=\begin{cases}x-1 & x<0\\ 0 & x=0\\ x+1 & x>0\end{cases}$，画出函数的图形，求当 $x\to 0$ 时，函数的左、右极限，并判别当 $x\to 0$ 时函数的极限是否存在.

5. 证明函数 $f(x)=\begin{cases}-1 & x<-1\\ x^2 & -1\leqslant x\leqslant 1\\ 1 & x>1\end{cases}$ 在 $x\to -1$ 时极限不存在.

第三节　无穷小与无穷大

一、无穷小

1. 无穷小的定义

在实际问题中，人们常会遇到极限为零的变量. 例如，把石子投入水中，水波向四面传开，它的振幅随时间的增加而逐渐减小并趋向于零. 又如，电容器放电时，其电压随着时间的增加而逐渐减少并趋向于零.

对于这样的变量，给出如下定义：

定义 1　如果当 $x\to x_0$（或 $x\to\infty$）时，函数 $f(x)$ 的极限为零，那么函数 $f(x)$ 叫作当 $x\to x_0$（或 $x\to\infty$）时的**无穷小量**，简称**无穷小**.

例如，由于 $\lim\limits_{x\to 3}(x-3)=0$，所以函数 $x-3$ 是当 $x\to 3$ 时的无穷小.

又如，由于 $\lim\limits_{x\to\infty}\dfrac{1}{x}=0$，所以函数 $\dfrac{1}{x}$ 是当 $x\to\infty$ 时的无穷小.

应当注意，无穷小是一个变量，不能将其与很小的常数相混淆；常数中只有“0”可以看作是无穷小，因为

$$\lim_{\substack{x\to x_0\\(x\to\infty)}} 0=0$$

2. 无穷小的性质

在自变量同一变化过程中，无穷小有以下性质：

1）有限个无穷小的代数和是无穷小.

2）有界函数与无穷小的积是无穷小.

3）有限个无穷小的乘积是无穷小.

证明从略.

例如，由于 $\lim\limits_{x\to\infty}\dfrac{1}{x}=0$，且 $|\cos x|\leqslant 1$，由无穷小性质 2 知

$$\lim_{x\to\infty}\frac{\cos x}{x}=\lim_{x\to\infty}\frac{1}{x}\cos x=0$$

3. 函数极限与无穷小的关系

函数的极限与无穷小之间有如下的重要关系：

定理 1　具有极限的函数等于它的极限与一个无穷小之和；反之，如果函数可表示为常数与无穷小之和，那么该常数就是这个函数的极限.

二、无穷大

1. 无穷大的定义

定义 2　如果当 $x \to x_0$（或 $x \to \infty$）时，函数 $f(x)$ 的绝对值无限增大，那么函数 $f(x)$ 叫作当 $x \to x_0$（或 $x \to \infty$）时的**无穷大量**，简称**无穷大**.

按照极限定义，如果 $f(x)$ 当 $x \to x_0$（或 $x \to \infty$）时为无穷大，那么它的极限不存在，然而，为了便于描述函数的这种变化趋势，也说"函数的极限是无穷大"，记作

$$\lim_{\substack{x \to x_0 \\ (x \to \infty)}} f(x) = \infty$$

例如，$\lim\limits_{x \to 0} \dfrac{1}{x} = \infty$，$\lim\limits_{x \to 0^+} \ln x = -\infty$，$\lim\limits_{x \to +\infty} e^x = +\infty$.

应当注意，无穷大是指绝对值无限增大的变量，不能将其与绝对值为很大的常数混淆，任何常数都不是无穷大.

2. 无穷小和无穷大的关系

定理 2　在自变量的同一变化过程中，若 $f(x)$ 为无穷大，则 $\dfrac{1}{f(x)}$ 为无穷小；反之，若 $f(x)$ 为无穷小，且 $f(x) \neq 0$，则 $\dfrac{1}{f(x)}$ 为无穷大.

证明从略.

习题　1-3

1. 以下各数列中，哪些是无穷小？哪些是无穷大？

(1) $x_n = \dfrac{1}{2n}$　　(2) $x_n = -n$

(3) $x_n = \dfrac{n + (-1)^n}{2}$　　(4) $x_n = \dfrac{2}{n^2 + 1}$

2. 下列函数在自变量如何变化时为无穷小？自变量如何变化时为无穷大？

(1) $y = \dfrac{1}{2}x^2 - x$　　(2) $y = \dfrac{x+1}{x-1}$

(3) $y = \tan x$　　(4) $y = \ln x$

3. 求下列函数的极限.

(1) $\lim\limits_{x \to \infty} \dfrac{1}{x^3 + x^2}$　　(2) $\lim\limits_{x \to \infty} \dfrac{\sin x}{x^2}$

(3) $\lim\limits_{x \to 0} x \cos \dfrac{1}{x}$　　(4) $\lim\limits_{x \to -\infty} e^x \cos x$

第四节　极限的运算

比较复杂的函数极限需要用极限的运算法则来计算，下面给出函数极限的**四则运算**

法则：

设 $\lim\limits_{x\to x_0}f(x)=A$，$\lim\limits_{x\to x_0}g(x)=B$，则

(1) $\lim\limits_{x\to x_0}[f(x)\pm g(x)]=\lim\limits_{x\to x_0}f(x)\pm\lim\limits_{x\to x_0}g(x)=A\pm B$；

(2) $\lim\limits_{x\to x_0}[f(x)g(x)]=\lim\limits_{x\to x_0}f(x)\lim\limits_{x\to x_0}g(x)=AB$；

推论 1 $\lim\limits_{x\to x_0}Cf(x)=C\lim\limits_{x\to x_0}f(x)=CA$ （C 为常数）；

推论 2 $\lim\limits_{x\to x_0}[f(x)]^n=[\lim\limits_{x\to x_0}f(x)]^n=A^n$；

(3) $\lim\limits_{x\to x_0}\dfrac{f(x)}{g(x)}=\dfrac{\lim\limits_{x\to x_0}f(x)}{\lim\limits_{x\to x_0}g(x)}=\dfrac{A}{B}$ （$B\neq0$）.

上述极限运算法则对于 $x\to\infty$ 的情况也成立，并且法则(1)、(2)可推广到有限个具有极限的函数的情形.

例 1 求 $\lim\limits_{x\to1}(x^2+3x-4)$.

解
$$\begin{aligned}\lim_{x\to1}(x^2+3x-4)&=\lim_{x\to1}x^2+\lim_{x\to1}3x-\lim_{x\to1}4\\&=(\lim_{x\to1}x)^2+3\lim_{x\to1}x-\lim_{x\to1}4\\&=1^2+3\times1-4=0\end{aligned}$$

例 2 求 $\lim\limits_{x\to0}\dfrac{x^2+1}{4-x}$.

解 当 $x\to0$ 时，分子、分母的极限都存在，且分母极限不为零，所以由运算法则得

$$\lim_{x\to0}\frac{x^2+1}{4-x}=\frac{\lim\limits_{x\to0}(x^2+1)}{\lim\limits_{x\to0}(4-x)}=\frac{0^2+1}{4-0}=\frac{1}{4}$$

例 3 求 $\lim\limits_{x\to2}\dfrac{x-2}{x^2-4}$.

解 所给函数的分子、分母的极限均为 0，因此不能直接应用法则 3. 当 $x\to2$ 时，$x-2\neq0$，而分子、分母有公因子 $x-2$，因此在分式中可约去公因子 $x-2$. 于是

$$\lim_{x\to2}\frac{x-2}{x^2-4}=\lim_{x\to2}\frac{1}{x+2}=\frac{1}{4}$$

例 4 求 $\lim\limits_{x\to4}\dfrac{x^2-3}{x^2-5x+4}$.

解 由于所给函数分母的极限为零，而分子的极限不为零，因此不能直接运用法则 3，此时应按下面方法解：

因为 $\lim\limits_{x\to4}\dfrac{x^2-5x+4}{x^2-3}=\dfrac{\lim\limits_{x\to4}(x^2-5x+4)}{\lim\limits_{x\to4}(x^2-3)}=\dfrac{0}{13}=0$，所以由无穷小与无穷大的关系，可得 $\lim\limits_{x\to4}\dfrac{x^2-3}{x^2-5x+4}=\infty$.

例 5 求 $\lim\limits_{x\to\infty}(x^2-x+1)$.

解 因为 $\lim\limits_{x\to\infty}x^2$ 与 $\lim\limits_{x\to\infty}x$ 都不存在，所以不能应用极限的运算法则 1，但因为

$$\lim_{x\to\infty}\frac{1}{x^2-x+1}=\lim_{x\to\infty}\frac{\frac{1}{x^2}}{1-\frac{1}{x}+\frac{1}{x^2}}=\frac{\lim\limits_{x\to\infty}\frac{1}{x^2}}{\lim\limits_{x\to\infty}\left(1-\frac{1}{x}+\frac{1}{x^2}\right)}=0$$

所以由无穷小与无穷大的关系得 $\lim\limits_{x\to\infty}(x^2-x+1)=\infty$.

例 6　求 $\lim\limits_{x\to\infty}\dfrac{x^2-4x}{3x^3+4}$.

解　因为分子及分母的极限是无穷大，所以不能应用极限运算法则 3.

$$\lim_{x\to\infty}\frac{x^2-4x}{3x^3+4}=\lim_{x\to\infty}\frac{\frac{x^2-4x}{x^3}}{\frac{3x^3+4}{x^3}}=\lim_{x\to\infty}\frac{\frac{1}{x}-\frac{4}{x^2}}{3+\frac{4}{x^3}}=\frac{0}{3}=0$$

评析：(1) 例 3 称为“$\dfrac{0}{0}$”型的极限问题，其分子、分母中有一个极限为零的相同因子. 求解这类极限时，一般先约去“零”因子，再求极限.

(2) 例 6 称为“$\dfrac{\infty}{\infty}$”型的极限问题，其分子、分母的极限都是“无穷大”，且分子、分母都是 x 的多项式. 求解这类极限时，常用分子、分母同除以 x 的最高次幂后，再求极限.

归纳例 6 这一类“$\dfrac{\infty}{\infty}$”型的极限，有下面的一般结论，即当 $a_0\neq0$，$b_0\neq0$ 时有

$$\lim_{x\to\infty}\frac{a_0x^m+a_1x^{m-1}+\cdots+a_m}{b_0x^n+b_1x^{n-1}+\cdots+b_n}=\begin{cases}\dfrac{a_0}{b_0} & n=m\\ 0 & n>m\\ \infty & n<m\end{cases}$$

例 7　求 $\lim\limits_{x\to2}\left(\dfrac{x^2}{x^2-4}-\dfrac{1}{x-2}\right)$.

解　由于括号内两项的极限均为无穷大，因此称为“$\infty-\infty$”型极限，不能直接应用极限的运算法则. 对于这类极限，通常是先通分再运用前面介绍过的求极限的方法.

$$\begin{aligned}\lim_{x\to2}\left(\frac{x^2}{x^2-4}-\frac{1}{x-2}\right)&=\lim_{x\to2}\frac{x^2-x-2}{x^2-4}\\&=\lim_{x\to2}\frac{(x-2)(x+1)}{(x-2)(x+2)}\\&=\lim_{x\to2}\frac{x+1}{x+2}=\frac{3}{4}\end{aligned}$$

习题　1-4

1. 计算下列各极限.

(1) $\lim\limits_{x\to1}(x^2-4x+5)$　　(2) $\lim\limits_{x\to-2}\dfrac{x-2}{x^2-1}$

(3) $\lim\limits_{x\to 2}\left(1-\dfrac{2}{x-3}\right)$

(4) $\lim\limits_{x\to 1}\dfrac{5x^2+4}{(x-1)^2}$

(5) $\lim\limits_{x\to 2}\dfrac{x-2}{x^2-x-2}$

(6) $\lim\limits_{x\to 0}\dfrac{4x^3-2x^2+x}{3x^2+2x}$

(7) $\lim\limits_{h\to 0}\dfrac{(x+h)^3-x^3}{h}$

(8) $\lim\limits_{x\to 1}\left(\dfrac{1}{1-x}-\dfrac{1}{1-x^3}\right)$

2. 计算下列各极限.

(1) $\lim\limits_{t\to\infty}(t^2+2t+3)$

(2) $\lim\limits_{n\to\infty}\dfrac{2n^2+3n+1}{6n^2-2n+5}$

(3) $\lim\limits_{x\to\infty}\dfrac{x^2-x}{2x^3+4x+1}$

(4) $\lim\limits_{n\to\infty}(1+\dfrac{1}{3}+\dfrac{1}{9}+\cdots+\dfrac{1}{3^n})$

(5) $\lim\limits_{n\to\infty}\dfrac{1+2+\cdots+n}{n^2}$

(6) $\lim\limits_{n\to\infty}\dfrac{e^n-1}{e^{2n}+1}$

第五节 两个重要极限及无穷小的比较

一、两个重要极限

1. 极限 $\lim\limits_{x\to 0}\dfrac{\sin x}{x}=1$

先列表考察当 $x\to 0$ 时，函数$\dfrac{\sin x}{x}$的变化趋势：

x	$\pm\frac{\pi}{8}$	$\pm\frac{\pi}{16}$	$\pm\frac{\pi}{32}$	$\pm\frac{\pi}{64}$	$\pm\frac{\pi}{128}$	$\pm\frac{\pi}{512}$	$\cdots\to 0$
$\frac{\sin x}{x}$	0.974495	0.993587	0.998394	0.999598	0.999900	0.999994	$\cdots\to 1$

由上表可以看出，当 $x\to 0$ 时，$\dfrac{\sin x}{x}\to 1$. 即 $\lim\limits_{x\to 0}\dfrac{\sin x}{x}=1$.

证明从略.

此重要极限有两个特征：(1)当 $x\to 0$，分子、分母的极限都为零，简记为“$\dfrac{0}{0}$”型；(2)结合变量代换，进一步可以得到：如果 $\lim\varphi(x)=0$，则有

$$\lim_{\varphi(x)\to 0}\frac{\sin\varphi(x)}{\varphi(x)}=1$$

例 1 求 $\lim\limits_{x\to 0}\dfrac{\tan x}{x}$.

解 $\lim\limits_{x\to 0}\dfrac{\tan x}{x}=\lim\limits_{x\to 0}\dfrac{\sin x}{x}\dfrac{1}{\cos x}=\lim\limits_{x\to 0}\dfrac{\sin x}{x}\lim\limits_{x\to 0}\dfrac{1}{\cos x}=1$

例 2 求 $\lim\limits_{x\to 0}\dfrac{\sin 2x}{x}$.

解 令 $t=2x$，当 $x\to 0$ 时，$t\to 0$，所以

$$\lim_{x\to0}\frac{\sin2x}{x}=\lim_{t\to0}\frac{\sin t}{\frac{t}{2}}=2\lim_{t\to0}\frac{\sin t}{t}=2\times1=2$$

如果不明显写出中间变量，那么可按如下格式计算：

$$\lim_{x\to0}\frac{\sin2x}{x}=\lim_{x\to0}\frac{2\sin2x}{2x}=2\lim_{2x\to0}\frac{\sin2x}{2x}=2\times1=2$$

例 3 求 $\lim\limits_{x\to0}\frac{1-\cos x}{x^2}$.

解 $\lim\limits_{x\to0}\frac{1-\cos x}{x^2}=\lim\limits_{x\to0}\frac{2\sin^2\frac{x}{2}}{x^2}=\lim\limits_{x\to0}\frac{1}{2}\left(\frac{\sin\frac{x}{2}}{\frac{x}{2}}\right)^2$

$$=\frac{1}{2}\lim_{\frac{x}{2}\to0}\left(\frac{\sin\frac{x}{2}}{\frac{x}{2}}\right)^2=\frac{1}{2}\times1^2=\frac{1}{2}$$

2. 极限 $\lim\limits_{x\to\infty}\left(1+\frac{1}{x}\right)^x=\mathrm{e}$

先列表考查当 $x\to+\infty$ 及 $x\to-\infty$ 时，函数$\left(1+\frac{1}{x}\right)^x$的变化趋势：

x	10^2	10^3	10^4	10^5	10^6	$\cdots\to+\infty$
$\left(1+\frac{1}{x}\right)^x$	2.70481	2.71692	2.71815	2.71827	2.71828	$\cdots\to\mathrm{e}$
x	-10^2	-10^3	-10^4	-10^5	-10^6	$\cdots\to-\infty$
$\left(1+\frac{1}{x}\right)^x$	2.73200	2.71964	2.71842	2.71830	2.71828	$\cdots\to\mathrm{e}$

由上表可见，当$|x|$无限增大时，函数$\left(1+\frac{1}{x}\right)^x$的对应值就会无限地趋近于常数 e（e=2.7182818…）. 即 $\lim\limits_{x\to\infty}\left(1+\frac{1}{x}\right)^x=\mathrm{e}$.

该式的另一种形式是 $\lim\limits_{x\to0}(1+x)^{\frac{1}{x}}=\mathrm{e}$.

证明从略.

此重要极限有两个特征：(1)底数是 1 加上无穷小；(2)指数为无穷大，且是底数中无穷小的倒数，记为“1^∞”型. 结合变量代换，进一步可以得到：如果满足上述两个条件，则有

$$\lim_{\varphi(x)\to\infty}\left(1+\frac{1}{\varphi(x)}\right)^{\varphi(x)}=\mathrm{e} \quad 或 \quad \lim_{\varphi(x)\to0}[1+\varphi(x)]^{\frac{1}{\varphi(x)}}=\mathrm{e}$$

例 4 求 $\lim\limits_{x\to\infty}\left(1+\frac{1}{x}\right)^{2x}$.

解 $\lim\limits_{x\to\infty}\left(1+\dfrac{1}{x}\right)^{2x}=\lim\limits_{x\to\infty}\left[\left(1+\dfrac{1}{x}\right)^{x}\right]^{2}=\left[\lim\limits_{x\to\infty}\left(1+\dfrac{1}{x}\right)^{x}\right]^{2}=e^{2}$

例 5 求 $\lim\limits_{x\to0}(1-x)^{\frac{2}{x}}$.

解 $\lim\limits_{x\to0}(1-x)^{\frac{2}{x}}=\lim\limits_{-x\to0}\{[1+(-x)]^{-\frac{1}{x}}\}^{-2}=\dfrac{1}{e^{2}}$

例 6 求 $\lim\limits_{x\to\infty}\left(\dfrac{2-x}{3-x}\right)^{x+2}$.

解 $\dfrac{2-x}{3-x}=\dfrac{(3-x)-1}{3-x}=1+\dfrac{1}{x-3}$，所以令 $t=x-3$，当 $x\to\infty$ 时，$t\to\infty$，于是

$$\lim_{x\to\infty}\left(\frac{2-x}{3-x}\right)^{x+2}=\lim_{t\to\infty}\left(1+\frac{1}{t}\right)^{t+5}=\lim_{t\to\infty}\left[\left(1+\frac{1}{t}\right)^{t}\left(1+\frac{1}{t}\right)^{5}\right]=e\times1=e$$

二、无穷小的比较

前面已经讲过，两个无穷小的代数和及乘积是无穷小，但是两个无穷小的商却会出现不同的情况. 从下表可以看出，当 $x\to0$ 时，$2x$ 与 x^2 趋向于零的快慢程度是不同的.

x	0.1	0.01	0.001	…	$\to0$
$2x$	0.2	0.02	0.002	…	$\to0$
x^2	0.01	0.0001	0.000001	…	$\to0$

可以发现，当 $x\to0$ 时，x^2 比 x 和 $2x$ 更快地趋向零，而 $2x$ 与 x 趋向零的快慢相仿.

上面情况可以用两个无穷小之比的极限来刻画，现就所出现的各种情况来说明两个无穷小之间的比较.

定义 设 α 和 β 都是在 $x\to x_0$（或 $x\to\infty$）时的无穷小，则

（1）如果 $\lim\dfrac{\beta}{\alpha}=0$，则称 β 是比 α **高阶的无穷小**；

（2）如果 $\lim\dfrac{\beta}{\alpha}=\infty$，则称 β 是比 α **低阶的无穷小**；

（3）如果 $\lim\dfrac{\beta}{\alpha}=C$（$C$ 为不等于零的常数），则称 β 与 α 是**同阶无穷小**；特别地，当 $C=1$ 时，称 β 与 α 是**等价无穷小**，记为 $\alpha\sim\beta$.

以上定义对数列的极限同样适用.

由以上定义可知，当 $x\to0$ 时，x^2 是比 $2x$ 高阶的无穷小；$2x$ 是比 x^2 低阶的无穷小，$2x$ 是与 x 同阶的无穷小.

例 7 比较当 $x\to1$ 时，无穷小 $1-x$ 与 $\dfrac{1}{2}(1-x^2)$ 的阶数的高低.

解 因为 $\lim\limits_{x\to1}\dfrac{1-x}{\dfrac{1}{2}(1-x^2)}=\lim\limits_{x\to1}\dfrac{1-x}{\dfrac{1}{2}(1-x)(1+x)}=\lim\limits_{x\to1}\dfrac{2}{1+x}=1$，

所以 $1-x \sim \frac{1}{2}(1-x^2)$.

定理　如果在自变量的同一变化过程中 $\alpha \sim \alpha'$，$\beta \sim \beta'$，且 $\lim \frac{\alpha'}{\beta'}$ 存在，则

$$\lim \frac{\alpha}{\beta} = \lim \frac{\alpha'}{\beta'}$$

在求商的极限时，可用等价无穷小代替求极限.

当 $x \to 0$ 时，常用的等价无穷小有：$x \sim \sin x$，$x \sim \tan x$，$x \sim \arcsin x$，$x \sim \arctan x$，$x \sim e^x - 1$，$x \sim \ln(x+1)$，$\frac{1}{2}x^2 \sim 1-\cos x$.

例 8　求 $\lim\limits_{x \to 0} \frac{\tan x}{\sin 2x}$.

解　当 $x \to 0$ 时，$\tan x \sim x$，$\sin x \sim x$，$\sin 2x \sim 2x$，所以

$$\lim_{x \to 0} \frac{\tan x}{\sin 2x} = \lim_{x \to 0} \frac{x}{2x} = \frac{1}{2}$$

习题　1-5

1. 求下列极限.

(1) $\lim\limits_{x \to 0} \frac{\tan 2x}{x}$　　(2) $\lim\limits_{x \to 0} \frac{\sin nx}{\sin mx}$

(3) $\lim\limits_{x \to \frac{\pi}{2}} \frac{\cos x}{x - \frac{\pi}{2}}$　　(4) $\lim\limits_{x \to 0^+} \frac{x}{\sqrt{1-\cos x}}$

(5) $\lim\limits_{x \to 0} \frac{1-\cos 2x}{x \sin x}$　　(6) $\lim\limits_{x \to 0} \frac{x(x+3)}{\sin x}$

(7) $\lim\limits_{x \to \infty} x^2 \sin^2 \frac{1}{x}$　　(8) $\lim\limits_{x \to 0} \frac{2\arcsin x}{3x}$

2. 求下列极限.

(1) $\lim\limits_{x \to \infty} \left(1+\frac{2}{x}\right)^{-x}$　　(2) $\lim\limits_{x \to \infty} \left(\frac{1+x}{x}\right)^{x+2}$

(3) $\lim\limits_{x \to 0} (1-3x)^{\frac{2}{x}}$　　(4) $\lim\limits_{x \to 0} (1+\tan x)^{\cot x}$

(5) $\lim\limits_{x \to \frac{\pi}{2}} (1+\cos x)^{3\sec x}$　　(6) $\lim\limits_{x \to \infty} \left(\frac{2x+3}{2x+1}\right)^{x+\frac{1}{2}}$

3. 证明：当 $x \to 0$ 时，$2x - x^2$ 是比 $x^2 - x^3$ 低阶的无穷小.

第六节　函数的连续性

一、函数连续性的概念

连续性是函数的重要性态之一. 它不仅是函数研究的重要内容，也为计算极限开辟了新途径. 本节将运用极限概念对它加以描述和研究，并在此基础上解决更多的极限计算问题.

下面先介绍函数增量的概念.

1. 函数的增量

定义 1 设函数 $y=f(x)$ 在点 x_0 及其近旁有定义，当自变量 x 从初值 x_0 变到终值 x_1 时，差 x_1-x_0 称为**自变量 x 的增量**(**或改变量**)，记为 Δx，即

$$\Delta x=x_1-x_0$$

相应地，函数 $y=f(x)$ 由初值 $f(x_0)$ 变到终值 $f(x_1)$，差 $f(x_1)-f(x_0)$ 称为**函数 y 的增量**(**或改变量**)，记为 Δy，即

$$\Delta y=f(x_1)-f(x_0) \quad 或 \quad \Delta y=f(x_0+\Delta x)-f(x_0)$$

关于增量的几何解释如图 1-10 所示.

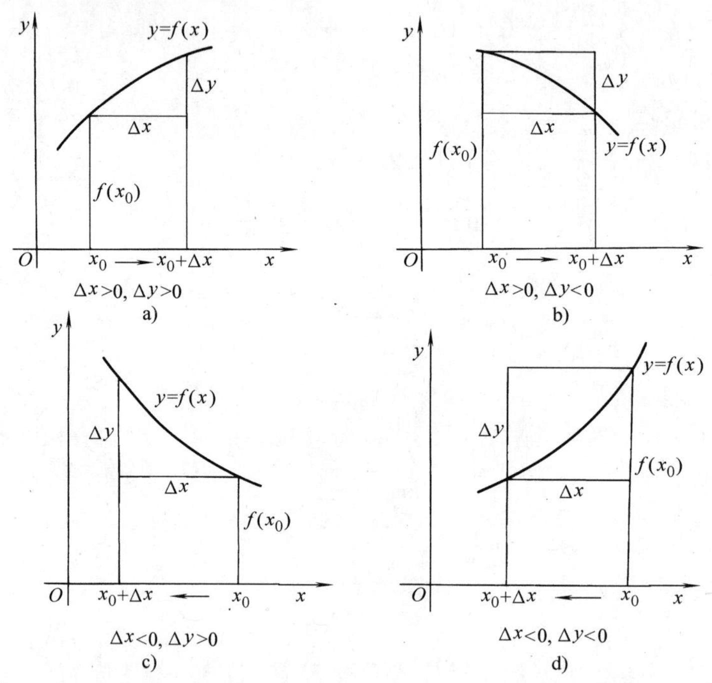

图 1-10

应该注意：增量 Δx(或 Δy)并不表示 Δ 与 x(或 y)的乘积，而是一个不可分割的整体记号.

例 1 设 $y=f(x)=x^2+1$，求适合下列条件的自变量的改变量 Δx 和函数的改变量 Δy：(1)当 x 由 1 变到 1.1 时；(2)当 x 由 1 变到 0.8 时；(3)当 x 有任意改变量 Δx 时.

解 (1) $\Delta x=1.1-1=0.1$

$$\Delta y=f(1.1)-f(1)=2.21-2=0.21$$

(2) $\Delta x=0.8-1=-0.2$

$$\Delta y=f(0.8)-f(1)=1.64-2=-0.36$$

(3) $\Delta x=(x+\Delta x)-x=\Delta x$

$$\Delta y=f(x+\Delta x)-f(x)=[(x+\Delta x)^2+1]-(x^2+1)=2x\cdot\Delta x+(\Delta x)^2$$

2. 函数连续性的概念

考察图 1-11a 所示函数的图形在给定点 x_0 及其近旁的变化情况. 曲线在点 x_0 处没有断开，即当自变量 x 由 x_0 变到 $x_0+\Delta x$，也就是说 x 有极其微小的改变量 Δx 时，函数 y 的相应

改变量Δy也极其微小，且当$\Delta x\to 0$时，有$\Delta y\to 0$，则称函数$y=f(x)$在点x_0处是连续的．而对于图1-11b中的函数来说，在点x_0处，则不具备这样的特性，所以该函数在x_0处不连续．

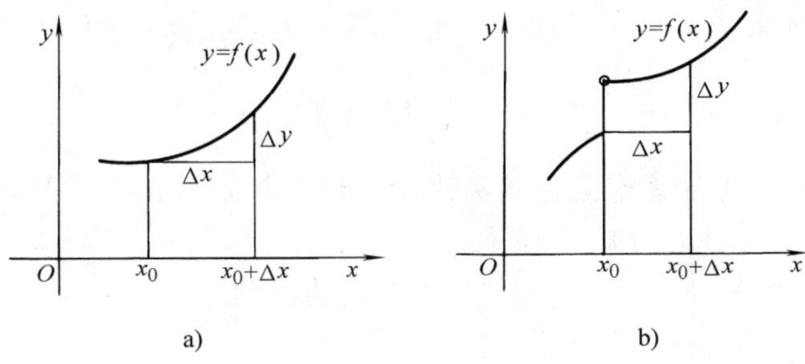

图　1-11

下面给出函数在点x_0处连续的定义：

定义2　设函数$y=f(x)$在点x_0处及其近旁有定义，如果当自变量x在点x_0处的增量Δx趋近于零时，函数$y=f(x)$相应的增量$\Delta y=f(x_0+\Delta x)-f(x_0)$也趋近于零，则称函数$y=f(x)$在点$x_0$处**连续**．用极限来表示，就是

$$\lim_{\Delta x\to 0}\Delta y=0\quad 或\quad \lim_{\Delta x\to 0}[f(x_0+\Delta x)-f(x_0)]=0$$

例2　根据定义2证明函数$y=x^2+1$在$x=1$处连续．

证　因为函数$y=x^2+1$的定义域是$(-\infty,+\infty)$，所以函数在$x=1$及其近旁有定义．

设自变量x在$x=1$处有增量Δx，则函数y相应的增量为

$$\Delta y=f(1+\Delta x)-f(1)=[(1+\Delta x)^2+1]-(1^2+1)=2\Delta x+(\Delta x)^2$$

因为

$$\lim_{\Delta x\to 0}\Delta y=\lim_{\Delta x\to 0}[2\Delta x+(\Delta x)^2]=0$$

所以由定义2知，函数$y=x^2+1$在$x=1$处连续．

在定义2中，若令$x=x_0+\Delta x$，则$\Delta x\to 0$时，$x\to x_0$，此时

$$\Delta y=f(x_0+\Delta x)-f(x_0)=f(x)-f(x_0)$$

且$\Delta y\to 0$就是$f(x)\to f(x_0)$；$\lim\limits_{\Delta x\to 0}\Delta y=0$就是$\lim\limits_{x\to x_0}f(x)=f(x_0)$．因此，函数$y=f(x)$在点$x_0$处连续的定义可叙述如下：

定义3　设函数$y=f(x)$在点x_0处及其近旁有定义，如果函数$f(x)$当$x\to x_0$时的极限存在，且等于它在点x_0处的函数值$f(x_0)$，即若$\lim\limits_{x\to x_0}f(x)=f(x_0)$，那么称函数在点$x_0$处**连续**．

在例2中已证明$y=x^2+1$在$x=1$处连续，且$f(1)=2$，则$\lim\limits_{x\to 1}f(x)=f(1)=2$．

定义4　如果函数$y=f(x)$在开区间(a,b)内的每一点都连续，则称$y=f(x)$在**开区间(a,b)内连续**，称$y=f(x)$为**连续函数**，称区间(a,b)为函数的**连续区间**．

定义5　如果函数$y=f(x)$在(a,b)内连续，且$\lim\limits_{x\to a^+}f(x)=f(a)$（此时称$y=f(x)$在$x=a$处**右连续**）及$\lim\limits_{x\to b^-}f(x)=f(b)$（此时称$y=f(x)$在$x=b$处**左连续**），则称$y=f(x)$在**闭区间$[a,b]$上连续**．

二、函数的间断点

由定义3知，如果函数$f(x)$有下列三种情形之一：

(1)　函数$f(x)$在$x=x_0$处没有定义；

（2）在 $x=x_0$ 处有定义，但 $\lim\limits_{x\to x_0}f(x)$ 不存在；

（3）在 $x=x_0$ 处有定义，且 $\lim\limits_{x\to x_0}f(x)$ 存在，但 $\lim\limits_{x\to x_0}f(x)\neq f(x_0)$，

则函数 $f(x)$ 在点 x_0 处不连续. 点 x_0 叫作函数 $f(x)$ 的**不连续点**或**间断点**.

例 3 讨论函数 $f(x)=\dfrac{x^2-1}{x-1}$ 在 $x=1$ 处的连续性.

解 函数 $f(x)$ 在 $x=1$ 处无定义，故函数在 $x=1$ 处不连续，$x=1$ 是函数的间断点.

例 4 讨论函数 $f(x)=\begin{cases}-x+1 & x<1\\ 0 & x=1\\ -x+2 & x>1\end{cases}$ 在 $x=1$ 处的连续性.

解 函数 $f(x)$ 在 $x=1$ 处有定义，且 $f(1)=0$，又因为

$$f(1-0)=\lim_{x\to 1^-}(-x+1)=0,\ f(1+0)=\lim_{x\to 1^+}(-x+2)=1$$

所以 $f(1-0)\neq f(1+0)$，即 $\lim\limits_{x\to 1}f(x)$ 不存在，故 $f(x)$ 在 $x=1$ 处不连续，$x=1$ 是函数的间断点.

三、初等函数的连续性

1. 连续函数的和、差、积、商的连续性

定理 1 如果函数 $f(x)$ 和 $g(x)$ 都在点 x_0 处连续，那么它们的和、差、积、商(分母不为零)也都在点 x_0 处连续，即

（1）$\lim\limits_{x\to x_0}[f(x)\pm g(x)]=f(x_0)\pm g(x_0)$

（2）$\lim\limits_{x\to x_0}[f(x)g(x)]=f(x_0)g(x_0)$

（3）$\lim\limits_{x\to x_0}\dfrac{f(x)}{g(x)}=\dfrac{f(x_0)}{g(x_0)}\quad (g(x_0)\neq 0)$

定理 2 如果函数 $y=f(u)$ 在 $u=u_0$ 处连续，$u=\varphi(x)$ 在 $x=x_0$ 处连续，且 $u_0=\varphi(x_0)$，则复合函数 $y=f[\varphi(x)]$ 在 $x=x_0$ 处连续，即 $\lim\limits_{x\to x_0}f[\varphi(x)]=f[\lim\limits_{x\to x_0}\varphi(x)]$.

定理 3 基本初等函数在其定义域内是连续的，一切初等函数在其定义区间内都是连续的.

证明从略.

2. 利用函数的连续性求极限

如果 $f(x)$ 是初等函数，且 x_0 是它的定义区间内的点，那么由初等函数的连续性知，$f(x)$ 在点 x_0 处连续. 再根据函数 $f(x)$ 在点 x_0 处连续的定义，求 $f(x)$ 当 $x\to x_0$ 时的极限时，只需计算 $f(x_0)$ 的值就可以了.

例 5 求下列函数的极限.

（1）$\lim\limits_{x\to 0}\sqrt{1+x^2}$　　（2）$\lim\limits_{x\to\frac{\pi}{2}}\ln\sin x$

解 (1) 函数 $f(x)=\sqrt{1+x^2}$ 的定义域是 $\mathbf{R}$，而 $0\in\mathbf{R}$，因此

$$\lim_{x\to 0}\sqrt{1+x^2}=f(0)=1$$

（2）函数 $f(x)=\ln\sin x$ 的定义域是 $(2k\pi,(2k+1)\pi)$，$k\in\mathbf{Z}$，而 $\dfrac{\pi}{2}\in(0,\pi)$，所以

$$\lim_{x\to\frac{\pi}{2}}\ln\sin x=f\left(\frac{\pi}{2}\right)=\ln\sin\frac{\pi}{2}=\ln1=0$$

例 6　求 $\lim\limits_{x\to4}\dfrac{x-4}{\sqrt{x+5}-3}$.

解　$$\lim_{x\to4}\frac{x-4}{\sqrt{x+5}-3}=\lim_{x\to4}\frac{(x-4)(\sqrt{x+5}+3)}{(\sqrt{x+5}-3)(\sqrt{x+5}+3)}$$
$$=\lim_{x\to4}(\sqrt{x+5}+3)=\sqrt{4+5}+3=6$$

例 7　求 $\lim\limits_{x\to0}\dfrac{\lg(1+x)}{x}$.

解　$$\lim_{x\to0}\frac{\lg(1+x)}{x}=\lim_{x\to0}\lg(1+x)^{\frac{1}{x}}=\lg[\lim_{x\to0}(1+x)^{\frac{1}{x}}]=\lg e$$

四、闭区间上连续函数的性质

1. 最大值、最小值性质

定理 4　如果 $y=f(x)$ 在闭区间 $[a,b]$ 上连续，则 $f(x)$ 在 $[a,b]$ 上一定有最大值和最小值.

如图 1-12 所示，设函数 $f(x)$ 在闭区间 $[a,b]$ 上连续，则在该区间上至少存在一点 ξ_1，使得 $f(\xi_1)$ 是函数 $f(x)$ 在该区间上的最大值，即对一切 $x\in[a,b]$，均有 $f(\xi_1)\geqslant f(x)$ 成立；同样，也至少有一点 $\xi_2\in[a,b]$，使得 $f(\xi_2)$ 是函数 $f(x)$ 在区间 $[a,b]$ 上的最小值，即对一切 $x\in[a,b]$，均有 $f(\xi_2)\leqslant f(x)$ 成立.

2. 介值性质

定理 5　如果 $y=f(x)$ 在闭区间 $[a,b]$ 上连续，且 $f(a)=A$，$f(b)=B$ $(A\neq B)$，则对于介于 A 和 B 之间的任何实数 C，至少存在一点 $\xi\in(a,b)$，使 $f(\xi)=C$.

如图 1-12 所示，在 $[a,b]$ 上连续的曲线 $y=f(x)$ 与直线 $y=C$ $(A<C<B)$ 至少有一交点，交点坐标为 $(\xi,f(\xi))$，其中 $f(\xi)=C$.

推论　如果函数 $y=f(x)$ 在闭区间 $[a,b]$ 上连续，且 $f(a)$ 和 $f(b)$ 异号，那么至少存在一点 $\xi\in(a,b)$，使得 $f(\xi)=0$.

如图 1-13 所示，如果 $f(a)$ 与 $f(b)$ 异号，那么在 $[a,b]$ 上连续的曲线 $y=f(x)$ 与 x 轴至少有一个交点，交点坐标为 $(\xi,0)$.

推论是求方程 $f(x)=0$ 近似解的理论依据.

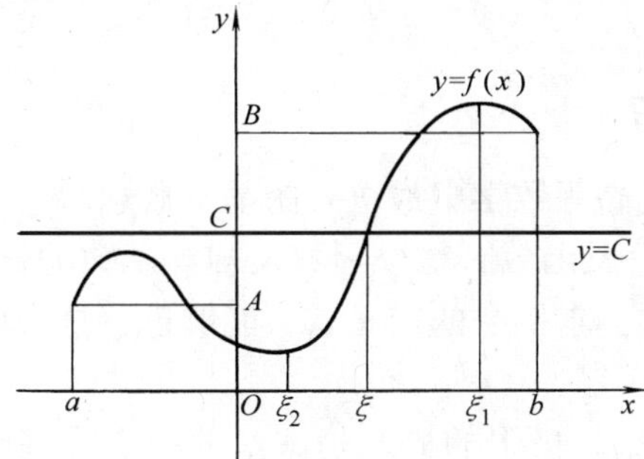

图　1-12

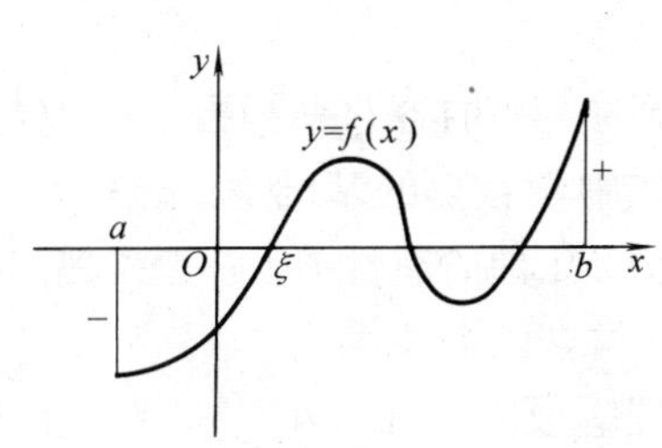

图　1-13

例 8 证明方程 $x^3+2x-1=0$ 至少有一个实根介于 0 和 1 之间.

证 $f(x)=x^3+2x-1$ 是初等函数，在闭区间$[0,1]$上连续，且$f(0)=-1<0$，$f(1)=2>0$，由推论知，至少存在一点 $\xi\in(0,1)$，使得$f(\xi)=0$，即$\xi^3+2\xi-1=0$，其中 $0<\xi<1$. 这说明方程 $x^3+2x-1=0$ 至少有一个实根介于 0 和 1 之间.

习题 1-6

1. 已知函数 $y=3x^2+1$，求适合下列条件的函数的改变量.

(1) 当 x 由 1 变到 1.1 时　　(2) 当 x 由 1 变到 0.8 时

(3) 当 x 在 1 处有任意改变量 Δx 时

2. 证明函数 $y=3x^2+1$ 在 $x=1$ 处连续.

3. 讨论函数 $f(x)=\begin{cases}1 & x\leqslant 2\\ x+3 & x>2\end{cases}$ 在 $x=2$ 处的连续性.

4. 讨论函数 $f(x)=\begin{cases}2x-1 & 0<x\leqslant 1\\ 2-x & 1<x\leqslant 3\end{cases}$ 的连续区间，并求 $\lim\limits_{x\to\frac{1}{2}}f(x)$，$\lim\limits_{x\to 1}f(x)$ 和 $\lim\limits_{x\to 2}f(x)$.

5. 求下列函数的间断点.

(1) $y=\dfrac{1}{x-2}$　　(2) $y=\dfrac{x^2-4}{x^2+5x+6}$

(3) $y=\begin{cases}x^2+2 & x<0\\ 2e^x & 0\leqslant x<1\\ 4 & x\geqslant 1\end{cases}$　　(4) $y=\begin{cases}3+x^2 & x<0\\ \dfrac{\sin 3x}{x} & x>0\end{cases}$

6. 求极限.

(1) $\lim\limits_{x\to 0}\sqrt{x+4}$　　(2) $\lim\limits_{x\to -2}\dfrac{e^x-1}{x}$

(3) $\lim\limits_{x\to\frac{\pi}{4}}\dfrac{\cos(\pi-x)}{\sin 2x}$　　(4) $\lim\limits_{x\to\frac{\pi}{4}}\dfrac{\cos 2x}{\cos x-\sin x}$

(5) $\lim\limits_{x\to 0}\dfrac{x}{\sqrt{x+4}-2}$　　(6) $\lim\limits_{h\to 0}\dfrac{\sqrt{x+h}-\sqrt{x}}{h}$

(7) $\lim\limits_{x\to 0}\dfrac{\ln(1+x)}{x}$　　(8) $\lim\limits_{n\to\infty}e^{\frac{1}{n}}$

(9) $\lim\limits_{x\to 0}\ln\dfrac{\sqrt{1+x}-1}{\sin x}$　　(10) $\lim\limits_{x\to 0}\dfrac{e^x-1}{x}$

7. 证明方程 $x^3-2x-1=0$ 至少有一个实根介于 1 和 2 之间.

本 章 小 结

本章的主要内容包括函数、极限与连续，它们是高等数学中最重要的基本概念.

1. 在中学数学的基础上，进一步深刻理解函数、反函数、复合函数及初等函数的概念；掌握函数的几种简单性质及一些常见的经济类函数；会求函数的定义域，能够进行复合函数的分解及建立函数关系式.

2. 理解极限、无穷小(大)量及函数连续性的概念. 极限的概念是本章的核心，高等数学主要是用极限及极限的思想研究问题. 本章介绍了 7 种形式的极限：$\lim\limits_{n\to\infty}a_n$，$\lim\limits_{x\to\infty}f(x)$，$\lim\limits_{x\to+\infty}f(x)$，$\lim\limits_{x\to-\infty}f(x)$，$\lim\limits_{x\to a}f(x)$，$\lim\limits_{x\to a^+}f(x)$，$\lim\limits_{x\to a^-}f(x)$的定义. 它们的本质是一样的，只是由于

自变量变化趋势不同，所以表示形式不同. 学习中应注意它们的区别和联系，学会举一反三. 特别是类比地可以得到各种形式的无穷小、无穷大的概念.

3. 熟练掌握极限的运算法则. 当求函数在其连续点的极限时，可以根据连续函数的定义将其转化为求函数在该连续点处的函数值；当求函数在其间断点的极限时，可以通过通分、约分、分子分母有理化等方法消去零因子，从而转化为求其连续点的极限. 恰当应用两个重要极限，也是求极限的重要方法.

4. 了解函数间断点的定义，并通过对间断点的学习，加深对连续性定义的理解.

5. 了解闭区间上连续函数的性质. 虽然闭区间上连续函数的性质定理都没给出证明，但可以通过几何图形加深理解.

复习题一

1. 判断题.

（1）分段函数一定不是初等函数.　（　　）

（2）如果$\lim\limits_{x\to x_0}f(x)=A$，则$f(x)$在点$x_0$处一定有定义.　（　　）

（3）无穷小的倒数是无穷大.　（　　）

（4）无穷小的和必是无穷小.　（　　）

（5）0.0000001 是无穷小.　（　　）

（6）如果$\lim\limits_{x\to x_0}f(x)=A$，则$f(x_0)=A$.　（　　）

（7）如果$\lim\limits_{x\to x_0}f(x)=A$，则$f(x_0-0)=A$.　（　　）

2. 填空题.

（1）如果函数$f(x)$的定义域为$[0,1]$，那么函数$f(x^2)$的定义域为________.

（2）如果$f(x)=\begin{cases}x+1 & x>0\\ \pi & x=0\\ 0 & x<0\end{cases}$，则$f\{f[f(-1)]\}=$________.

（3）设$f(\sin x)=\cos 2x+1$，则$f(\cos x)=$________.

（4）函数$y=\sqrt{2-3x}$的复合过程是________.

（5）设$y=x-2\arctan x$，则$\lim\limits_{x\to-\infty}(y-x)=$________.

（6）已知$\lim\limits_{x\to 0}\dfrac{3\sin mx}{2x}=\dfrac{2}{3}$，$m=$________.

（7）当________时，函数$y=\dfrac{1}{x^2-1}$是无穷大量；当________时，函数$y=\dfrac{1}{x^2-1}$是无穷小量.

（8）$\lim\limits_{x\to 3}\dfrac{x^2-2x+k}{x-3}=4$，则$k=$________.

（9）设$f(x)=\begin{cases}x^2+2x-3 & x\leqslant 1\\ x & 1<x<2\\ 2x-2 & x\geqslant 2\end{cases}$，则$\lim\limits_{x\to 1}f(x)=$________，$\lim\limits_{x\to 2}f(x)=$________.

3. 求极限.

（1）$\lim\limits_{x\to 2}\dfrac{x^2+2x-4}{x-1}$　　（2）$\lim\limits_{x\to 0}\dfrac{\sin^2\sqrt{x}}{x}$

（3）$\lim\limits_{n\to\infty}\left(1-\dfrac{1}{n}\right)^{n+5}$　　（4）$\lim\limits_{x\to 0}\dfrac{\arctan x}{\sin 4x}$

(5) $\lim\limits_{x\to 0}\dfrac{x^4+x^3}{\sin^3\dfrac{x}{2}}$

(6) $\lim\limits_{x\to\infty}\left(\dfrac{2x}{3-x}-\dfrac{2}{3x^2}\right)$

(7) $\lim\limits_{\Delta x\to 0}\dfrac{\sqrt{x+\Delta x}-\sqrt{x}}{\Delta x}$

(8) $\lim\limits_{n\to\infty}\dfrac{2^n+3^n}{2^{n+1}+3^{n+1}}$

(9) $\lim\limits_{x\to -1}\left(\dfrac{1}{x+1}-\dfrac{3}{x^3+1}\right)$

(10) $\lim\limits_{x\to 1}\dfrac{x^4-1}{x^3-1}$

(11) $\lim\limits_{x\to 0}\dfrac{\sqrt{x+4}-2}{\sin 5x}$

(12) $\lim\limits_{x\to\infty}\dfrac{\cos x}{x^2}$

(13) $\lim\limits_{x\to 0}\dfrac{\tan x-\sin x}{x^3}$

(14) $\lim\limits_{x\to\frac{\pi}{4}}\dfrac{\sin x-\cos x}{\cos 2x}$

(15) $\lim\limits_{n\to\infty}\dfrac{1+\dfrac{1}{2}+\dfrac{1}{4}+\cdots+\dfrac{1}{2^n}}{1+\dfrac{1}{3}+\dfrac{1}{9}+\cdots+\dfrac{1}{3^n}}$

(16) $\lim\limits_{x\to\infty}\arctan\dfrac{x}{\sqrt{1+x^2}}$

(17) $\lim\limits_{x\to 0}\dfrac{\sin(2\sin x)}{\sin x}$

4. 设$f(x)=\begin{cases}2^x & x>0\\1+x^2 & x\leqslant 0\end{cases}$，求$\lim\limits_{x\to 0}f(x)$.

5. 设$f(x)=\begin{cases}x-1 & x\leqslant 0\\x^2 & x>0\end{cases}$，求$\lim\limits_{x\to 0}f(x)$.

6. 求下列函数的连续区间，并求其极限.

(1) $\lim\limits_{x\to 0}\dfrac{1}{\sqrt[3]{x^2-3x+2}}$ (2) $\lim\limits_{x\to\frac{1}{2}}\ln\arcsin x$

7. 已知$f(x)=\begin{cases}2x & 0<x<1\\4 & x=1\\3-x & 1<x\leqslant 3\end{cases}$，作出函数$f(x)$的图形，并讨论$f(x)$在$x=1$的连续性.

【数学小百科】

数学的神奇力量

我国著名的数学家华罗庚曾就数学的应用概括说：“宇宙之大、粒子之微、火箭之速、化工之巧、生物之谜、日用之繁，无处不用数学.”随着计算机的诞生以及社会的信息化，数学更为显著地成为现代社会的基础知识与基本工具. 诸如齿轮设计、冷轧钢板的焊接、大坝安全高度的计算、密码设计、自动生产线设计、化工厂中定常态的决定、连续铸造的控制、发动机中汽轮机构件的排列、电化学绘图、石油勘探、飞机制造、生产过程的优化与运筹、工业产品质量的提高、国家经济数学模型的建立、天气预报、大量商业数据的信息处理等，无不运用数学知识. 而当今“高技术”本质上是一种数学技术，乃至重大军事决策也必须用数学. 例如1990年的海湾战争中，伊拉克点燃了科威特数百口油井，浓烟遮天蔽日. 美国在采取“沙漠风暴”行动前，就通过数学家作了模拟计算，其结论是：大火及烟雾可能造成重大污染，但不会失去控制，不会造成全球性气候变化等. 这样才使美国下定作战的决心. 所以有人说，第一次世界大战是化学战(火药)，第二次世界大战是物理战(原子弹)，海湾战争就是数学战.

下面是数学应用的几个神奇例子：

1781 年，天文学家发现了天王星，但按照牛顿定律推算的轨道与实际观测有较大出入. 坚信牛顿定律的人们猜测这些误差是由另一颗尚未发现的行星的引力造成的. 但在茫茫宇宙中探索一颗未知的行星，有如大海捞针. 此时，数学家开始大显神威，1846 年，通过数学计算，精确地推定了未知行星的位置，天文学家立即在指定地点捕捉到了后来被命名为海王星的新行星. 1930 年，人们又按同样的“方法”发现了冥王星.

航天时代开始于 20 世纪中叶，现在人们能够坐在家里欣赏人造卫星转播的电视节目，这当然是了不起的成就. 但更加了不起的是，早在 300 年前，牛顿已经通过数学计算预见了发射人造天体的可能性. 他指出以相当于 8×10^3m/s 速度抛出的物体，将进入环绕地球的椭圆轨道运行.

类似的例子还有许多，都说明数学与人类重大科技进步的关系往往是这样的：人们先计算出它，然后才能找到它；或者人们先计算出它，然后才造出它.

电磁波的发现和广泛应用，以及原子能的实际应用，也是这样的情形：人们先通过数学公式(麦克斯韦方程和爱因斯坦质能公式)预见其可能性，然后才通过技术手段将其实现. 电子数字计算机的出现更是如此，图灵等数学家的数学理论先证明其可能性，后来人们才把计算机制造出来.

在生物学中，1865 年孟德尔以排列组合的数学模型解释了他通过长达 8 年的实验观察到的遗传现象，从而预见了遗传基因的存在性. 多年以后，人们才发现了遗传基因的实际载体.

马克思曾经说过：“蜂巢的构造使最高明的建筑师赞叹不已，蛛网的精细使最灵巧的织工自叹不如. 然而，即使最差劲的建筑师和织工也远远胜过最灵巧的蜜蜂和蜘蛛，因为人们在实际做出一件物品之前已经先在自己头脑中将其构造出来了.”这就是知识的力量、理论的作用，而数学为人类的科技发展开辟着道路.

第二章　导数与微分

本章将在函数与极限这两个概念的基础上来研究微分学的两个基本概念——导数与微分．

在自然科学和工程实践中有很多问题涉及导数的概念，如力学中物体运动的速度、加速度，电学中的电流大小，化学中的反应速度，生物学中的繁殖率，几何中的切线斜率等．所有这些在数量上都归结为函数的变化率，即导数．

导数以极限为基础，是极限的具体应用．本章将从实例引入导数、微分的概念，并研究它们的计算方法，从而系统地解决初等函数的求导问题．

学习目标：

1. 理解导数与微分的概念和意义.
2. 能熟练计算初等函数的导数与微分.

第一节　导数的概念

一、导数的定义

先看下面两个例子：

1. 求变速直线运动的瞬时速度

设物体沿直线做变速运动，其规律为 $s=f(t)$，其中 s 表示位移，t 表示时间，$f(t)$是连续函数．求物体在某时刻 $t=t_0$ 的瞬时速度 $v(t_0)$．

当 t 在 t_0 取得增量 Δt 时，在 t_0 到 $t_0+\Delta t$ 的时段内，位移的增量为

$$\Delta s=f(t_0+\Delta t)-f(t_0)$$

t_0 到 $t_0+\Delta t$ 内的平均速度为

$$\frac{\Delta s}{\Delta t}=\frac{f(t_0+\Delta t)-f(t_0)}{\Delta t}$$

容易看出，当$|\Delta t|$越小时，平均速度将越接近于瞬时速度；当 Δt 无限趋近于零时，平均速度将无限趋近于瞬时速度．为此，瞬时速度可定义为当 $\Delta t\to 0$ 时平均速度的极限，即

$$v(t_0)=\lim_{\Delta t\to 0}\frac{\Delta s}{\Delta t}=\lim_{\Delta t\to 0}\frac{f(t_0+\Delta t)-f(t_0)}{\Delta t}$$

平均速度$\frac{\Delta s}{\Delta t}$称为位移 s 在 t_0 到 $t_0+\Delta t$ 时间段内的平均变化率，而瞬时速度$\lim\limits_{\Delta t\to 0}\frac{\Delta s}{\Delta t}$，则称为位移 s 在时间 $t=t_0$ 的(瞬时)变化率．

2. 曲线上的切线斜率

如图 2-1 所示，设曲线 C 的方程为 $y=f(x)$，PQ 为连接点 $P(x_0,y_0)$ 与点 $Q(x_0+\Delta x,y_0+\Delta y)$ 的割线，其斜率为

$$\tan\varphi=\frac{\Delta y}{\Delta x}=\frac{f(x_0+\Delta x)-f(x_0)}{\Delta x}$$

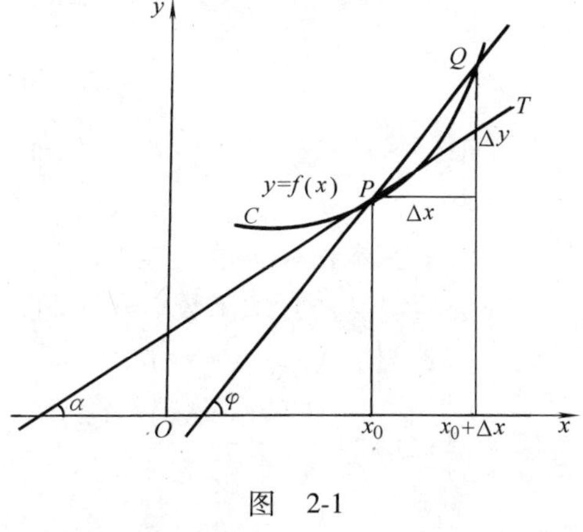

图　2-1

当点 Q 沿曲线 C 无限接近于点 P 时，就相当于 $\Delta x\to 0$，此时割线 PQ 也随着变动而趋向一个极限位置——直线 PT，称直线 PT 为曲线上点 P 处的切线，同时割线 PQ 的倾斜角 φ 趋向于切线 PT 的倾斜角 α，因此切线 PT 的斜率为

$$k=\tan\alpha=\lim_{\Delta x\to 0}\tan\varphi=\lim_{\Delta x\to 0}\frac{\Delta y}{\Delta x}$$
$$=\lim_{\Delta x\to 0}\frac{f(x_0+\Delta x)-f(x_0)}{\Delta x}$$

由以上两个例子可以看到用极限的方法处理非均匀变化量的优越性．尽管它们的实际意义不同，但从数学关系来看，它们有着共同的特点：都是求函数的增量与自变量增量之比，当自变量增量趋于零时的极限．在自然科学和工程技术中，还有许多要加以研究的量都可以归纳为上述形式的极限，这就得到微积分学的一个重要概念——导数．

定义　设函数 $y=f(x)$ 在点 x_0 及其左、右近旁有定义，如果函数的增量 $\Delta y=f(x_0+\Delta x)-f(x_0)$ 与自变量的增量 Δx 的比值

$$\frac{\Delta y}{\Delta x}=\frac{f(x_0+\Delta x)-f(x_0)}{\Delta x}$$

当 $\Delta x\to 0$ 时有极限，则这个极限值就叫作函数 $y=f(x)$ 在点 x_0 处的**导数**，记为 $f'(x_0)$，即

$$f'(x_0)=\lim_{\Delta x\to 0}\frac{\Delta y}{\Delta x}=\lim_{\Delta x\to 0}\frac{f(x_0+\Delta x)-f(x_0)}{\Delta x}$$

也可以记为 $y'\big|_{x=x_0}$，$\dfrac{\mathrm{d}y}{\mathrm{d}x}\Big|_{x=x_0}$ 或 $\dfrac{\mathrm{d}f(x)}{\mathrm{d}x}\Big|_{x=x_0}$．

如果函数 $y=f(x)$ 在点 x_0 处有导数，就说函数 $y=f(x)$ 在点 x_0 处**可导**．如果上式极限不存在，就说函数 $y=f(x)$ 在点 x_0 处**不可导**．如果不可导的原因是当 $\Delta x\to 0$ 时 $\dfrac{\Delta y}{\Delta x}\to\infty$，为方便起见，也说函数 $y=f(x)$ 在点 x_0 处的**导数为无穷大**．

如果函数 $y=f(x)$ 在区间 (a,b) 内的每一点都可导，就说函数 $y=f(x)$ 在区间 (a,b) 内**可导**．此时，对于区间 (a,b) 内的每一个确定的 x 值，都有唯一确定的导数值 $f'(x)$ 与之对应，这就构成了一个新函数 $y'=f'(x)$，这个函数叫作函数 $y=f(x)$ 的**导函数**（在不致引起混淆的前提下，也称为导数），记作 y'，$f'(x)$，$\dfrac{\mathrm{d}y}{\mathrm{d}x}$ 或 $\dfrac{\mathrm{d}f(x)}{\mathrm{d}x}$.

即
$$y'=\lim_{\Delta x\to 0}\frac{\Delta y}{\Delta x}=\lim_{\Delta x\to 0}\frac{f(x+\Delta x)-f(x)}{\Delta x}$$

显然，函数 $y=f(x)$ 在点 x_0 处的导数 $f'(x)$ 就是导函数 $f'(x)$ 在 $x=x_0$ 处的函数值，即

$$f'(x_0)=f'(x)\big|_{x=x_0}$$

由导数定义可知：

1）变速直线运动的速度 $v(t)$ 是路程 $s(t)$ 对时间 t 的导数，即

$$v(t)=s'(t)=\frac{\mathrm{d}s}{\mathrm{d}t}$$

2）曲线 $y=f(x)$ 在点 $M(x_0,y_0)$ 处的切线斜率为

$$k=f'(x_0)$$

二、几个基本初等函数的导数

由导数的定义知，求函数 $y=f(x)$ 的导数 y' 可以分为以下三个步骤：

（1）求增量　$\Delta y=f(x+\Delta x)-f(x)$

（2）算比值　$\dfrac{\Delta y}{\Delta x}=\dfrac{f(x+\Delta x)-f(x)}{\Delta x}$

（3）取极限　$y'=\lim\limits_{\Delta x\to 0}\dfrac{\Delta y}{\Delta x}=\lim\limits_{\Delta x\to 0}\dfrac{f(x+\Delta x)-f(x)}{\Delta x}$

应用上述三个步骤，可以求出几个基本初等函数的导数，得出的结果以后可作为公式使用.

例 1　求函数 $f(x)=C$（C 为常数）的导数.

解　求增量　因为无论 x 取什么值，y 的值恒为常数 C，所以有 $\Delta y=f(x+\Delta x)-f(x)=C-C=0$.

算比值

$$\frac{\Delta y}{\Delta x}=\frac{0}{\Delta x}=0$$

取极限

$$y'=\lim_{\Delta x\to 0}\frac{\Delta y}{\Delta x}=\lim_{\Delta x\to 0}0=0$$

即

$$(C)'=0$$

这就是说，常数的导数等于零.

例 2　求幂函数 $y=x^n$（$n\in\mathbf{N}$）的导数.

解　求增量

$$\begin{aligned}\Delta y&=f(x+\Delta x)-f(x)=(x+\Delta x)^n-x^n\\&=\mathrm{C}_n^0x^n+\mathrm{C}_n^1x^{n-1}\Delta x+\mathrm{C}_n^2x^{n-2}(\Delta x)^2+\cdots+\mathrm{C}_n^n(\Delta x)^n-x^n\\&=\mathrm{C}_n^1x^{n-1}\Delta x+\mathrm{C}_n^2x^{n-2}(\Delta x)^2+\cdots+(\Delta x)^n\end{aligned}$$

算比值

$$\frac{\Delta y}{\Delta x}=\mathrm{C}_n^1x^{n-1}+\mathrm{C}_n^2x^{n-2}\Delta x+\cdots+(\Delta x)^{n-1}$$

取极限

$$f'(x)=\lim_{\Delta x\to 0}\frac{\Delta y}{\Delta x}=\mathrm{C}_n^1x^{n-1}=nx^{n-1}$$

即

$$(x^n)'=nx^{n-1}$$

一般地，对于幂函数 $y=x^\alpha$（α 是任意实数）有导数公式

$$(x^\alpha)'=\alpha x^{\alpha-1}$$

例 3　利用幂函数的求导公式求下列函数的导数.

（1）$y=\sqrt{x}$　　（2）$y=\dfrac{1}{\sqrt[5]{x^4}}$

解　（1）$y=\sqrt{x}=x^{\frac{1}{2}}$

$$y'=(x^{\frac{1}{2}})'=\frac{1}{2}x^{\frac{1}{2}-1}=\frac{1}{2}x^{-\frac{1}{2}}=\frac{1}{2\sqrt{x}}$$

（2）$y=\dfrac{1}{\sqrt[5]{x^4}}=x^{-\frac{4}{5}}$

$$y'=(x^{-\frac{4}{5}})'=-\frac{4}{5}x^{-\frac{4}{5}-1}=-\frac{4}{5}x^{-\frac{9}{5}}=-\frac{4}{5\sqrt[5]{x^9}}=-\frac{4}{5x\sqrt[5]{x^4}}$$

例 4　求 $f(x)=\sin x$ 的导数．

解　求增量　$\Delta y=\sin(x+\Delta x)-\sin x=2\cos\left(x+\dfrac{\Delta x}{2}\right)\sin\dfrac{\Delta x}{2}$

算比值
$$\frac{\Delta y}{\Delta x}=\frac{\sin\frac{\Delta x}{2}}{\frac{\Delta x}{2}}\cos\left(x+\frac{\Delta x}{2}\right)$$

取极限
$$f'(x)=\lim_{\Delta x\to 0}\frac{\Delta y}{\Delta x}=\lim_{\Delta x\to 0}\frac{\sin\frac{\Delta x}{2}}{\frac{\Delta x}{2}}\cos\left(x+\frac{\Delta x}{2}\right)$$
$$=\lim_{\Delta x\to 0}\frac{\sin\frac{\Delta x}{2}}{\frac{\Delta x}{2}}\lim_{\Delta x\to 0}\cos\left(x+\frac{\Delta x}{2}\right)=\cos x$$

所以
$$(\sin x)'=\cos x$$

用同样的方法可以推出 $(\cos x)'=-\sin x$.

例 5　求 $f(x)=a^x$ 的导数．

解　求增量　$\Delta y=a^{x+\Delta x}-a^x=a^x(a^{\Delta x}-1)$，令 $t=a^{\Delta x}-1$，则 $\Delta x=\log_a(1+t)$，当 $\Delta x\to 0$ 时 $t\to 0$.

算比值
$$\frac{\Delta y}{\Delta x}=\frac{a^x(a^{\Delta x}-1)}{\Delta x}=a^x\,\frac{t}{\log_a(1+t)}$$

取极限
$$\lim_{\Delta x\to 0}\frac{\Delta y}{\Delta x}=\lim_{t\to 0}a^x\,\frac{t}{\log_a(1+t)}=a^x\lim_{t\to 0}\frac{t}{\log_a(1+t)}$$
$$=a^x\lim_{t\to 0}\frac{1}{\log_a(1+t)^{\frac{1}{t}}}$$
$$=\frac{a^x}{\lim\limits_{t\to 0}\log_a(1+t)^{\frac{1}{t}}}=\frac{a^x}{\log_a e}=a^x\ln a$$

即
$$(a^x)'=a^x\ln a$$

特别地有
$$(e^x)'=e^x$$

类似地，可以求出对数函数的导数 $(\log_a x)'=\dfrac{1}{x\ln a}$，特别地有 $(\ln x)'=\dfrac{1}{x}$.

三、导数的几何意义

由本节曲线上的切线斜率的例子可知，导数的几何意义是：函数 $f(x)$ 在点 x_0 处的导数

$f'(x_0)$，就是曲线 $y=f(x)$ 在点 $(x_0, f(x_0))$ 处的切线的斜率．

由此可知，曲线 $y=f(x)$ 上的点 $(x_0, f(x_0))$ 处的切线的斜率为

$$k=\tan\alpha=f'(x_0)$$

切线方程是

$$y-f(x_0)=f'(x_0)(x-x_0)$$

过点 $(x_0, f(x_0))$ 且与切线垂直的直线叫作曲线 $y=f(x)$ 在该点处的**法线**，其方程是

$$y-f(x_0)=-\frac{1}{f'(x_0)}(x-x_0)\quad (f'(x_0)\neq 0)$$

例 6 求曲线 $y=x^3$ 在点 $P(-2,-8)$ 处的切线方程和法线方程．

解 由导数的几何意义可知，曲线 $y=x^3$ 在点 $P(-2,-8)$ 处的切线斜率为

$$k=y'\big|_{x=-2}=(x^3)'\big|_{x=-2}=3x^2\big|_{x=-2}=12$$

所以，所求切线方程为 $y+8=12(x+2)$，即

$$12x-y+16=0$$

法线方程为 $y+8=-\frac{1}{12}(x+2)$，即

$$x+12y+98=0$$

例 7 曲线 $y=x^{\frac{3}{2}}$ 上哪一点处的切线与直线 $y=3x-1$ 平行？

解 已知直线 $y=3x-1$ 的斜率 $k=3$. 由导数的几何意义知，曲线 $y=x^{\frac{3}{2}}$ 的切线的斜率为 $y'=(x^{\frac{3}{2}})'=\frac{3}{2}x^{\frac{1}{2}}$.

根据两直线平行的条件，有

$$\frac{3}{2}x^{\frac{1}{2}}=3$$

解此方程，得 $x=4$.

当 $x=4$ 时，$y=8$，所以曲线 $y=x^{\frac{3}{2}}$ 在点 $(4,8)$ 处的切线与直线 $y=3x-1$ 平行．

四、函数的可导与连续的关系

定理 如果函数 $y=f(x)$ 在点 x_0 处可导，则 $f(x)$ 在点 x_0 处连续．

反之，当函数 $y=f(x)$ 在 x_0 处连续时，$y=f(x)$ 在点 x_0 处不一定可导．

例 8 讨论函数 $y=|x|=\begin{cases} x & x\geqslant 0 \\ -x & x<0 \end{cases}$ 在 $x=0$ 处的连续性与可导性．

解 因为 $\lim\limits_{x\to 0}y=\lim\limits_{x\to 0}|x|=0=f(0)$，所以 $y=|x|$ 在 $x=0$ 处连续．但是

$$\frac{\Delta y}{\Delta x}=\frac{|\Delta x|}{\Delta x}=\begin{cases} 1 & \Delta x>0 \\ -1 & \Delta x<0 \end{cases}$$

$$\lim_{\Delta x\to 0^+}\frac{\Delta y}{\Delta x}=1,\ \lim_{\Delta x\to 0^-}\frac{\Delta y}{\Delta x}=-1$$

所以 $\lim\limits_{\Delta x\to 0}\frac{\Delta y}{\Delta x}$ 不存在，即 $y=|x|$ 在 $x=0$ 处不可导．

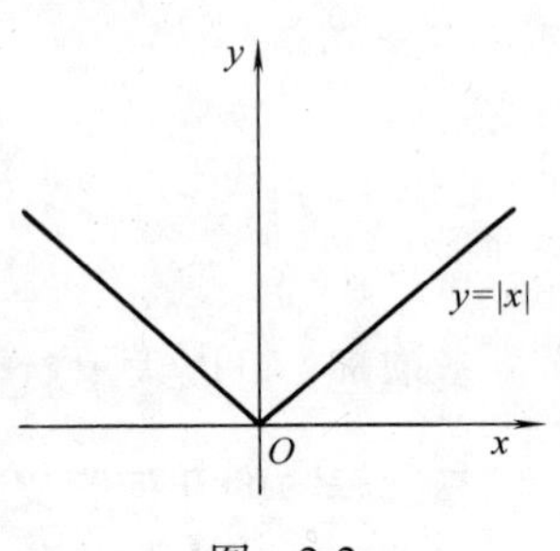

图 2-2

这在图形中的表现为 $y=|x|$ 在 $x=0$ 处没有切线，如图 2-2 所示.

例 8 中出现的极限 $\lim\limits_{\Delta x \to 0^+} \dfrac{\Delta y}{\Delta x}$ 称为函数 $y=|x|$ 在 $x=0$ 处的右导数，记为 $f'_+(0)$；极限 $\lim\limits_{\Delta x \to 0^-} \dfrac{\Delta y}{\Delta x}$ 称为函数 $y=|x|$ 在 $x=0$ 处的左导数，记为 $f'_-(0)$.

一般地，设函数 $y=f(x)$ 在点 x_0 的某邻域内有定义，如果 $\lim\limits_{\Delta x \to 0^+} \dfrac{f(x_0+\Delta x)-f(x_0)}{\Delta x}$ 存在，则称之为 $f(x)$ 在点 x_0 处的**右导数**，记为 $f'_+(x_0)$；如果 $\lim\limits_{\Delta x \to 0^-} \dfrac{f(x_0+\Delta x)-f(x_0)}{\Delta x}$ 存在，则称之为 $f(x)$ 在点 x_0 处的**左导数**，记为 $f'_-(x_0)$.

显然，当且仅当函数在某一点的左、右导数都存在且相等时，函数在该点才是可导的.

习题　2-1

1. 根据导数的定义，求下列函数在给定点处的导数值.

（1）$y=\dfrac{2}{x}$，$x_0=1$　　（2）$y=2x^2+1$，$x_0=-1$

2. 根据导数的定义，求函数 $f(x)=ax^2+bx+c$（其中 a,b,c 为常数）的导数 $f'(x)$ 及 $f'(0)$，$f'\left(\dfrac{1}{2}\right)$，$f'\left(-\dfrac{b}{a}\right)$.

3. 利用幂函数的求导公式，求下列各函数的导数.

（1）$y=\dfrac{1}{\sqrt{x}}$　　（2）$y=x^3$

（3）$y=x^{\frac{5}{2}}$　　（4）$y=x\sqrt[7]{x^3}$

（5）$y=x^{-3}$　　（6）$y=x^2\sqrt[3]{x}$

4. 设 $f(x)=\cos x$，求 $f'\left(\dfrac{\pi}{3}\right)$，$f'\left(-\dfrac{5}{4}\pi\right)$.

5. 求曲线 $y=x^3$ 在点 $(2,8)$ 处的切线方程和法线方程.

6. 正弦曲线 $y=\sin x$ 在区间 $[0,\pi]$ 上哪一点处的切线与 x 轴平行？哪一点处的切线与 x 轴成 45°角.

第二节　函数的和、差、积、商的求导法则

前面我们根据导数的定义求出了几个常见函数的导数公式，但对于比较复杂的函数，用定义来求它们的导数往往很困难，有时甚至是不可能的. 本节将学习一系列求导法则，并继续推导一些基本初等函数的导数公式.

如果函数 $u=u(x)$ 和 $v=v(x)$ 在点 x 处可导，则其和、差、积、商在点 x 处也可导，且有

法则 1　$(u\pm v)'=u'\pm v'$

法则 2　$(uv)'=u'v+uv'$

推论　$(Cu)'=Cu'$（C 为常数）

法则 3　$\left(\dfrac{u}{v}\right)'=\dfrac{u'v-uv'}{v^2}$　　$(v\neq 0)$

例 1　求函数 $y=x^4+\cos x$ 的导数.

解　依据求导法则 1，得

$$y'=(x^4)'+(\cos x)'=4x^3-\sin x$$

例 2 求函数 $y=\sqrt{x}-\frac{1}{x}+\sin x$ 的导数.

解 依据求导法则 1，得

$$y'=(\sqrt{x})'-\left(\frac{1}{x}\right)'+(\sin x)'=\frac{1}{2\sqrt{x}}+\frac{1}{x^2}+\cos x$$

例 3 求函数 $y=x^6\sin x$ 的导数.

解 依据求导法则 2，得

$$y'=(x^6)'\sin x+x^6(\sin x)'=6x^5\sin x+x^6\cos x$$

例 4 求函数 $y=(1-x^2)\left(2+\frac{1}{x}\right)$ 的导数.

解 $$y'=(1-x^2)'\left(2+\frac{1}{x}\right)+(1-x^2)\left(2+\frac{1}{x}\right)'$$

$$=-2x\left(2+\frac{1}{x}\right)+(1-x^2)\left(-\frac{1}{x^2}\right)$$

$$=-4x-2-\frac{1}{x^2}+1=-4x-\frac{1}{x^2}-1$$

例 5 求函数 $y=\tan x$ 的导数.

解 依据求导法则 3，得

$$y'=(\tan x)'=\left(\frac{\sin x}{\cos x}\right)'=\frac{(\sin x)'\cos x-\sin x(\cos x)'}{\cos^2 x}$$

$$=\frac{\cos^2 x+\sin^2 x}{\cos^2 x}=\frac{1}{\cos^2 x}=\sec^2 x$$

即

$$(\tan x)'=\sec^2 x$$

类似地可得到余切函数的求导公式 $(\cot x)'=-\csc^2 x$.

例 6 求函数 $y=\sec x$ 的导数.

解

$$y'=(\sec x)'=\left(\frac{1}{\cos x}\right)'$$

$$=\frac{1'\cdot\cos x-1\cdot(\cos x)'}{\cos^2 x}$$

$$=\frac{\sin x}{\cos^2 x}=\sec x\tan x$$

即

$$(\sec x)'=\sec x\tan x$$

类似地可得余割函数的求导公式 $(\csc x)'=-\csc x\cot x$.

例 7 设 $f(x)=\frac{\sin x}{1+\cos x}$，求 $f'\left(\frac{\pi}{4}\right)$ 及 $f'\left(\frac{\pi}{2}\right)$.

解 因为 $$f'(x)=\left(\frac{\sin x}{1+\cos x}\right)'=\frac{(\sin x)'(1+\cos x)-\sin x(1+\cos x)'}{(1+\cos x)^2}$$

$$=\frac{\cos x(1+\cos x)-\sin x(-\sin x)}{(1+\cos x)^2}=\frac{1+\cos x}{(1+\cos x)^2}=\frac{1}{1+\cos x}$$

所以$f'\left(\frac{\pi}{4}\right)=\frac{1}{1+\cos\frac{\pi}{4}}=\frac{1}{1+\frac{\sqrt{2}}{2}}=2-\sqrt{2}$，$f'\left(\frac{\pi}{2}\right)=\frac{1}{1+\cos\frac{\pi}{2}}=\frac{1}{1+0}=1$.

习题　2-2

1. 求下列函数的导数.

(1) $y=x-\frac{1}{3}\tan x$　　(2) $y=\frac{x^2}{1-x^2}$

(3) $y=x\cot x$　　(4) $y=\sqrt{2}x^2\sec x$

(5) $y=\sqrt[3]{x^2}-\frac{\sqrt{2}}{2}$　　(6) $y=x\tan x-2\csc x$

(7) $y=\frac{2}{x^3-1}$　　(8) $y=\frac{\sin t}{\sin t+\cos t}$

(9) $y=\frac{x^5+\sqrt{x}+1}{x^3}$　　(10) $y=(\sqrt{x}+1)\left(\frac{1}{\sqrt{x}}-1\right)$

(11) $y=\frac{x^2+2x-3}{x^2-x-12}$　　(12) $y=\frac{1}{1+\sqrt{x}}+\frac{1}{1-\sqrt{x}}$

(13) $y=x^2\cot x+2\csc x$　　(14) $y=\frac{x}{x-1}-7x^2$

(15) $y=\sqrt{x}\tan x+3\sin\frac{\pi}{3}$　　(16) $y=\sqrt{x}(x^2+3x-\sqrt{x}+1)$

2. 求下列函数在给定点处的导数.

(1) $y=x^2-2\sin x$ 在 $x=0$ 及 $x=\frac{\pi}{2}$ 处；

(2) $y=\frac{1}{1+x}$ 在 $x=0$ 及 $x=2$ 处；

(3) $y=x-2x^2+1$ 在 $x=0$ 及 $x=1$ 处；

(4) $y=x\cos x+3$ 在 $x=\pi$ 及 $x=-\pi$ 处.

3. 过点 $M(1,1)$ 作抛物线 $y=2-x^2$ 的切线，求切线方程.

4. 求曲线 $y=\frac{x^2-3x+6}{x^2}$ 在横坐标 $x=3$ 处的切线方程和法线方程.

5. 曲线 $y=(x^2-1)(x+1)$ 在 $x=0$ 处的切线斜率是多少？曲线上哪一点的切线平行于 x 轴？

第三节　复合函数的求导法则

设函数 $y=f[\varphi(x)]$ 是由 $y=f(u)$ 及 $u=\varphi(x)$ 复合而成的，其中 $u=\varphi(x)$ 在点 x 处可导，$y=f(u)$ 在对应点 $u=\varphi(x)$ 处也可导，现在来研究如何求复合函数的导数.

例如，对于复合函数 $y=\sin 2x$，就不能简单地由 $(\sin x)'=\cos x$ 而得到 $y'=\cos 2x$，事实上

$$\begin{aligned}y'&=(\sin 2x)'=(2\sin x\cos x)'\\&=2[(\sin x)'\cos x+\sin x(\cos x)']\\&=2(\cos^2x-\sin^2x)=2\cos 2x\end{aligned}$$

所以有必要建立复合函数的求导法则. 由于 $y=\sin 2x$ 是由 $y=\sin u$ 和 $u=2x$ 复合而成的，而 $y=\sin u$ 和 $u=2x$ 是基本初等函数或基本初等函数的四则运算式，它们的导数很容易求得：

$y'(u)=(\sin u)'=\cos u$，$u'(x)=(2x)'=2$.

前面已求得 $y'=2\cos 2x$，容易看出它与 $y'(u)u'(x)=\cos u\times 2=2\cos 2x$ 相等，这就揭示了复合函数求导的一般法则 .

法则 4(复合函数的求导法则) 两个可导函数复合而成的复合函数的导数等于函数对中间变量的导数乘以中间变量对自变量的导数，即

$$\frac{dy}{dx}=\frac{dy}{du}\frac{du}{dx}$$

上式也可以写成 $y'_x=y'_u u'_x$ 或 $y'(x)=f'(u)\varphi'(x)$（其中 $u=\varphi(x)$ 是中间变量）. 式中 y'_x 表示函数 y 对 x 的导数，y'_u 表示函数 y 对中间变量 u 的导数，而 u'_x 表示中间变量 u 对自变量 x 的导数.

例 1 求下列函数的导数 .

（1）$y=\sin x^3$ （2）$y=\sqrt{3x+1}$ （3）$y=\tan^2 x$

解 （1）设 $y=\sin u$，$u=x^3$，则

$$y'_x=y'_u u'_x=(\sin u)'(x^3)'=3x^2\cos u=3x^2\cos x^3$$

（2）设 $y=\sqrt{u}$，$u=3x+1$，则

$$y'_x=y'_u u'_x=(\sqrt{u})'(3x+1)'=\frac{1}{2\sqrt{u}}\times 3=\frac{3}{2\sqrt{3x+1}}$$

（3）设 $y=u^2$，$u=\tan x$，则

$$y'_x=y'_u u'_x=(u^2)'(\tan x)'=2u\sec^2 x=2\tan x\sec^2 x$$

从上面的例子可以看出，求复合函数的导数的关键在于把复合函数正确地分解成基本初等函数或基本初等函数的和、差、积、商，然后运用复合函数的求导法则和适当的导数公式进行计算，最后把引进的中间变量代换成原来的自变量 .

对复合函数的分解比较熟练后，就不必再把中间变量写出来，只要记在心中，按照复合函数的求导法则，由外向里，逐层求导即可 .

例 2 求函数 $y=(3x^2-2)^{-2}$ 的导数 .

解 $y'_x=-2(3x^2-2)^{-3}(3x^2-2)'=-2(3x^2-2)^{-3}\times 6x=-\dfrac{12x}{(3x^2-2)^3}$

复合函数的求导法则可以推广到两个以上中间变量的情形 .

例 3 求函数 $y=\cos^2\left(2x-\dfrac{\pi}{4}\right)$ 的导数 .

解
$$\begin{aligned} y'&=2\cos\left(2x-\frac{\pi}{4}\right)\left[\cos\left(2x-\frac{\pi}{4}\right)\right]'\\ &=2\cos\left(2x-\frac{\pi}{4}\right)\left[-\sin\left(2x-\frac{\pi}{4}\right)\right]\left(2x-\frac{\pi}{4}\right)'\\ &=-2\sin\left(4x-\frac{\pi}{2}\right)=2\sin\left(\frac{\pi}{2}-4x\right)=2\cos 4x \end{aligned}$$

有时，计算函数的导数需要同时运用函数和、差、积、商的求导法则和复合函数的求导法则.

例 4 求函数 $y=(x+2)\sqrt{x^2-1}$ 的导数 .

解 $y'=(x+2)'\sqrt{x^2-1}+(x+2)\left(\sqrt{x^2-1}\right)'$

$$=\sqrt{x^2-1}+(x+2)\frac{1}{2\sqrt{x^2-1}}(x^2-1)'$$

$$=\sqrt{x^2-1}+(x+2)\frac{2x}{2\sqrt{x^2-1}}$$

$$=\frac{2x^2+2x-1}{\sqrt{x^2-1}}$$

例 5　求函数 $y=\dfrac{1+\cos^2 x}{\sin x}$ 的导数．

解　$y'=\dfrac{(1+\cos^2 x)'\sin x-(1+\cos^2 x)(\sin x)'}{\sin^2 x}$

$$=\frac{2\cos x(\cos x)'\sin x-(1+\cos^2 x)\cos x}{\sin^2 x}$$

$$=-\frac{2\sin^2 x\cos x+\cos x(1+\cos^2 x)}{\sin^2 x}$$

$$=-2\cos x-\frac{\cos x(1+\cos^2 x)}{\sin^2 x}$$

在求函数的导数时，为计算简便起见，有时还需要先把函数变形为易于求导的形式，然后再进行求导．

例 6　求下列函数的导数．

（1）$y=\dfrac{1}{x-\sqrt{x^2+1}}$　　（2）$y=\dfrac{\sin^2 x}{1-\cos x}$

解　（1）因为 $y=\dfrac{1}{x-\sqrt{x^2+1}}=\dfrac{x+\sqrt{x^2+1}}{(x-\sqrt{x^2+1})(x+\sqrt{x^2+1})}$

$$=-\sqrt{x^2+1}-x$$

所以

$$y'=-\frac{1}{2\sqrt{x^2+1}}(x^2+1)'-1=-\frac{x}{\sqrt{x^2+1}}-1$$

（2）因为 $y=\dfrac{\sin^2 x}{1-\cos x}=\dfrac{1-\cos^2 x}{1-\cos x}=1+\cos x$

所以

$$y'=(1+\cos x)'=-\sin x$$

例 7　求函数 $y=\ln\sqrt{\dfrac{1+x^2}{1-x^2}}$ 的导数．

解　由对数性质，有 $y=\dfrac{1}{2}[\ln(1+x^2)-\ln(1-x^2)]$，所以

$$y'=\frac{1}{2}\{[\ln(1+x^2)]'-[\ln(1-x^2)]'\}$$

$$=\frac{1}{2}\left(\frac{2x}{1+x^2}-\frac{-2x}{1-x^2}\right)=\frac{2x}{1-x^4}$$

习题　2-3

1. 求下列函数的导数．

（1）$y=\sqrt{a^2-x^2}$　（a 为常数）　　（2）$y=\cos x\tan 2x$

（3）$y=\frac{\sin x}{x}-\frac{1}{2}\cos^2 x$　　　　（4）$y=\frac{\sin x^2}{x+1}$

（5）$y=\cot 2x-\sec^2 x$　　　　（6）$y=\cos\frac{3x+1}{2}$

（7）$y=\sec^3(\ln x)$　　　　（8）$y=\frac{x^2}{\sqrt{1+x^2}}$

2. 求下列函数在给定点处的导数.

（1）$y=\sqrt[3]{4-3x}$，$x=1$　　　　（2）$y=\ln\frac{2-3x^3}{x^3+2}$，$x=-1$

（3）$f(x)=\ln\tan x$，$x=\frac{\pi}{6}$　　　　（4）$f(x)=\sqrt{1+\ln^2 x}$，$x=\mathrm{e}$

3. 求下列函数的导数.

（1）$y=(ax+b)^{100}$　　　　（2）$y=\ln[(1+x)(1+x^2)]$

4. 求证函数 $y=\ln\frac{1}{1+x}$ 满足关系式：$x\frac{\mathrm{d}y}{\mathrm{d}x}+1=\mathrm{e}^y$.

第四节　反函数的导数和基本初等函数的求导公式

一、反函数的导数

法则 5（反函数的求导法则）　如果函数 $y=f(x)$ 在区间 (a,b) 内单调连续，且在该区间内处处有不等于 0 的导数 $f'(x)$，那么它的反函数 $x=f^{-1}(y)$ 在相应区间内也处处可导，即 $[f^{-1}(y)]'$ 存在，并且

$$[f^{-1}(y)]'=\frac{1}{f'(x)}$$

也可写为 $f'(x)=\frac{1}{[f^{-1}(y)]}$，或 $\frac{\mathrm{d}y}{\mathrm{d}x}=\frac{1}{\frac{\mathrm{d}x}{\mathrm{d}y}}$.

这个等式还可以简单地说成反函数的导数等于原来函数的导数的倒数.

例 1　求指数函数 $y=a^x(a>0$ 且 $a\neq 1)$ 的导数.

解　$y=a^x(a>0$ 且 $a\neq 1)$ 是 $x=\log_a y$ $(a>0$ 且 $a\neq 1)$ 的反函数，函数 $x=\log_a y$ 在区间 $(0,+\infty)$ 内单调连续，且 $x'_y\neq 0$，因此根据反函数的求导法则，可得 $y'_x=\frac{1}{x'_y}=\frac{1}{\frac{1}{y\ln a}}=y\ln a$，而 $y=a^x$，所以

$$y'_x=a^x\ln a$$

即

$$(a^x)'=a^x\ln a$$

特别地，当 $a=\mathrm{e}$ 时，有 $(\mathrm{e}^x)'=\mathrm{e}^x$.

这表明，以 e 为底的指数函数的导数就是它本身，这是以 e 为底的指数函数的一个重要特性.

例 2　求函数 $y=\left(\frac{2}{3}\right)^x+x^{\frac{4}{3}}$ 的导数.

解　$y'=\left(\frac{2}{3}\right)^x\ln\frac{2}{3}+\frac{4}{3}x^{\frac{4}{3}-1}=\left(\frac{2}{3}\right)^x\ln\frac{2}{3}+\frac{4}{3}x^{\frac{1}{3}}$

例 3　推导幂函数 $y=x^{\alpha}$(其中 α 为任意实数)的求导公式.

解　利用对数的性质，将函数写成指数形式 $y=x^{\alpha}=e^{\alpha\ln x}$，则由复合函数的求导法则，有

$$y'=e^{\alpha\ln x}(\alpha\ln x)'$$
$$=x^{\alpha}\frac{\alpha}{x}=\alpha x^{\alpha-1}$$

例 4　求函数 $y=\arcsin x$ 的导数.

解　当 $-1<x<1$ 时，$y=\arcsin x\ (-1<x<1)$ 的反函数是 $x=\sin y\left(-\frac{\pi}{2}<y<\frac{\pi}{2}\right)$，而

$$(\sin y)'=\cos y>0\quad\left(-\frac{\pi}{2}<y<\frac{\pi}{2}\right)$$
$$\cos y=\sqrt{1-\sin^2 y}=\sqrt{1-x^2}>0$$

所以
$$y'=(\arcsin x)'=\frac{1}{(\sin y)'}=\frac{1}{\sqrt{1-x^2}}\quad(-1<x<1)$$

即
$$(\arcsin x)'=\frac{1}{\sqrt{1-x^2}}\quad(-1<x<1)$$

同样可证：

$$(\arccos x)'=-\frac{1}{\sqrt{1-x^2}}\quad(-1<x<1)$$
$$(\arctan x)'=\frac{1}{1+x^2}\quad(-\infty<x<+\infty)$$
$$(\text{arccot}\,x)'=-\frac{1}{1+x^2}\quad(-\infty<x<+\infty)$$

例 5　求函数 $y=\arcsin 3x^3$ 的导数.

解　$y'=\frac{1}{\sqrt{1-(3x^3)^2}}(3x^3)'=\frac{9x^2}{\sqrt{1-9x^6}}$

例 6　求函数 $y=\arctan\frac{1}{x}$ 的导数.

解　$y'=\frac{1}{1+\left(\frac{1}{x}\right)^2}\left(\frac{1}{x}\right)'=\frac{x^2}{1+x^2}\left(-\frac{1}{x^2}\right)=-\frac{1}{1+x^2}$

二、基本初等函数求导公式表

下面分别列表给出基本初等函数的求导公式和求导法则，见表 2-1、表 2-2.

表 2-1　基本初等函数的求导公式

$(C)'=0$（C 为常数）	$(\tan x)'=\sec^2 x$	$(\log_a x)'=\frac{1}{x\ln a}$	$(\arcsin x)'=\frac{1}{\sqrt{1-x^2}}$
$(x^{\alpha})'=\alpha x^{\alpha-1}$	$(\cot x)'=-\csc^2 x$	$(\ln x)'=\frac{1}{x}$	$(\arccos x)'=-\frac{1}{\sqrt{1-x^2}}$
$(a^x)'=a^x\ln a$	$(\sec x)'=\sec x\cdot\tan x$	$(\sin x)'=\cos x$	$(\arctan x)'=\frac{1}{1+x^2}$
$(e^x)'=e^x$	$(\csc x)'=-\csc x\cdot\cot x$	$(\cos x)'=-\sin x$	$(\text{arccot}\,x)'=-\frac{1}{1+x^2}$

表 2-2 求导法则

$(u\pm v)'=u'\pm v'$	设 $y=f(u)$，$u=\varphi(x)$，则复合函数 $y=f[\varphi(x)]$ 的求导法则为 $y'_x=y'_u u'_x$ 或 $\frac{dy}{dx}=\frac{dy}{du}\frac{du}{dx}$
$(uv)'=u'v+uv'$	
$(Cu)'=Cu'$（C 为常数）	
$\left(\frac{u}{v}\right)'=\frac{u'v-uv'}{v^2}$ $(v\neq0)$	单调连续函数 $y=f(x)$ 具有反函数 $x=f^{-1}(y)$，且 $f'(x)\neq0$，则 $\frac{dy}{dx}=\frac{1}{\frac{dx}{dy}}$

例 7 求下列函数的导数.

（1）$y=e^{\cos x}$　　（2）$y=\arctan x^2$

（3）$y=\log_2(3x-1)$　　（4）$y=\sqrt{1-x^2}+\ln(\cos x)$

解 （1）$y'=(e^{\cos x})'=e^{\cos x}(\cos x)'$

$=e^{\cos x}(-\sin x)=-e^{\cos x}\sin x$

（2）$y'=(\arctan x^2)'=\frac{1}{1+(x^2)^2}(x^2)'=\frac{2x}{1+x^4}$

（3）$y'=[\log_2(3x-1)]'=\frac{1}{(3x-1)\ln 2}(3x-1)'=\frac{3}{(3x-1)\ln 2}$

（4）$y'=(\sqrt{1-x^2})'+[\ln(\cos x)]'=\frac{1}{2\sqrt{1-x^2}}(1-x^2)'+\frac{1}{\cos x}(\cos x)'$

$=\frac{-2x}{2\sqrt{1-x^2}}-\frac{\sin x}{\cos x}=-\frac{x}{\sqrt{1-x^2}}-\tan x$

习题 2-4

1. 求下列函数的导数.

（1）$y=e^{2x}+x^{2e}$　　（2）$y=xe^{-\frac{1}{x}}$

（3）$y=e^{\tan\frac{1}{x}}$　　（4）$y=e^{x\ln x}$

（5）$y=\tan e^x$　　（6）$y=(x^2-2x+3)e^{-x^2}$

（7）$y=e^{-2x}\sin 3x$　　（8）$y=\frac{e^x-e^{-x}}{e^x+e^{-x}}$

（9）$y=e^{\arcsin x}$　　（10）$y=\ln(e^{2x}+1)$

（11）$y=\frac{x}{2}\sqrt{a^2-x^2}+\frac{a^2}{2}\sin\frac{x}{a}$ $(a>0)$　　（12）$y=\ln\tan\frac{x}{2}-x\,\mathrm{arccot}\,x$

（13）$y=\arcsin\frac{1-x^2}{1+x^2}$　　（14）$y=\log_2(x^2+x+1)$

（15）$y=\sqrt{\tan\frac{x}{2}}$　　（16）$y=2^{\frac{x}{\ln x}}$

（17）$y=\ln(\ln(\ln x))$　　（18）$y=x\cdot 3^{\tan^2 x}$

2. 求下列函数在给定点处的导数.

（1）$y=\sqrt[8]{4-3x}$，在 $x=1$ 处　　（2）$y=\ln\tan x$，在 $x=\frac{\pi}{6}$ 处

3. 求曲线 $y=e^{2x}+x^2$ 上 $x=0$ 处的切线方程和法线方程．

4. 曲线 $y=xe^{-x}$ 上哪一点的切线平行于 x 轴？求此切线的方程．

第五节　高 阶 导 数

一、高阶导数的定义及求法

在生产实践和科学研究中，人们不仅需要研究物体运动的速度，而且还要研究物体运动速度变化的快慢，即速度对时间的变化率，力学上称之为加速度．

例如，在自由落体运动中，路程是时间的函数，即

$$s=\frac{1}{2}gt^2$$

速度是路程关于时间的变化率，即 s 对 t 的导数

$$v(t)=\frac{ds}{dt}=\left(\frac{1}{2}gt^2\right)'=gt$$

加速度是速度关于时间的变化率，即 v 对 t 的导数(导函数的导数)

$$a(t)=\frac{dv}{dt}=(gt)'=g$$

这种导函数的导数称为 s 对 t 的二阶导数．

一般地，如果函数 $y=f(x)$ 的导数仍然是可导函数，则把导数 $f'(x)$ 的导数称为函数 $y=f(x)$ 的**二阶导数**．记作 y''，$f''(x)$ 或 $\frac{d^2y}{dx^2}$，即

$$y''=(y')',\ f''(x)=[f'(x)]' \quad 或 \quad \frac{d^2y}{dx^2}=\frac{d}{dx}\left(\frac{dy}{dx}\right)$$

相应地，把函数 $y=f(x)$ 的导数 $f'(x)$ 称为函数 $y=f(x)$ 的**一阶导数**．同样，函数 $y=f(x)$ 的二阶导数 y'' 的导数 $(y'')'$，叫作函数 $y=f(x)$ 的**三阶导数**，……一般地，$y=f(x)$ 的 $(n-1)$ 阶导数的导数称为函数 $y=f(x)$ 的 ***n* 阶导数**，它们分别记作 $y''',y^{(4)},\cdots,y^{(n)}$ 或 $f'''(x)$，$f^{(4)}(x)$，$\cdots$，$f^{(n)}(x)$ 或 $\frac{d^3y}{dx^3}$，$\frac{d^4y}{dx^4},\cdots,\frac{d^ny}{dx^n}$.

二阶及二阶以上的导数统称为**高阶导数**. 求函数的高阶导数，只需进行一连串通常的求导运算即可．

例 1　已知函数 $y=\sqrt{x^2+1}$，求 y''.

解　$y'=\frac{1}{2\sqrt{x^2+1}}(x^2+1)'=\frac{x}{\sqrt{x^2+1}}$

$$y''=\frac{(x)'\sqrt{x^2+1}-x\left(\sqrt{x^2+1}\right)'}{x^2+1}$$

$$=\frac{\sqrt{x^2+1}-x\,\frac{x}{\sqrt{x^2+1}}}{x^2+1}=\frac{1}{(x^2+1)\sqrt{x^2+1}}$$

例 2　设 $y=3x^2+e^{2x}$，求 $y''(0)$，$y'''(0)$.

解 因为

$$y'=6x+2e^{2x}$$
$$y''=6+4e^{2x}$$
$$y'''=8e^{2x}$$

所以

$$y''(0)=10,\ y'''(0)=8$$

例 3 求函数 $y=e^x$ 的 n 阶导数.

解 $y'=e^x, y''=e^x, y'''=e^x, \cdots, y^{(n)}=e^x$

二、二阶导数的力学意义

物体作变速直线运动时，若其运动方程为 $s=s(t)$，则物体在某一时刻的运动速度 v 是路程 s 对时间 t 的一阶导数，即

$$v=s'(t)=\frac{ds}{dt}$$

因为速度 v 仍是时间 t 的函数，所以不难得出物体运动的加速度

$$a=v'(t)=s''(t)=\frac{d^2s}{dt^2}$$

它是路程 s 对时间 t 的二阶导数，通常把它叫作二阶导数的力学意义.

例 4 设一物体做匀速直线运动，其运动规律为 $s=kt+b$（k,b 为常数），求物体运动的加速度.

解 速度

$$v=\frac{ds}{dt}=k$$

加速度

$$a=\frac{dv}{dt}=0$$

所以，匀速直线运动的速度是常量，加速度为零.

例 5 某物体的运动规律是 $s=t+\frac{1}{t}$（单位:m），求该物体在 $t=3$s 时的速度与加速度.

解 速度

$$v=s'(t)=\left(t+\frac{1}{t}\right)'=1-\frac{1}{t^2}$$

加速度

$$a=s''(t)=\frac{2}{t^3}$$

当 $t=3$s 时，$v=\frac{8}{9}$m/s，$a=\frac{2}{27}$m/s^2.

习题 2-5

1. 求下列函数的二阶导数.

(1) $y=\sqrt{a^2-x^2}$　(2) $y=xe^{x^2}$

(3) $y=\ln\sin x$　(4) $y=e^{3x+1}$

(5) $y=\cos^2x\ln x$　(6) $y=3^{2x}$

(7) $y=\ln x$　(8) $y=e^{-2t}\sin t$

(9) $y=e^{2x}+x^{2e}$　(10) $y=\frac{e^x}{x}$

(11) $y=\ln\frac{x\sqrt{1+x^2}}{x+1}$　(12) $y=\sin ax+\cos bx$

(13) $y=\frac{x^2+1}{x+1}$　　(14) $y=(1+x^2)e^x$

2. 求下列函数在给定点的高阶导数值.

(1) $f(x)=e^{2x}+1$，求 $f''(0)$　　(2) $f(x)=x\ln x$，求 $f''(1)$

(3) $f(x)=x^2\sin x$，求 $f''(\pi)$

3. 已知物体的运动规律为 $s=A\sin\omega t$（A,ω 是常数），求物体运动的加速度，并验证：

$$\frac{d^2s}{dt^2}+\omega^2 s=0$$

4. 一质点按规律 $s=e^{-\lambda t}\sin\omega t$（$\lambda,\omega$ 为常数）振动，计算时刻 t 的速度与加速度.

5. 设质点作变速直线运动，其方程为 $s=t^3-3t+2$（s 以 m 为单位，t 以 s 为单位）. 求该质点在 $t=2$s 时的速度与加速度.

第六节　隐函数及参数方程所确定的函数的导数

一、隐函数的导数

用解析法表示函数时，通常可以采用两种形式：一种是把函数 y 直接表示成自变量 x 的函数 $y=f(x)$，称为**显函数**；另一种函数 y 与自变量 x 的函数关系是由一个含 x 和 y 的方程 $F(x,y)=0$所确定的，即 y 与 x 的关系隐含在方程 $F(x,y)=0$ 中，称这种由未解出因变量的方程所确定的 y 与 x 之间的函数关系为**隐函数**.

对此类函数求导，可以利用复合函数的求导法则，方程的两边同时对 x 求导，并注意到变量 y 是 x 的函数，遇到含有 y 的项，先对 y 求导，再乘以 y 对 x 的导数，得到一个含有 y' 的方程式，然后从中解出 y'即可，所得结果中允许存在 y.

例 1　求由方程 $e^y=xy$ 确定的函数的导数 y'_x.

解　方程两边对 x 求导，得 $e^y y'_x=y+xy'_x$，从而得

$$y'_x=\frac{y}{e^y-x}$$

例 2　求由方程 $x^2+y^2=2x$ 确定的函数的导数 y'_x.

解　方程两边对 x 求导，得 $2x+2yy'_x=2$，所以

$$y'_x=\frac{1-x}{y}$$

例 3　求曲线 $xy+\ln y=2$ 在点 $M(1,1)$处的切线方程.

解　先求由 $xy+\ln y=2$ 所确定的隐函数的导数.

方程两边对 x 求导，得$(xy)'+(\ln y)'=2'$

$$y+xy'+\frac{1}{y}y'=0$$

解出 y'，得

$$y'=\frac{-y}{x+\frac{1}{y}}=-\frac{y^2}{xy+1}$$

在点 $M(1,1)$处，有

$$y'\bigg|_{\substack{x=1\\y=1}}=-\frac{1}{2}$$

于是，在点 $M(1,1)$ 处的切线方程为 $y-1=-\frac{1}{2}(x-1)$，即

$$x+2y-3=0$$

二、对数求导法

对某些函数求导，可先取对数，再求导数，以此来简化导数运算，这种方法称为**对数求导法**.

例 4 求函数 $y=\sqrt{\frac{(x-1)(2-x^2)}{x+1}}$ 的导数.

解 对等式两边取自然对数，得

$$\ln y=\frac{1}{2}[\ln(x-1)+\ln(2-x^2)-\ln(x+1)]$$

上式两边同时对 x 求导，得

$$\frac{1}{y}y'=\frac{1}{2}\left[\frac{(x-1)'}{x-1}+\frac{(2-x^2)'}{2-x^2}-\frac{(x+1)'}{x+1}\right]$$

即

$$\frac{1}{y}y'=\frac{1}{2}\left(\frac{1}{x-1}-\frac{2x}{2-x^2}-\frac{1}{x+1}\right)$$

所以

$$y'=\frac{1}{2}\sqrt{\frac{(x-1)(2-x^2)}{x+1}}\left(\frac{1}{x-1}-\frac{2x}{2-x^2}-\frac{1}{x+1}\right)$$

例 5 求 $y=x^{\sin x}$ 的导数 $(x>0)$.

解 两边取对数，有 $\ln y=\sin x\ln x$

两边对 x 求导，得

$$\frac{1}{y}y'=\cos x\ln x+\frac{1}{x}\sin x$$

则

$$y'=x^{\sin x}\left(\cos x\ln x+\frac{1}{x}\sin x\right)$$

三、由参数方程所确定的函数的导数

一般情况下参数方程

$$\begin{cases}x=\varphi(t)\\ y=f(t)\end{cases} \tag{1}$$

确定了 y 是 x 的函数．在实际应用中，有时需要求出方程(1)所确定的函数 y 对 x 的导数，但从方程(1)中消去参数 t 又较困难，因此要找一种直接由方程(1)来求导数的方法.

在方程(1)中，如果函数 $x=\varphi(t)$ 具有单调连续的反函数 $t=\varphi^{-1}(x)$，则由参数方程(1)所确定的函数 y 可以看成是由函数 $y=f(t)$ 和 $t=\varphi^{-1}(x)$ 复合而成的函数．假定 $x=\varphi(t)$，$y=f(t)$ 都可导，而且 $\varphi'(t)\neq0$，于是根据复合函数的求导法则与反函数的求导法则，就有

$$\frac{dy}{dx}=\frac{dy}{dt}\frac{dt}{dx}$$

即

$$\frac{dy}{dx}=\frac{\frac{dy}{dt}}{\frac{dx}{dt}} \quad 或 \quad y'_x=\frac{f'(t)}{\varphi'(t)}$$

这就是由参数方程所确定的函数的导数公式．

例 6　已知圆的参数方程为$\begin{cases}x=a\cos\theta\\y=a\sin\theta\end{cases}$（$a>0,\theta$ 为参数），求$\dfrac{\mathrm{d}y}{\mathrm{d}x}$.

解　因为
$$\frac{\mathrm{d}x}{\mathrm{d}\theta}=-a\sin\theta,\ \frac{\mathrm{d}y}{\mathrm{d}\theta}=a\cos\theta$$

所以
$$\frac{\mathrm{d}y}{\mathrm{d}x}=\frac{\frac{\mathrm{d}y}{\mathrm{d}\theta}}{\frac{\mathrm{d}x}{\mathrm{d}\theta}}=\frac{a\cos\theta}{-a\sin\theta}=-\cot\theta$$

例 7　已知摆线的参数方程为$\begin{cases}x=a(t-\sin t)\\y=a(1-\cos t)\end{cases}$（$0\leqslant t\leqslant 2\pi$），求：(1)摆线上任一点的切线的斜率；(2)摆线在 $t=\dfrac{\pi}{2}$处的切线方程．

解　(1) 摆线上任一点的切线的斜率为
$$\frac{\mathrm{d}y}{\mathrm{d}x}=\frac{\frac{\mathrm{d}y}{\mathrm{d}t}}{\frac{\mathrm{d}x}{\mathrm{d}t}}=\frac{a\sin t}{a(1-\cos t)}=\cot\frac{t}{2}$$

(2) 当 $t=\dfrac{\pi}{2}$时，摆线上对应点为$\left(a\left(\dfrac{\pi}{2}-1\right),\ a\right)$，在此点的切线的斜率为
$$\left.\frac{\mathrm{d}y}{\mathrm{d}x}\right|_{t=\frac{\pi}{2}}=\left.\cot\frac{t}{2}\right|_{t=\frac{\pi}{2}}=1$$

于是，切线方程为 $y-a=x-a\left(\dfrac{\pi}{2}-1\right)$，即
$$y=x+a\left(2-\frac{\pi}{2}\right)$$

习题　2-6

1. 求由下列方程确定的函数的导数 y'_x.

(1) $x^2-y^2=36$　　(2) $x\cos y=\sin(x+y)$

(3) $y\mathrm{e}^x+\ln y=1$　　(4) $\ln\sqrt{x^2+y^2}=\arctan\dfrac{y}{x}$

(5) $y=1-x\mathrm{e}^y$　　(6) $2x^2y-xy^2+y^3=6$

2. 用对数求导法求下列函数的导数．

(1) $y=\dfrac{\sqrt{x+2}(3-x)^4}{(x+5)^5}$　　(2) $x^y=y^x$

(3) $y=\sqrt[5]{\dfrac{2x+3}{\sqrt[3]{x^2+1}}}$　　(4) $y=\left(\dfrac{x}{1+x}\right)^x$

3. 求下列方程所确定的隐函数的二阶导数．

(1) $y^3-x^2y=2$　　(2) $y=\arctan(x+y)$

4. 设方程 $\mathrm{e}^y+xy=\mathrm{e}$ 确定了函数 $y=y(x)$，求 $y'\big|_{x=0}$.

5. 求下列参数方程所确定的函数的导数$\frac{dy}{dx}$.

(1) $\begin{cases}x=1-t^2\\y=t-t^3\end{cases}$ (2) $\begin{cases}x=\sin t\\y=t\end{cases}$

(3) $\begin{cases}x=a(t-\sin t)\\y=a(1-\cos t)\end{cases}$ (a 为常数)

6. 已知参数方程$\begin{cases}x=e^t\sin t\\y=e^t\cos t\end{cases}$，求$\left.\frac{dy}{dx}\right|_{t=\frac{\pi}{3}}$.

7. 求曲线$\begin{cases}x=1+2t-t^2\\y=4t^2\end{cases}$在点(1,16)处的切线方程和法线方程.

第七节 微 分

在科研和工程实际问题中，不仅需要知道函数相对于自变量的变化快慢程度——导数，还需要考虑和估算某些函数由于自变量的微小变化所引起的函数值的变化——函数的增量.直接计算函数的增量往往是比较复杂的，有些问题也不需要计算出它的精确值，而只需求出函数增量的近似值.这就需引出微分学中的另一个基本概念——微分.

一、微分的定义及表达式

下面通过一个简单的例子引出微分的定义.

如图2-3所示，一块正方形金属薄片，当温度变化时，其边长由 x_0 变到 $x_0+\Delta x$，此薄片的面积 S 改变了多少?

正方形边长为 x 时，面积 $S=x^2$. 受温度影响，当边长由 x_0 变到 $x_0+\Delta x$ 取得增量 Δx 时，面积 S 相应地有一个增量

$$\Delta S=(x_0+\Delta x)^2-x_0^2=2x_0\Delta x+(\Delta x)^2$$

上式表明，ΔS 包含两个部分：第一部分是$2x_0\Delta x$(即图2-3中带斜线的两个矩形面积之和)；第二部分是$(\Delta x)^2$(即图2-3中带重叠斜线的正方形面积)，由图2-3可知，当$|\Delta x|$很小时，面积增量 ΔS 可以近似地用 $2x_0\Delta x$ 来代替，即

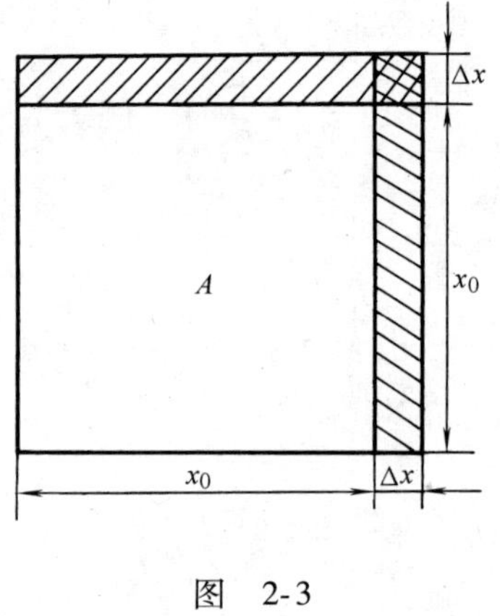

图 2-3

$$\Delta S\approx 2x_0\Delta x \tag{1}$$

显然，$|\Delta x|$越小，近似程度就越好.

通过观察可以发现：在 $2x_0\Delta x$ 中，Δx 前面的 $2x_0$ 刚好是面积函数 $S=x^2$ 在点 x_0 处的导数值，因此式(1)就可以写成

$$\Delta S\approx S'(x_0)\Delta x$$

一般地，对于任意一个在点 x_0 处可导的函数 $y=f(x)$，为表示函数增量 Δy 的近似值可以引入微分的概念.

定义 设函数 $y=f(x)$ 在点 x_0 处有导数 $f'(x_0)$，则称 $f'(x_0)\Delta x$ 为函数$y=f(x)$**在点 x_0 处的微分**，记作 $dy=f'(x_0)\Delta x$. 当$|\Delta x|$很小时 $\Delta y\approx dy$.

可导函数 $y=f(x)$ 在任意点 x 处的微分，称为函数 $y=f(x)$ 的**微分**，记作

$$dy=f'(x)\Delta x$$

显然，函数的微分 dy 与 x 和 Δx 有关.

当$f(x)=x$时，由$x'=1$得$dx=\Delta x$，这表明，自变量x的改变量Δx就是其自身的微分dx，因此函数的微分可写成

$$dy=f'(x)dx \tag{2}$$

这就是**微分表达式**.

由式(2)，得

$$\frac{dy}{dx}=f'(x)$$

这表明，函数的微分dy与自变量的微分dx之商等于该函数的导数，因此，导数又叫作**微商**. 前面学习导数时把$\frac{dy}{dx}$当作一个整体记号表示导数，引进微分的概念之后，可把$\frac{dy}{dx}$作为分式来处理，这就为今后的运算带来很多方便. 所以以后也把可导函数称为可微函数，把函数在某点的导数称为函数在某点可微.

二、基本初等函数的微分的公式和运算法则

根据微分表达式，很容易得到基本初等函数的微分公式及其运算法则，见表2-3、表2-4.

表2-3　基本初等函数的微分公式

$d(C)=0$（C为常数）	$d(\tan x)=\sec^2 x dx$	$d(\log_a x)=\frac{1}{x\ln a}dx$	$d(\arcsin x)=\frac{1}{\sqrt{1-x^2}}dx$
$d(x^\alpha)=\alpha x^{\alpha-1}dx$	$d(\cot x)=-\csc^2 x dx$	$d(\ln x)=\frac{1}{x}dx$	$d(\arccos x)=-\frac{1}{\sqrt{1-x^2}}dx$
$d(a^x)=a^x\ln a dx$	$d(\sec x)=\sec x\tan x dx$	$d(\sin x)=\cos x dx$	$d(\arctan x)=\frac{1}{1+x^2}dx$
$d(e^x)=e^x dx$	$d(\csc x)=-\csc x\cot x dx$	$d(\cos x)=-\sin x dx$	$d(\text{arccot}\,x)=-\frac{1}{1+x^2}dx$

表2-4　微分运算法则

$d(u\pm v)=du\pm dv$	$d\left(\frac{u}{v}\right)=\frac{vdu-udv}{v^2}\quad(v\neq 0)$
$d(uv)=udv+vdu$	设$y=f(u)$，$u=\varphi(x)$，则复合函数$y=f[\varphi(x)]$的微分法则为$dy=f'(u)\varphi'(x)dx$
$d(Cu)=Cdu$（C为常数）	

由$dy=f'(x)dx$可知，不必运用微分公式和微分法则，只要求出函数的导数，就能写出它的微分，所以求函数的微分不存在特殊的困难，只需运用导数公式和求导法则，求出函数的导数$f'(x)$，再乘以dx，便得到函数的微分dy.

例1　求函数$y=x^3-x^2+3x+5$在点$x_0=1$，$\Delta x=0.01$处的增量与微分.

解　$\Delta y=f(x_0+\Delta x)-f(x_0)=f(1.01)-f(1)$

$=1.01^3-1.01^2+3\times1.01+5-(1^3-1^2+3\times1+5)$

$=0.040201$

$dy\Big|_{\substack{x_0=1\\ \Delta x=0.01}}=f'(x_0)\cdot\Delta x$

$=f'(1)\times0.01=(3x^2-2x+3)\big|_{x=1}\times0.01=0.04$

可见，dy与Δy相差很小，但相比之下，计算dy要比计算Δy简单得多.

例2　设$y=\ln(x+1)$，求dy，$dy\big|_{x=1}$.

解 $dy=f'(x)dx=[\ln(x+1)]'dx=\frac{1}{x+1}dx$

$$dy\Big|_{x=1}=f'(1)dx=\frac{1}{x+1}\Big|_{x=1}dx=\frac{1}{2}dx$$

其中$dy\big|_{x=1}$表示函数 y 在 $x=1$ 处的微分.

例 3 设 $y=e^{\cos x}$，求 dy.

解 $dy=f'(x)dx=(e^{\cos x})'dx=e^{\cos x}(\cos x)'dx=-e^{\cos x}\sin x dx$

三、微分形式的不变性

设 $y=f(u)$，$u=\varphi(x)$，则复合函数 $y=f[\varphi(x)]$的微分为

$$dy=y'_x dx=y'_u u'_x dx=f'(u)\varphi'(x)dx$$

由于 $\varphi'(x)dx=d\varphi(x)=du$，所以复合函数 $y=f[\varphi(x)]$的微分公式也可以写成 $dy=f'(u)du$. 这就是说，无论 u 是自变量还是中间变量，$y=f(u)$的微分总可以写成 $dy=f'(u)du$的形式，这一性质称为微分形式的不变性. 利用这一性质求复合函数的微分十分方便.

例 4 求函数 $y=\tan 2x$ 的微分.

解 令 $u=2x$，则 $y=\tan u$，利用微分形式的不变性，得

$$\begin{aligned}dy&=d(\tan u)=\sec^2 u du=\sec^2 2x d(2x)\\&=\sec^2 2x\cdot 2dx=2\sec^2 2x dx\end{aligned}$$

例 5 求函数 $y=e^{ax+bx^2}$的微分.

解 把 $ax+bx^2$ 看成中间变量 u，则

$$\begin{aligned}dy&=d(e^{ax+bx^2})=e^{ax+bx^2}d(ax+bx^2)\\&=e^{ax+bx^2}(a+2bx)dx\\&=(a+2bx)e^{ax+bx^2}dx\end{aligned}$$

例 6 求函数 $y=e^{-2x}\cos 3x$ 的微分.

解
$$\begin{aligned}dy&=d(e^{-2x}\cos 3x)\\&=e^{-2x}d(\cos 3x)+\cos 3x d(e^{-2x})\\&=e^{-2x}(-\sin 3x)d(3x)+\cos 3x e^{-2x}d(-2x)\\&=-3e^{-2x}\sin 3x dx-2e^{-2x}\cos 3x dx\\&=-e^{-2x}(3\sin 3x+2\cos 3x)dx\end{aligned}$$

四、微分的几何意义及近似计算

1. 微分的几何意义

如图 2-4 所示，函数 $y=f(x)$的图形上点 $M(x,y)$处的切线为 MT，其倾斜角为 α，则

$$QP=MQ\tan\alpha$$

而 $\tan\alpha=f'(x)$，$MQ=\Delta x=dx$，因此有

$$QP=f'(x)dx=dy$$

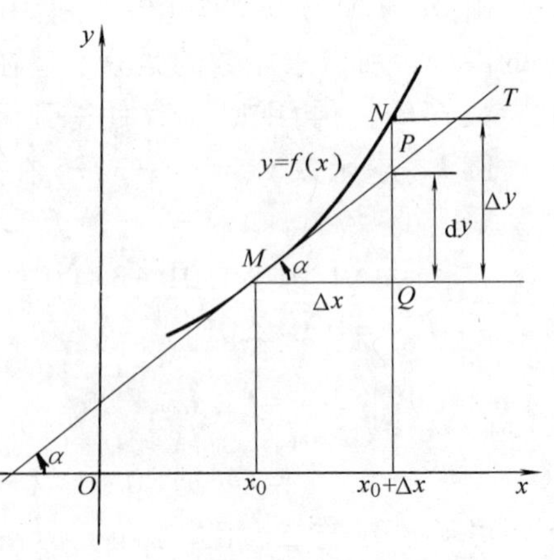

图 2-4

因此，函数 $f(x)$的微分几何意义就是其曲线在点 $M(x,y)$处的切线的纵坐标对应于 Δx 的增量. 这也表明，用微分 dy 来近似代替函数的增量 Δy，在曲线上

就是用切线上纵坐标的改变量 QP 来近似代替曲线上对应点的纵坐标的相应改变量 QN.

2. 微分在近似计算中的应用

由微分定义可知：如果函数 $y=f(x)$ 在点 x_0 处的导数 $f'(x_0)\neq0$，且 $|\Delta x|$ 很小，函数微分可作为函数增量的近似值，即

$$\Delta y\approx \mathrm{d}y=f'(x_0)\Delta x$$

将 $\Delta y=f(x_0+\Delta x)-f(x_0)$ 代入上式，可得

$$f(x_0+\Delta x)\approx f(x_0)+f'(x_0)\Delta x$$

令 $x_0+\Delta x=x$，则

$$f(x)\approx f(x_0)+f'(x_0)(x-x_0)$$

特别地，当 $x_0=0$，$|x|$ 很小时，有

$$f(x)\approx f(0)+f'(0)x$$

利用上述式子，可求出函数增量 Δy 或函数 $f(x)$ 在 x_0 附近某点 $x_0+\Delta x$ 处的函数值的近似值.

例 7　计算 arctan1.05 的近似值.

解　设 $f(x)=\arctan x$，由式 $f(x)\approx f(x_0)+f'(x_0)(x-x_0)$ 有

$$\arctan(x_0+\Delta x)\approx\arctan x_0+\frac{1}{1+x_0^2}\Delta x$$

取 $x_0=1$，$\Delta x=0.05$，有

$$\arctan1.05=\arctan(1+0.05)\approx\arctan1+\frac{1}{1+1^2}\times0.05$$

$$=\frac{\pi}{4}+\frac{0.05}{2}\approx0.810$$

例 8　一种金属圆片，半径为 20cm，加热后半径增大了 0.05cm，问圆的面积增大了多少?

解　圆面积公式为 $A=\pi r^2$（r 为半径），此题是求函数 A 的增量问题，$\Delta r=\mathrm{d}r=0.05$，可以认为是比较小的，所以可取微分 $\mathrm{d}S$ 来近似代替 ΔA.

$$\Delta A\approx\mathrm{d}A=(\pi r^2)'|_{r=20}\mathrm{d}r$$

$$=2\pi\times20\times0.05\mathrm{cm}^2=2\pi\mathrm{cm}^2$$

即当半径增大 0.05cm 时，圆面积增大了 $2\pi\mathrm{cm}^2$.

利用公式 $f(x)\approx f(x_0)+f'(x_0)(x-x_0)$，可以得到工程上常用的一些近似公式(当 $|x|$ 很小时).

(1) $\sqrt[n]{1+x}\approx1+\frac{1}{n}x$　(2) $\sin x\approx x$（x 用弧度作单位）　(3) $\tan x\approx x$（x 用弧度作单位）

(4) $\mathrm{e}^x\approx1+x$　　(5) $\ln(1+x)\approx x$

例 9　计算 $\sqrt[5]{1.002}$ 的近似值.

解　$\sqrt[5]{1.002}=\sqrt[5]{1+0.002}\approx1+\frac{1}{5}\times0.002=1.0004$

习题　2-7

1. 求下列函数在给定条件下的增量和微分.

(1) $y=2x-1$，x 由 0 变到 0.02　　(2) $y=x^2-2x+3$，x 由 2 变到 1.99

2. 求下列函数的微分.

(1) $y=\frac{1}{x}+2\sqrt{x}$ (2) $y=x\sin 2x$

(3) $y=[\ln(1-x)]^2$ (4) $y=e^{-2x}\cos(3+2x)$

(5) $y=e^{\sin 2x}$ (6) $y=\ln(\ln x)$

(7) $y=\cos 3x$ (8) $y=\tan^2(1-2x)$

(9) $y=(3x^3+2x^2-5x)^2$ (10) $y=(e^x+e^{-x})^2$

(11) $y=e^{x^2}\sin 2x$ (12) $y=\ln(\cos^2 2x)$

(13) $y=\sec^2(1-2x^3)$ (14) $y=\cos x-\ln(3x+2)$

(15) $y=5^{\ln\tan x}$ (16) $y=(a^2-x^2)^5$

3. 求近似值.

(1) $\sqrt[5]{1.03}$ (2) $\sin 1°$

(3) $\ln 1.02$ (4) $\tan 0.02$

*第八节 曲 率

在工程技术中，有时需要研究曲线的弯曲程度. 例如，火车铁轨由直道转入圆弧形弯道之前，需要先在直道线路的末端处接上一段适当的曲线，以使火车转弯时能平稳行驶. 又如，在机械工程建筑中，梁在负荷的作用下要产生弯曲变形，设计时要考虑梁的允许弯曲程度. 本节就来讨论如何用数量来描述曲线的弯曲程度.

一、弧的微分

如图 2-5 所示，在曲线 $y=f(x)$ 上取定点 A 作为度量弧长的起点，并规定依增大的方向作为弧的正向. 设 $M(x,y)$ 为曲线上任意一点，以 s 表示曲线弧$\overset{\frown}{AM}$的弧长，即 $s=\overset{\frown}{AM}$. 显然，弧长 s 是随点 $M(x,y)$ 的确定而确定的，也就是说 s 是 x 的函数，记为 $s=s(x)$.

下面用已知函数 $y=f(x)$ 来表示弧长 s 的微分 $\mathrm{d}s$.

给 x 的增量 Δx，于是 y 相应地有增量 $\Delta y=RN$，s 有增量 $\Delta s=\overset{\frown}{MN}$，由导数的定义可知

$$s'=\frac{\mathrm{d}s}{\mathrm{d}x}=\lim_{\Delta x\to 0}\frac{\Delta s}{\Delta x}$$

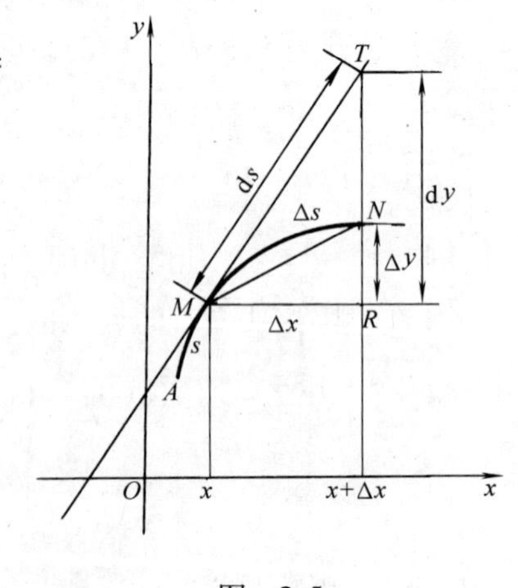

图 2-5

由图 2-5 可看出，当 Δx 足够小时，弧的增量绝对值 $|\Delta s|=\overset{\frown}{MN}$和弦 $|MN|$ 足够接近，因此

$$|\Delta s|=\overset{\frown}{MN}\approx|MN|=\sqrt{(\Delta x)^2+(\Delta y)^2}$$

于是

$$\left|\frac{\Delta s}{\Delta x}\right|\approx\sqrt{1+\left(\frac{\Delta y}{\Delta x}\right)^2}$$

$|\Delta x|$ 越小，近似式就越精确，当 $|\Delta x|\to 0$ 时，可认为

$$\left|\frac{\mathrm{d}s}{\mathrm{d}x}\right|=\lim_{\Delta x\to 0}\left|\frac{\Delta s}{\Delta x}\right|=\lim_{\Delta x\to 0}\sqrt{1+\left(\frac{\Delta y}{\Delta x}\right)^2}$$

$$=\sqrt{1+\left(\frac{\mathrm{d}y}{\mathrm{d}x}\right)^2}=\sqrt{1+(y')^2}$$

因此，得弧微分

$$ds=\pm\sqrt{1+(y')^2}\,dx=\pm\sqrt{(dx)^2+(dy)^2}$$

约定 ds 只取正值，就得到**弧微分公式**

$$ds=\sqrt{(dx)^2+(dy)^2}=\sqrt{1+(y')^2}\,dx$$

从图 2-5 可以看出，弧微分就是曲线上点 $M(x,y)$ 处的切线段 $|MT|$.

例 1　求正弦曲线 $y=\sin x$ 的弧微分.

解　由弧微分公式，得

$$ds=\sqrt{1+(y')^2}\,dx=\sqrt{1+\cos^2 x}\,dx$$

二、曲率的概念

先从几何图形上分析哪些量与曲线弯曲程度有关. 如图 2-6a 所示，设曲线上一段弧$\widehat{MN}$的长为 Δs，在 M 点作切线 MT，当点 M 沿曲线变到 N 时，切线 MT 相应地变到切线 NP，记切线转过的角度(称为转角)为 $\Delta\alpha_1$，而对于同样弧长的 $M'N'$，它比 MN 弯曲程度大，其切线转过的角度为 $\Delta\alpha_2$(图 2-6b)，显然 $\Delta\alpha_2$ 比 $\Delta\alpha_1$ 大，由此可知，弧长相等时，转角愈大，曲线的弯曲程度就愈大.

另一方面，从图 2-7 中可以看出，两段弧 MN 与 $M'N'$的转角都是 $\Delta\alpha$，则弯曲程度越大的弧在两条切线间所夹的弧长越短，所以确定曲线弧的弯曲程度时，必经同时考察弧段的长度和切线的转角这两个因素.

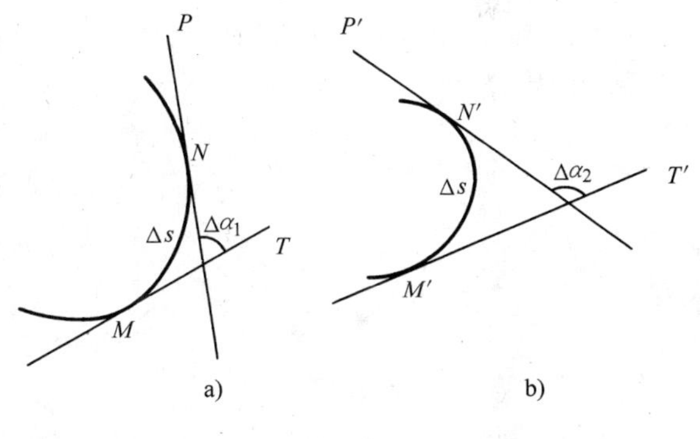

图　2-6

如图 2-8 所示，如果曲线弧段$\widehat{MN}$的长度为 Δs，M，N 两点的切线的正向(沿曲线弧增加的方向)所夹的角为 $\Delta\alpha$，则称比值$\left|\dfrac{\Delta\alpha}{\Delta s}\right|$为曲线弧段$\widehat{MN}$的平均曲率. 当 $\Delta s\to 0$ 时，平均曲率$\left|\dfrac{\Delta\alpha}{\Delta s}\right|$的极限称为曲线在点 M 处的**曲率**，记作 K，即

$$K=\lim_{\Delta s\to 0}\left|\frac{\Delta\alpha}{\Delta s}\right|=\left|\frac{d\alpha}{ds}\right|$$

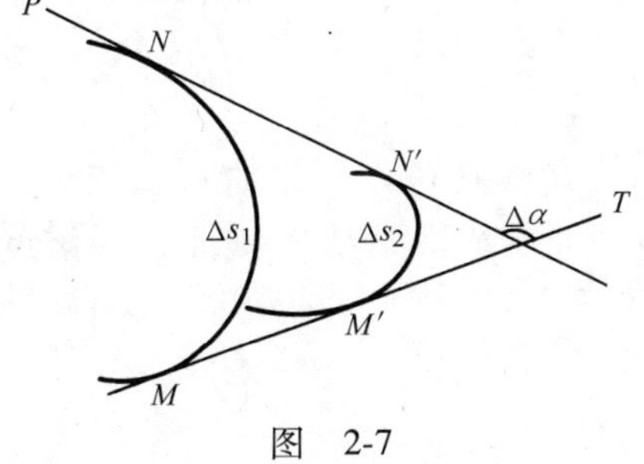

图　2-7

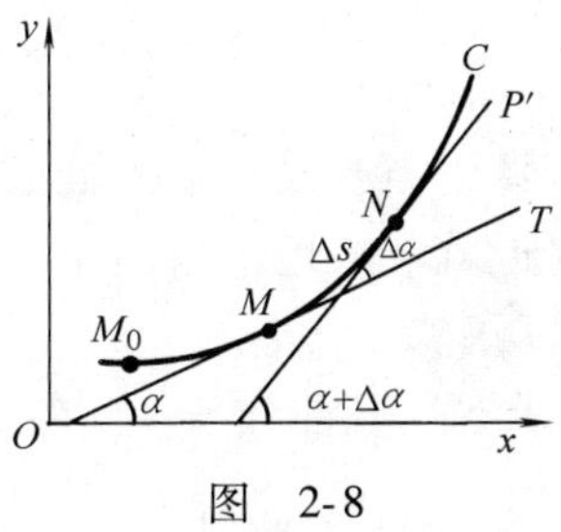

图　2-8

例 2　求半径为 R 的圆的曲率.

解　如图 2-9 所示，设弧$\widehat{MN}$的长度为 Δs，切线由 M 点转到 N 点的转角为 $\Delta\alpha$，由几何

学得

$$|\Delta s| = R \cdot |\Delta\alpha|$$

于是

$$\left|\frac{\Delta s}{\Delta\alpha}\right| = R$$

则曲率

$$K = \lim_{\Delta s \to 0}\left|\frac{\Delta\alpha}{\Delta s}\right| = \frac{1}{R}$$

这说明，圆上任一点处的曲率都相等，且等于半径的倒数．这个结论与实际情况相符合，当圆的半径越小时，其弯曲就越厉害，即曲率越大．

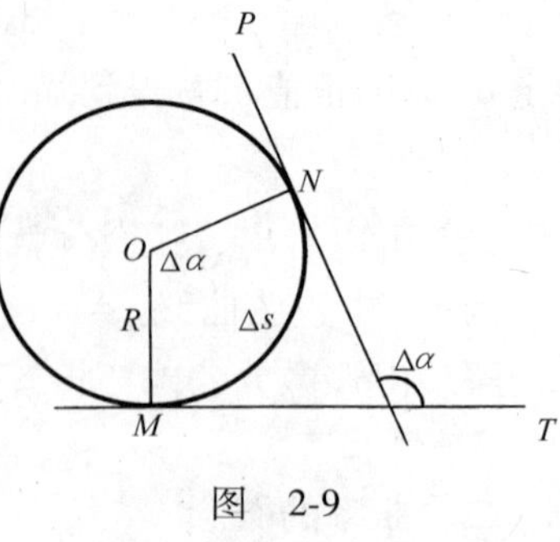

图 2-9

三、曲率的计算公式

利用曲率的定义来计算曲线的曲率很不方便，为简便起见，下面给出曲率的计算公式．

设曲线的方程为 $y=f(x)$，且 $f(x)$ 具有二阶导数，则曲线 $y=f(x)$ 的曲率

$$K = \left|\frac{y''}{(1+y'^2)^{\frac{3}{2}}}\right|$$

这就是曲线 $y=f(x)$ 在点 (x,y) 处的**曲率的计算公式**．

例 3 求曲线 $y=ax^3$ $(a>0)$ 在点 $(0,0)$ 处及点 $(1,a)$ 处的曲率．

解 先计算一阶、二阶导数，$y'=3ax^2$，$y''=6ax$，代入曲率的计算公式，即得

$$K = \frac{6a|x|}{(1+9a^2x^4)^{\frac{3}{2}}}$$

在点 $(0,0)$ 处

$$K|_{x=0} = 0$$

在点 $(1,a)$ 处

$$K|_{x=1} = \frac{6a}{(1+9a^2)^{\frac{3}{2}}}$$

四、曲率圆与曲率半径

设曲线 $y=f(x)$ 在点 $M(x,y)$ 处的曲率为 K $(K\neq0)$，在点 M 处该曲线的法线上，在凹向的一侧取一点 C，使 $|CM| = \frac{1}{K} = R$，以 C 为圆心、R 为半径作圆，如图 2-10 所示，这个圆叫作曲线在点 M 处的曲率圆，曲率圆的圆心 C 叫作曲线在点 M 处的曲率中心，曲率圆的半径 R 叫作曲线在点 M 处的曲率半径，即有

$$R = \frac{1}{K} = \frac{(1+y'^2)^{\frac{3}{2}}}{|y''|}$$

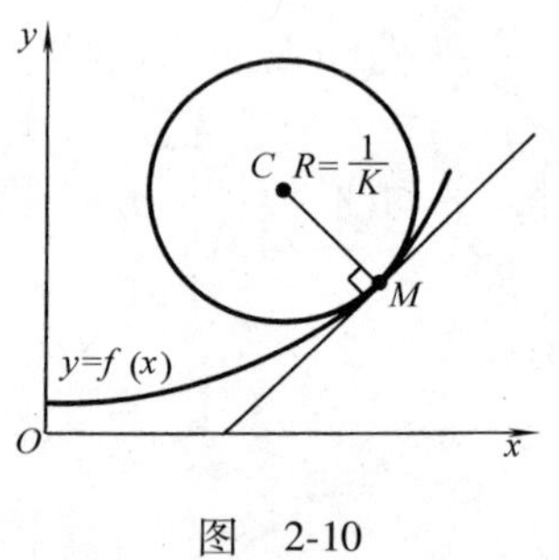

图 2-10

由此可见，当曲线上某点处的曲率半径 R 较大时，曲线在该点处的曲率就较小，则曲线在该点附近就较平坦；当曲率半径 R 较小时，曲线的曲率 K 就较大，则曲线在该点附近就弯曲得较厉害．

例 4 求等边双曲线 $xy=1$ 在点 $(1,1)$ 处的曲率半径．

解 因为 $y=\frac{1}{x}$，所以

$$y' = -x^{-2},\ y'' = 2x^{-3}$$

因此

$$y'|_{x=1} = -1, y''|_{x=1} = 2$$

曲率半径 $$R=\frac{(1+y'^2)^{\frac{3}{2}}}{|y''|}\bigg|_{x=1}=\frac{[1+(-1)^2]^{\frac{3}{2}}}{2}=\sqrt{2}$$

所以该曲线在点(1,1)处的曲率半径为$\sqrt{2}$.

习题　2-8

1. 求下列曲线的弧微分.

(1) $y=x^3-x$　　(2) $y^2=2px$

(3) $y=\ln x$　　(4) $y=\sin x$

2. 求下列各曲线在指定点处的曲率和曲率半径.

(1) $y=\ln(x+1)$在点(0,0)处　　(2) $y=e^x$ 在点(0,1)处

3. 求曲线 $y=x^3$ 在点(1,1)处的曲率.

4. 求抛物线 $y=4x-x^2$ 在顶点处的曲率及曲率半径.

5. 求曲线 $y=\tan x$ 在点$\left(\frac{\pi}{4},1\right)$处的曲率及曲率半径.

本 章 小 结

一、本章主要内容

1. 导数的概念

(1) 函数 $y=f(x)$的导数(变化率)

$$f'(x)=\lim_{\Delta x\to 0}\frac{\Delta y}{\Delta x}=\lim_{\Delta x\to 0}\frac{f(x+\Delta x)-f(x)}{\Delta x}$$

(2) 导数的几何意义

$f'(x_0)$是曲线 $y=f(x)$在点$(x_0,f(x_0))$处的切线的斜率.

(3) 可导与连续的关系

若函数 $y=f(x)$在点 x_0 处可导，则 $y=f(x)$在点 x_0 处一定连续；反之，若 $y=f(x)$在点 x_0 处连续，则 $y=f(x)$在点 x_0 处不一定可导.

(4) 高阶导数

函数 $y=f(x)$的二阶导数：$y''=(y')'$；三阶导数：$y'''=(y'')'$；……函数 $y=f(x)$的 n 阶导数：$f^{(n)}(x)=[f^{(n-1)}(x)]'$ $(n\geqslant 4)$.

(5) 导数基本公式和求导法则.

2. 导数的基本计算方法

(1) 运用导数的基本公式和函数的和、差、积、商求导法则求导.

(2) 复合函数的求导法.

(3) 隐函数的求导法.

(4) 取对数求导法.

(5) 由参数方程所确定的函数的求导法.

3. 微分的概念

(1) 函数 $y=f(x)$的微分

$$dy=f'(x)\,dx\quad(dx=\Delta x,x\text{ 为自变量})$$

(2) 微分的几何意义

$dy=f'(x_0)\Delta x$ 是曲线 $y=f(x)$ 在点 $(x_0,f(x_0))$ 处的切线纵坐标对应于 Δx 的改变量

(3) 可导与可微的关系

函数 $y=f(x)$ 在点 x_0 处可导 $\Leftrightarrow y=f(x)$ 在点 x_0 处可微.

(4) 微分形式的不变性

对于函数 $f(u)$，不论 u 是自变量还是因变量，总有 $df(u)=f'(u)du$ 成立.

(5) 微分基本公式和微分运算法则

4. 微分的计算

(1) 利用微分定义 $df(x)=f'(x)dx$（$dx=\Delta x$, x 为自变量）求微分.

(2) 利用微分基本公式和运算法则求微分.

(3) 利用微分形式的不变性求微分.

5. 简单应用

(1) 导数应用

曲线 $y=f(x)$ 在点 (x_0,y_0) 处的切线方程为

$$y-y_0=f'(x_0)(x-x_0)$$

法线方程为

$$y-y_0=-\frac{1}{f'(x_0)}(x-x_0)$$

(2) 微分应用

当 $|\Delta x|$ 很小时，有近似公式

$$\Delta y\approx dy=f'(x)\Delta x$$

二、学习要求及注意点

(1) 导数和微分的概念极为重要，应准确理解. 导数反映了函数随自变量的变化而变化的快慢程度；微分则反映了函数的自变量发生微小变化而引起的函数改变量的近似值. 它们在科学技术和现代经济管理中应用非常广泛.

(2) 应熟练掌握导数基本公式、求导法则和求导方法，其中复合函数求导法是函数求导的核心. 复合函数求导法不仅解决复合函数的求导问题，而且还是隐函数求导法、对数求导法、参数方程求导法等的基础，应当熟练掌握.

(3) 求函数的导数和微分在计算方法上有着紧密的联系，它们通常统称为微分法. 但应当注意，函数的导数和微分是两个不同的概念.

复习题二

1. 判断题.

(1) 若曲线 $y=f(x)$ 处处有切线，则函数 $y=f(x)$ 必处处可导. ( )

(2) 设函数 $y=f(x)$ 和函数 $y=g(x)$ 在同一区间内可导且 $f'(x)=g'(x)$，则 $f(x)=g(x)$. ( )

(3) 若函数 $y=f(x)$ 在点 x_0 处可导，则 $f(x)$ 在点 x_0 处必可微. ( )

(4) 函数 $y=f(x)$ 在 x_0 处可导，则 $[f(x_0)]'=f'(x_0)$. ( )

(5) $xdx=d(x^2)$. ( )

(6) $\sin x dx=d(\cos x)$. ( )

(7) $dx=-d(1-x)$. ( )

(8) 设 $y=\tan^2(5+3x)$，则 $y'=2\tan(5+3x)\cdot\sec^2(5+3x)$. ( )

2. 选择题.

（1）设函数 $y=f(x)$ 在点 x_0 处可导，且 $f'(x_0)<0$，则曲线 $y=f(x)$ 在点 $(x_0,f(x_0))$ 处的切线的倾斜角是（　　）.

A. $0°$　　B. $90°$　　C. 锐角　　D. 钝角

（2）已知 $f(x)=\sin(ax^2)$，则 $f'(a)=$（　　）.

A. $\cos ax^2$　　B. $2a^2\cos a^3$　　C. $a^2\cos ax^2$　　D. $a^2\cos a^3$

（3）设 $y=\sin x+\cos\frac{\pi}{6}$，则 $y'=$（　　）.

A. $\sin x$　　B. $\cos x$　　C. $\cos x-\sin\frac{\pi}{6}$　　D. $\cos x+\sin\frac{\pi}{6}$

（4）曲线 $y=x\ln x$ 的平行于 $x-y+1=0$ 的切线方程是（　　）.

A. $y=x-1$　　B. $y=-(x+1)$

C. $y=x+3e^{-2}$　　D. $y=(\ln x+1)(x-1)$

（5）下列导函数中错误的是（　　）.

A. $(x^{n-1})'=(n-1)x^{n-2}$　　B. $(\log_a x)'=\frac{1}{x}\log_a e$

C. $(x^x)'=a^x\ln a$　　D. $(a^x)'=a^x\ln a$

（6）下列导函数中正确的是（　　）.

A. $(\tan 2x)'=\sec^2 2x$　　B. $(a^x)'=xa^{x-1}$

C. $\left(\cos\frac{1}{x}\right)'=\frac{1}{x^2}\sin\frac{1}{x}$　　D. $(\cot\sqrt{x})'=-\frac{1}{x+1}$

（7）若 $s=a\cos(2\omega t+\varphi)$，那么 $s'_t=$（　　）.

A. $-a\sin(2\omega t+\varphi)$　　B. $-2a\omega\sin(2\omega t+\varphi)$

C. $a\sin(2\omega t+\varphi)$　　D. $2a\omega\sin(2\omega t+\varphi)$

（8）若等式 d______$=-2xe^{-x^2}dx$ 成立，那么应填入的函数是（　　）.

A. $-2xe^{-x^2}+C$　　B. $-e^{x^2}+C$

C. $e^{-x^2}+C$　　D. $2xe^{-x^2}+C$

3. 填空题.

（1）若曲线 $y=f(x)$ 在点 x_0 处可导，则该曲线在点 $M(x_0,y_0)$ 处的切线方程为__________，曲线在该点的法线方程为__________.

（2）若连续函数 $y=f(x)$ 在点 x_0 处可导，则 $f(x_0+\Delta x)-f(x_0)\approx$__________.

（3）已知函数 $y=f(x)$ 的图形上点 $(3,f(3))$ 处的切线倾斜角为 $\frac{2\pi}{3}$，则 $f'(3)=$__________.

（4）设 $y=\ln\sqrt{3}$，则 $y'=$__________.

（5）设 $f(x)=\ln(1+x)$，则 $f''(0)=$__________.

4. 求下列函数的导数.

（1）$y=\frac{x^2+2x-3\sqrt{x}-6}{x}$　　（2）$y=\sin(ax+b)$

（3）$y=\ln\sqrt{\frac{1+\sin x}{1-\sin x}}$　　（4）$y=\frac{1}{2}\cot^2 x+\ln\cos x$

（5）$y=\sqrt[3]{\frac{1}{1+x^2}}$　　（6）$y=\sec^2 2x+e^{-3x}$

（7）$y=e^{\tan\frac{1}{x}}\sin\frac{1}{x}$　　（8）$y=\frac{1}{4}\ln\frac{1+x}{1-x}$

(9) $y=\arcsin(2x^2-1)+\arcsin\dfrac{1}{2}$ (10) $y=\arccos\sqrt{x}$

(11) $y=\arctan\dfrac{x}{2}+\arctan\dfrac{2}{x}$ (12) $y=e^{2x}+\text{arccot}x^2$

5. 求下列各函数的微分.

(1) $y=a^2\sin^2 ax+b^2\cos^2 bx$ (2) $y=\dfrac{x^3-1}{x^3+1}$

(3) $y=3^{\ln 2x}$ (4) $y=[\ln(1+2x)]^{-2}$

(5) $y=\arctan(e^x)+\arctan\dfrac{1}{x}$ (6) $y=x^x$

6. 求下列函数的二阶导数.

(1) $y=xe^x+3x-1$ (2) $y=\cot x$

(3) $y=x^3\ln x$ (4) $y=\sqrt{1-x^2}$

7. 设一沿直线运动的某物体的运动方程为 $s=(t+e^{-at})$，其中 a 是常数，试求物体在$t=\dfrac{1}{2a}$时的速度和加速度.

8. 求下列函数在给定点处的导数.

(1) $f(x)=(x\sqrt{x}+1)x$，求 $y'|_{x=0}$ 与 $y'|_{x=1}$.

(2) $f(x)=\dfrac{\sin x}{x^2}$，求 $f'\left(\dfrac{\pi}{2}\right)$.

(3) $f(x)=x\sin x+\cos x$，求 $f'(0)$ 与 $f'(\pi)$.

(4) $s(t)=\dfrac{3}{5-t}+\dfrac{t^2}{5}$，求 $s'(0)$ 与 $s'(2)$.

9. 求由下列方程所确定的隐函数 $y=f(x)$ 的导数.

(1) $x^3+y^3-3axy=0$ (2) $y=1+xe^y$

(3) $y=\tan(x-y)$ (4) $x^y=y^x$

10. 求由下列参数方程所确定的隐函数的导数$\dfrac{dy}{dx}$.

(1) $\begin{cases}x=t(1-\sin t)\\ y=t\cos t\end{cases}$ (2) $\begin{cases}x=3e^{-t}\\ y=3e^t+t\end{cases}$

11. 求曲线 $y=x-\dfrac{1}{x}$ 与 x 轴交点处的切线方程.

12. 求下列各曲线在给定点处的曲率和曲率半径.

(1) $x^2=4y$ 在点$(0,0)$处 (2) $y=\sin^4 x-\cos^4 x$ 在点$(0,-1)$处

【数学小百科】

18世纪欧洲最伟大的数学家——拉格朗日

拉格朗日(1736—1813)，法国著名的数学家、力学家、天文学家，变分法的开拓者和分析力学的奠基人. 他曾获得过18世纪“欧洲最大之希望、欧洲最伟大的数学家”的赞誉. 拉格朗日出生在意大利的都灵. 由于是长子，父亲一心想让他学习法律，然而，拉格朗日对法律毫无兴趣，偏偏喜爱上文学.

直到 16 岁时，拉格朗日仍十分偏爱文学，对数学尚未产生兴趣. 16 岁那年，他偶然读到一篇介绍牛顿微积分的文章《论分析方法的优点》，这使他对牛顿产生了无限崇拜和敬仰之情. 于是，他下决心要成为牛顿式的数学家. 在进入都灵皇家炮兵学院学习后，拉格朗日开始有计划地自学数学. 由于勤奋刻苦，他的进步很快，尚未毕业就担任了该校的数学教学工作. 20 岁时，他就被正式聘任为该校的数学副教授. 从这一年起，拉格朗日开始研究“极大和极小”的问题. 他采用的是纯分析的方法. 1758 年 8 月，他把自己的研究方法写信告诉了欧拉，欧拉对此给予了极高的评价. 从此，两位大师开始频繁通信，就在这一来一往中，诞生了数学的一个新的分支——变分法. 1759 年，在欧拉的推荐下，拉格朗日被提名为柏林科学院的通讯院士. 接着，他又当选为该院的外国院士. 1762 年，法国科学院悬赏征解有关月球何以自转，以及自转时总是以同一面对着地球的难题. 拉格朗日写出一篇出色的论文，成功地解决了这一问题，并获得了科学院的大奖. 他的名字因此传遍了整个欧洲，引起世人的瞩目. 两年之后，法国科学院又提出了木星的 4 个卫星和太阳之间的摄动问题，即所谓的“六体问题”. 面对这一难题，拉格朗日毫不畏惧，经过数个不眠之夜，终于用近似解法找到了答案，从而再度获奖. 这次获奖，使他赢得了世界性的声誉.

1766 年，拉格朗日接替欧拉担任柏林科学院物理数学所所长. 在担任所长的 20 年中，拉格朗日发表了许多论文，并多次获得法国科学院的大奖：1722 年，其论文《论三体问题》获奖；1773 年，其论文《论月球的长期方程》再次获奖；1779 年，他又因论文《由行星活动的试验来研究彗星的摄动理论》而获得双倍奖金. 在柏林科学院工作期间，拉格朗日对代数、数论、微分方程、变分法和力学等方面进行了广泛而深入的研究. 他最有价值的贡献之一是在方程论方面. 他的“用代数运算解一般 n 次方程($n>4$)是不能的”结论，可以说是伽罗瓦建立群论的基础. 最值得一提的是，拉格朗日完成了自牛顿以后最伟大的经典著作——《论不定分析》. 此书是他历经 37 个春秋用心血写成的，出版时，他已 50 多岁. 在这部著作中，拉格朗日把宇宙谱写成由数字和方程组成的有节奏的旋律，把动力学发展到登峰造极的地步，并把固体力学和流体力学这两个分支统一起来. 他利用变分原理，建立起了优美而和谐的力学体系，可以说，这是整个现代力学的基础. 伟大的科学家哈密顿把这本巨著誉为“科学诗篇”. 1813 年 4 月 10 日，拉格朗日因病逝世，走完了他光辉灿烂的科学旅程. 他那严谨的科学态度以及精益求精的工作作风影响着每一位科学家，而他的学术成果也为高斯、阿贝尔等世界著名数学家的成长提供了丰富的营养. 可以说，在此后 100 多年的时间里，数学中的很多重大发现几乎都与他的研究有关.

第三章　导数的应用

导数在自然科学与工程技术中都有着极其广泛的应用. 本章将利用导数来研究函数的某些性态，解决一些常见的应用问题. 通过介绍微分中值定理，引出计算未定型极限的新方法——洛必达法则.

学习目标：

1. 会用洛必达法则求极限、讨论函数的性态.
2. 掌握导数在实际中的一些简单应用.

第一节　中值定理与洛必达法则

一、微分中值定理

定理 1(拉格朗日定理)　如果函数$f(x)$满足下列条件：

(1) 在闭区间$[a,b]$上连续；

(2) 在开区间(a,b)内可导，

那么在(a,b)内至少有一点ξ，使

$$f(b)-f(a)=(b-a)f'(\xi) \quad 或 \quad f'(\xi)=\frac{f(b)-f(a)}{b-a}$$

证明从略.

拉格朗日定理给出了函数在一个区间上的增量与函数在该区间内某点导数之间的关系. 其几何意义是：如果连续曲线除端点外，处处都具有不垂直于Ox轴的切线，那么该曲线上至少有这样一点存在，在该点处曲线的切线平行于连接两端点的直线，如图 3-1 所示.

如果$s(t)$表示某一物体做直线运动的规律(即位移与时间的关系)，假设$s(t)$满足拉格朗日定理的条件，则由时刻a到时刻b物体的平均速度为

$$\frac{s(b)-s(a)}{b-a}$$

因此，该定理还说明，物体由时刻a到时刻b的平均速度，等于它在某个时刻$\xi\in(a,b)$的瞬时速度.

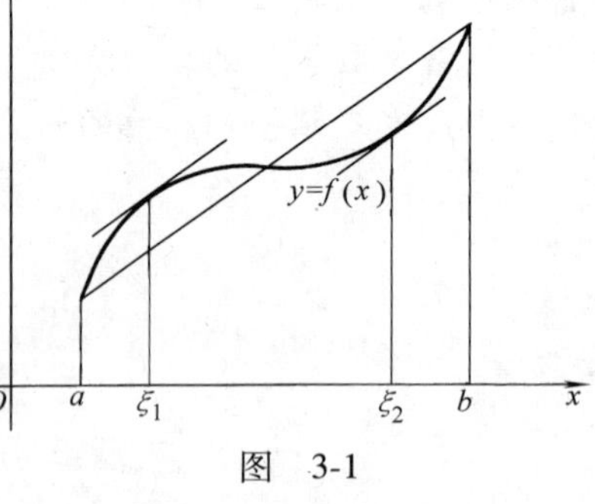

图　3-1

例 1　函数$f(x)=\ln x$在区间$[1,\mathrm{e}]$上是否满足拉格朗日定理的条件？如果满足，试找出使定理结论成立的ξ值.

解　显然$f(x)$在$[1,\mathrm{e}]$上连续，在$(1,\mathrm{e})$内可导，满足定理条件，且有等式

$$\frac{f(\mathrm{e})-f(1)}{\mathrm{e}-1}=f'(x) \quad 即 \quad \frac{1}{\mathrm{e}-1}=\frac{1}{x}$$

由此得$x=\mathrm{e}-1\in[1,\mathrm{e}]$. 故取$\xi=\mathrm{e}-1$，即当$\xi=\mathrm{e}-1$时定理结论成立.

推论　如果函数$f(x)$在区间(a,b)内的导数恒为零，那么在(a,b)内

$$f(x)\equiv C \ (C\text{为常数})$$

证　在(a,b)内任取两点x_1，x_2 $(x_1<x_2)$，则$f(x)$在$[x_1,x_2]$上满足拉格朗日中值定理的条件，因此有

$$f(x_2)-f(x_1)=f'(\xi)(x_2-x_1)\quad (x_1<\xi<x_2)$$

因为$f'(\xi)=0$，所以$f(x_2)-f(x_1)=0$，即

$$f(x_2)=f(x_1)$$

也就是说函数$f(x)$为常数.

此推论是“常数的导数是零”的逆定理.

二、洛必达法则

两个无穷小之比称为“$\dfrac{0}{0}$”型未定式，两个无穷大之比称为“$\dfrac{\infty}{\infty}$”型未定式. 洛必达法则是处理这类极限的重要工具，是计算“$\dfrac{0}{0}$”型及“$\dfrac{\infty}{\infty}$”型未定式的新方法，能解决一些以往无法计算的极限问题.

定理 2　如果函数$f(x)$和$g(x)$满足条件：

（1）在点x_0的左右近旁(点x_0可除外)可导，且$g'(x)\neq 0$；

（2）$\lim\limits_{\substack{x\to x_0\\(x\to\infty)}} f(x)=0(\text{或}\infty)$，$\lim\limits_{\substack{x\to x_0\\(x\to\infty)}} g(x)=0(\text{或}\infty)$；

（3）$\lim\limits_{\substack{x\to x_0\\(x\to\infty)}} \dfrac{f'(x)}{g'(x)}$存在(或为$\infty$)，

那么

$$\lim_{\substack{x\to x_0\\(x\to\infty)}}\frac{f(x)}{g(x)}=\lim_{\substack{x\to x_0\\(x\to\infty)}}\frac{f'(x)}{g'(x)}$$

证明从略.

洛必达法则说明当$x\to x_0$(或$x\to\infty$)时，“$\dfrac{0}{0}$”型及“$\dfrac{\infty}{\infty}$”型未定式的极限值在符合定理条件下，可以通过分子、分母分别求导后，再求极限而确定. 若施行一次法则后，问题尚未解决，而函数$f'(x)$，$g'(x)$仍满足定理条件，可继续使用洛必达法则，即

$$\lim_{\substack{x\to x_0\\(x\to\infty)}}\frac{f'(x)}{g'(x)}=\lim_{\substack{x\to x_0\\(x\to\infty)}}\frac{f''(x)}{g''(x)}$$

例 2　求$\lim\limits_{x\to 0}\dfrac{(1+x)^8-1}{x}$.

解　$\lim\limits_{x\to 0}\dfrac{(1+x)^8-1}{x}\xlongequal{\text{“}\frac{0}{0}\text{”型}}\lim\limits_{x\to 0}\dfrac{8(1+x)^7}{1}=8$

例 3　求$\lim\limits_{x\to 0}\dfrac{\ln(1+x)}{x^2}$.

解　$\lim\limits_{x\to 0}\dfrac{\ln(1+x)}{x^2}\xlongequal{\text{“}\frac{0}{0}\text{”型}}\lim\limits_{x\to 0}\dfrac{1}{2x(1+x)}=\infty$

例 4 求 $\lim\limits_{x\to+\infty}\dfrac{\ln x}{x^{\alpha}}$ $(\alpha>0)$.

解 $\lim\limits_{x\to+\infty}\dfrac{\ln x}{x^{\alpha}}\xlongequal{\text{“}\frac{\infty}{\infty}\text{”型}}\lim\limits_{x\to+\infty}\dfrac{\frac{1}{x}}{\alpha x^{\alpha-1}}=\lim\limits_{x\to+\infty}\dfrac{1}{\alpha x^{\alpha}}=0$

例 5 求 $\lim\limits_{x\to+\infty}\dfrac{x^n}{e^x}$ $(n\in\mathbf{N})$.

解 $\lim\limits_{x\to+\infty}\dfrac{x^n}{e^x}\xlongequal{\text{“}\frac{\infty}{\infty}\text{”型}}\lim\limits_{x\to+\infty}\dfrac{nx^{n-1}}{e^x}\xlongequal{\text{“}\frac{\infty}{\infty}\text{”型}}\lim\limits_{x\to+\infty}\dfrac{n(n-1)x^{n-2}}{e^x}=\cdots=\lim\limits_{x\to+\infty}\dfrac{n!}{e^x}=0$

例 6 求 $\lim\limits_{x\to0}\dfrac{e^x-\cos x}{x\sin x}$.

解 $\lim\limits_{x\to0}\dfrac{e^x-\cos x}{x\sin x}\xlongequal{\text{“}\frac{0}{0}\text{”型}}\lim\limits_{x\to0}\dfrac{e^x+\sin x}{x\cos x+\sin x}$

注意上式右边不再是未定式，不可再用洛必达法则. 所以正确结果为

$$\text{原式}=\lim_{x\to0}\frac{e^x+\sin x}{x\cos x+\sin x}=\infty$$

而继续用法则的错误结果是

$$\text{原式}=\lim_{x\to0}\frac{e^x+\cos x}{-x\sin x+2\cos x}=\frac{2}{2}=1$$

未定式除“$\frac{0}{0}$”型和“$\frac{\infty}{\infty}$”型外，还有“$0\cdot\infty$”“$\infty-\infty$”“0^0”“∞^0”“1^∞”等几种类型。一般地，对这些类型的未定式，可以通过恒等变形将其化为“$\frac{0}{0}$”型或“$\frac{\infty}{\infty}$”型的未定式，再用洛必达法则求极限.

例 7 求 $\lim\limits_{x\to0^+}x\ln x$.

解 $\lim\limits_{x\to0^+}x\ln x\xlongequal{\text{“}0\cdot\infty\text{”型}}\lim\limits_{x\to0^+}\dfrac{\ln x}{\frac{1}{x}}\xlongequal{\text{“}\frac{\infty}{\infty}\text{”型}}\lim\limits_{x\to0^+}\dfrac{\frac{1}{x}}{-\frac{1}{x^2}}=-\lim\limits_{x\to0^+}x=0$

例 8 求 $\lim\limits_{x\to1}\left(\dfrac{x}{x-1}-\dfrac{1}{\ln x}\right)$.

解 $\lim\limits_{x\to1}\left(\dfrac{x}{x-1}-\dfrac{1}{\ln x}\right)\xlongequal{\text{“}\infty-\infty\text{”型}}\lim\limits_{x\to1}\dfrac{x\ln x-x+1}{(x-1)\ln x}\xlongequal{\text{“}\frac{0}{0}\text{”型}}\lim\limits_{x\to1}\dfrac{1+\ln x-1}{\frac{x-1}{x}+\ln x}=\lim\limits_{x\to1}\dfrac{\ln x}{1-\frac{1}{x}+\ln x}\xlongequal{\text{“}\frac{0}{0}\text{”型}}$

$\lim\limits_{x\to1}\dfrac{\frac{1}{x}}{\frac{1}{x^2}+\frac{1}{x}}=\dfrac{1}{2}$

例 9 求 $\lim\limits_{x\to+\infty}\dfrac{\sqrt{1+x^2}}{x}$.

解 $$\lim_{x\to+\infty}\frac{\sqrt{1+x^2}}{x}\overset{\text{“}\frac{\infty}{\infty}\text{”型}}{=\!=\!=}\lim_{x\to+\infty}\frac{\frac{2x}{2\sqrt{1+x^2}}}{1}=\lim_{x\to+\infty}\frac{x}{\sqrt{1+x^2}}\overset{\text{“}\frac{\infty}{\infty}\text{”型}}{=\!=\!=}\lim_{x\to+\infty}\frac{1}{\frac{2x}{2\sqrt{1+x^2}}}$$

$$=\lim_{x\to+\infty}\frac{\sqrt{1+x^2}}{x}=\cdots$$

周而复始，无法求出此极限，在这里洛必达法则失效. 然而，不难求得

$$\lim_{x\to+\infty}\frac{\sqrt{1+x^2}}{x}=\lim_{x\to+\infty}\sqrt{\frac{1}{x^2}+1}=1$$

可见，洛必达法则不是万能的，当法则失效时，应考虑用其他方法求解.

习题　3-1

1. 函数 $f(x)=x^3-3x$ 在 $[0,2]$ 上是否满足拉格朗日定理的条件，若满足试找出使定理结果成立的 ξ 值.
2. 曲线 $y=x^3-x+1$ 上哪一点的切线与连接曲线上点 $(0,1)$ 和点 $(2,7)$ 的割线平行？
3. 用洛必达法则求下列极限.

(1) $\lim\limits_{x\to a}\frac{\sin x-\sin a}{x-a}$　　(2) $\lim\limits_{x\to1}\frac{x^3-4x+3}{x^3-1}$

(3) $\lim\limits_{x\to\frac{\pi}{2}}\frac{\cos x}{x-\frac{\pi}{2}}$　　(4) $\lim\limits_{x\to+\infty}\frac{\frac{\pi}{2}-\arctan x}{\frac{1}{x}}$

(5) $\lim\limits_{x\to+\infty}\frac{\ln x}{x^2}$　　(6) $\lim\limits_{x\to0^+}\frac{\ln\cot x}{\ln x}$

(7) $\lim\limits_{x\to+\infty}\frac{e^x+e^{-x}}{e^x-e^{-x}}$　　(8) $\lim\limits_{x\to+\infty}\frac{x^2+1}{x\ln x}$

第二节　函数的单调性与极值

单调性是函数的重要性态之一，它反映了函数的递增和递减的状况. 通过函数的单调性，还能研究函数的极值、分析函数的图形. 本节将以微分中值定理为工具，给出函数单调性及极值的判别法.

一、函数单调性的判别法

前面已经学习了函数在区间上单调的概念，现在利用导数来研究函数的单调性.

观察函数图形可以发现，如果曲线上每一点的切线的斜率都大于零，则曲线是单调上升的(图 3-2)；如果曲线上每一点的切线的斜率都小于零，则曲线是单调下降的(图 3-3). 由于曲线切线的斜率就是对应的函数的导数，因此有下面的定理.

定理 1　设函数 $f(x)$ 在 (a,b) 内可导，

(1) 如果在 (a,b) 内 $f'(x)>0$，则 $f(x)$ 在 (a,b) 内单调增加；

(2) 如果在 (a,b) 内 $f'(x)<0$，则 $f(x)$ 在 (a,b) 内单调减少.

应当指出，有的函数的导数仅在个别点处为零，但函数在该区间内仍为单调增加(或减少). 例如，函数 $y=x^3$ 在 $x=0$ 处的导数为零，但它在 $(-\infty,+\infty)$ 内是单调增加的.

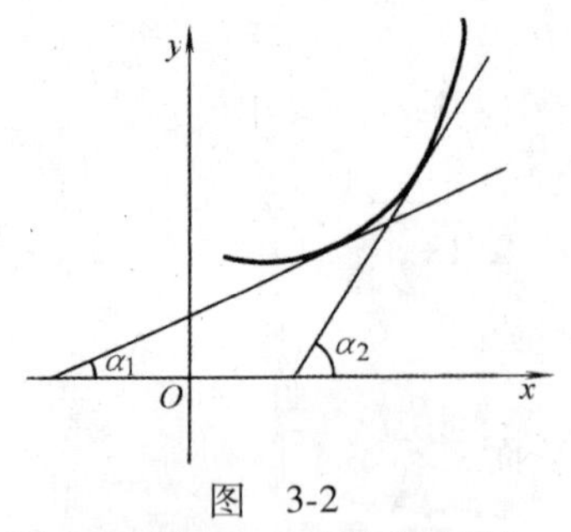

图 3-2

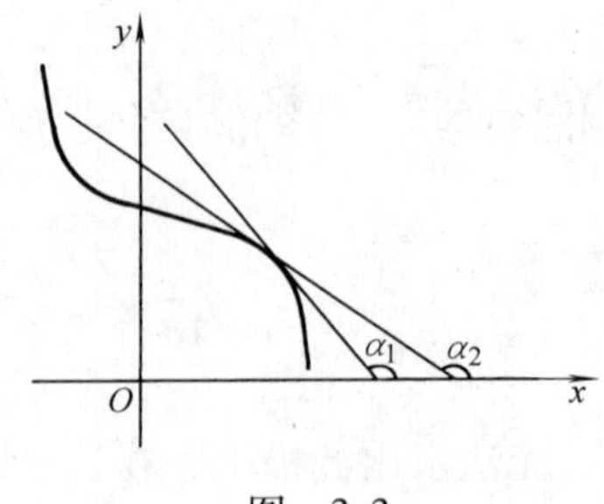

图 3-3

判定函数$f(x)$的单调性的一般步骤：

(1) 确定$f(x)$的定义域；

(2) 求出使$f'(x)=0$和$f'(x)$不存在的点x，并以这些点为分界点，将定义域分为若干个子区间；

(3) 确定$f'(x)$在各个子区间内的符号(通常采用列表法讨论)，从而判定出$f(x)$的单调性.

例1 求函数$f(x)=x^3-3x$的单调区间.

解 (1) 函数$f(x)$的定义域是$(-\infty,+\infty)$.

(2) $f'(x)=3x^2-3=3(x+1)(x-1)$

令$f'(x)=0$，得$x_1=-1$，$x_2=1$. 它们将$(-\infty,+\infty)$分成三个子区间：$(-\infty,-1)$，$(-1,1)$，$(1,+\infty)$.

(3) 列表考察$f'(x)$的符号如下：

x	$(-\infty,-1)$	-1	$(-1,1)$	1	$(1,+\infty)$
$f'(x)$	+	0	−	0	+
$f(x)$	↗		↘		↗

由上表可知，$f(x)$在区间$(-\infty,-1)$和$(1,+\infty)$内单调增加；在$(-1,1)$内$f(x)$单调减少.

例2 讨论函数$f(x)=x-\frac{3}{2}\sqrt[3]{x^2}$的单调性.

解 (1) 函数的定义域为$(-\infty,+\infty)$.

(2) $f'(x)=1-x^{-\frac{1}{3}}=\frac{\sqrt[3]{x}-1}{\sqrt[3]{x}}$

令$f'(x)=0$，得$x=1$；又当$x=0$时，$f'(x)$不存在. 于是$x=0$，$x=1$将定义域分为三个子区间：$(-\infty,0)$，$(0,1)$，$(1,+\infty)$.

(3) 列表考察$f'(x)$的符号如下：

x	$(-\infty,0)$	0	$(0,1)$	1	$(1,+\infty)$
$f'(x)$	+	不存在	−	0	+
$f(x)$	↗		↘		↗

由上表可知，函数在$(-\infty,0)$和$(1,+\infty)$内单调增加；在$(0,1)$内单调减少.

二、函数极值的定义与求法

1. 函数极值的定义

定义 设函数$f(x)$在(a,b)内有定义，$x_0\in(a,b)$，若对点x_0附近某一范围内的任意一点x ($x\neq x_0$)，均有

(1) $f(x_0)>f(x)$，则称 $f(x_0)$ 为 $f(x)$ 的**极大值**，x_0 称为 $f(x)$ 的**极大值点**；

(2) $f(x_0)<f(x)$，则称 $f(x_0)$ 为 $f(x)$ 的**极小值**，x_0 称为 $f(x)$ 的**极小值点**.

函数的极大值与极小值统称为函数的**极值**；极大值点、极小值点统称为**极值点**.

如图 3-4 所示，x_1，x_3 为 $f(x)$ 的极大值点，x_2，x_4 为 $f(x)$ 的极小值点.

应当注意，极值是一个局部性概念，而不是一个整体性概念. 图 3-4 还显示，一个函数可能有若干个极大值或极小值，而且有的极小值可能比有的极大值还大. 比如，图中极小值 $f(x_4)$ 大于极大值 $f(x_1)$.

2. 函数极值的求法

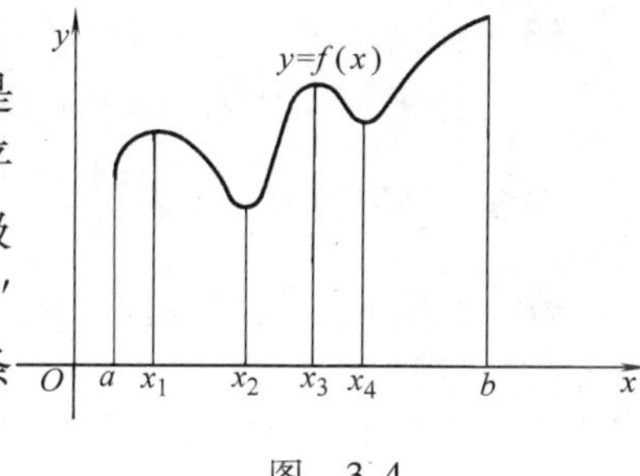

图　3-4

由图 3-4 可以看出，在函数取得极值处，曲线的切线是水平的，即在极值点函数的导数为零. 但是，曲线上有水平的切线的地方，即在使导数为零的点处，函数不一定取得极值. 例如，$f(x)=x^3$，在 $x=0$ 处，曲线有水平切线，此时 $f'(0)=0$，但 $f(0)$ 并不是极值. 下面是函数取得极值的必要条件：

定理 2　设函数 $f(x)$ 在点 x_0 处可导，且在点 x_0 处取得极值，则函数 $f(x)$ 在点 x_0 处的导数 $f'(x_0)=0$.

使导数为零的点(即方程 $f'(x)=0$ 的实根)叫作函数 $f(x)$ 的**驻点**.

要判定驻点和导数不存在的点是否为极值点需根据函数取得极值的充分条件：

定理 3(函数极值的第一充分条件)　设函数 $f(x)$ 在点 x_0 的近旁可导，且 $f'(x_0)=0$，

(1) 如果当 x 取 x_0 左侧近旁的值时，有 $f'(x)>0$；当 x 取 x_0 右侧近旁的值时，有 $f'(x)<0$，则 $f(x_0)$ 是函数 $f(x)$ 的极大值；

(2) 如果当 x 取 x_0 左侧近旁的值时，有 $f'(x)<0$；当 x 取 x_0 右侧近旁的值时，有 $f'(x)>0$，则 $f(x_0)$ 是函数 $f(x)$ 的极小值；

(3) 如果在 x_0 的两侧近旁，函数导数的符号相同，那么函数 $f(x)$ 在点 x_0 处没有极值.

证明从略.

定理 3 也可以简单地这样描述，即当 x 渐增地经过 x_0 时，如果 $f'(x)$ 的符号由正变负，那么 $f(x)$ 在点 x_0 处取得极大值(图 3-5a)；如果 $f'(x)$ 的符号由负变正，那么 $f(x)$ 在点 x_0 处取得极小值(图 3-5b).

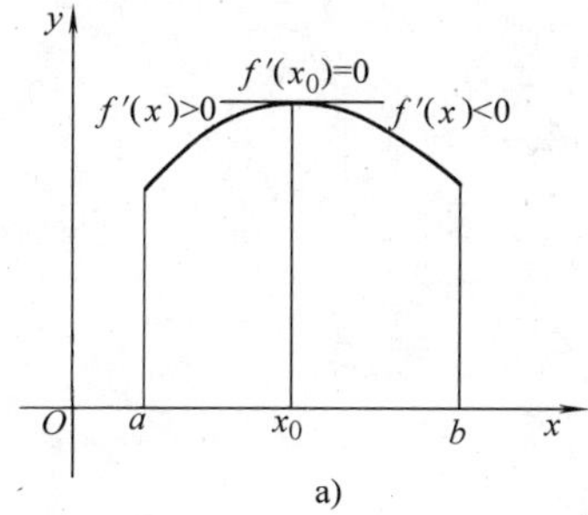

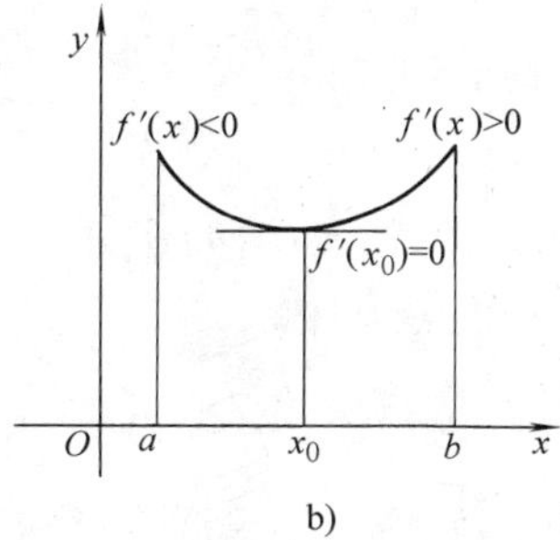

图　3-5

应当指出，若 $f(x)$ 在点 x_0 处可导且 $f'(x_0)=0$，但 $f'(x)$ 在点 x_0 的两侧同号，则 $f(x)$ 在点 x_0 处没有极值.

定理 4(函数极值的第二充分条件)　设函数 $f(x)$ 在点 x_0 处具有一阶、二阶导数，且

$f'(x_0)=0$，$f''(x_0)\neq 0$，

（1）如果$f''(x_0)>0$，则$f(x)$在点x_0处有极小值$f(x_0)$；

（2）如果$f''(x_0)<0$，则$f(x)$在点x_0处有极大值$f(x_0)$.

证明从略.

求函数$f(x)$极值的一般步骤：

（1）确定函数$f(x)$的定义域；

（2）求函数的导数，确定驻点和导数不存在的点；

（3）用极限的第一充分条件或第二充分条件确定极值点；

（4）把极值点代入$f(x)$，求出极值并指出极大(小)值.

例 3 求函数$f(x)=x-\frac{3}{2}\sqrt[3]{x^2}$的极值.

解 所给函数的单调性在例 2 中已讨论过，知$x=1$为驻点，$x=0$为$f'(x)$不存在点. 列表考察如下：

x	$(-\infty,0)$	0	$(0,1)$	1	$(1,+\infty)$
$f'(x)$	+	不存在	−	0	+
$f(x)$	↗	极大值 0	↘	极小值$-\frac{1}{2}$	↗

所以，$f(x)$的极大值为$f(0)=0$，极小值为$f(1)=-\frac{1}{2}$.

例 4 求函数$f(x)=x^4-10x^2+5$的极值.

解 （1）函数的定义域是$(-\infty,+\infty)$.

（2）$f'(x)=4x^3-20x=4x(x^2-5)$，令$f'(x)=0$，得驻点$x_1=-\sqrt{5}$，$x_2=0$，$x_3=\sqrt{5}$.

（3）$f''(x)=12x^2-20$，所以有$f''(\pm\sqrt{5})=12(\pm\sqrt{5})^2-20>0$，$f''(0)=-20<0$；所以$x=-\sqrt{5}$，$x=\sqrt{5}$为极小值点，$x=0$为极大值点.

（4）极小值$f(\pm\sqrt{5})=(\pm\sqrt{5})^4-10(\pm\sqrt{5})^2+5=-20$，极大值$f(0)=0^4-10\times0^2+5=5$.

习题 3-2

1. 确定下列函数的单调区间.

（1）$f(x)=e^x-x-1$　　（2）$f(x)=2x^3-9x^2+12x-3$

（3）$f(x)=2x^2-\ln x$　　（4）$f(x)=(x-1)x^{\frac{2}{3}}$

2. 求下列函数的极值点和极值.

（1）$f(x)=\frac{1}{3}x^3-x^2-3x+3$　　（2）$f(x)=x^4-2x^2+7$

（3）$f(x)=x^3-9x^2+15x+3$　　（4）$f(x)=(x^2-1)^3+1$

（5）$f(x)=\sin x-2x$　　（6）$f(x)=x+\sqrt{1-x}$

3. 求下列函数在区间$(0,2\pi)$内的极值.

（1）$f(x)=\sin x+\cos x$　　（2）$f(x)=\frac{1}{2}-\cos x$

第三节　函数的最大值与最小值

在数学、工程技术和经济问题中，都会遇到函数的最大值和最小值问题. 这一节将在函数极值的基础上讨论如何求函数的最大值和最小值.

根据连续函数的性质，如果函数 $f(x)$ 在闭区间 $[a,b]$ 上连续，则 $f(x)$ 在 $[a,b]$ 上一定有最大值或最小值. $f(x)$ 取得最大值或最小值有两种可能：

(1) 在闭区间的端点取得，即 $f(a)$ 或 $f(b)$；

(2) 在 (a,b) 内取得，此时最大值(或最小值)显然同时也是 $f(x)$ 的一个极大值(或极小值).

因此，求函数 $f(x)$ 在闭区间 $[a,b]$ 上的最大值和最小值可按下面的步骤进行：

(1) 求出 $f(x)$ 在 (a,b) 内的全部驻点和导数不存在的点，并求出这些点和区间端点的函数值；

(2) 比较上述函数值，其中最大者即为 $f(x)$ 在 $[a,b]$ 上的最大值，最小者即为 $f(x)$ 在 $[a,b]$ 上的最小值.

例 1　求函数 $f(x)=x^3-3x^2+7$ 在区间 $[-2,3]$ 上的最大值和最小值.

解 $f'(x)=3x^2-6x=3x(x-2)$

令 $f'(x)=0$，得驻点 $x_1=0$，$x_2=2$，它们的函数值为

$$f(0)=7,\quad f(2)=3$$

区间端点的函数值为

$$f(-2)=-13,\quad f(3)=7$$

比较上述各函数值，可知函数在 $[-2,3]$ 上的最大值为 $f(0)=f(3)=7$，最小值为 $f(-2)=-13$.

例 2　求函数 $f(x)=\mathrm{e}^{-x^2}$ 在区间 $[1,\sqrt{3}]$ 上的最大值或最小值.

解　因为 $f'(x)=-2x\mathrm{e}^{-x^2}<0$，所以 $f(x)$ 在 $[1,\sqrt{3}]$ 上单调减少，从而知 $f(x)$ 在 $[1,\sqrt{3}]$ 上的最大值为 $f(1)=\mathrm{e}^{-1}$，最小值为 $f(\sqrt{3})=\mathrm{e}^{-3}$.

在实际问题中，如果函数 $f(x)$ 在某区间内仅有一个驻点 x_0，而且从实际问题分析知 $f(x)$ 在 (a,b) 内必有最大值或最小值，那么 $f(x_0)$ 就是所要求的最大值或最小值.

例 3　如图 3-6 所示，已知圆柱形饮料罐头的容积为 V，求表面积为最小时的底半径与高之比.

解　(1) 设底半径为 x，则高为 $\dfrac{V}{\pi x^2}$，从而得罐头表面积的解析式

$$y=2\pi x^2+\frac{2\pi xV}{\pi x^2}=2\pi x^2+\frac{2V}{x}\quad (x>0)$$

(2) $y'=4\pi x-\dfrac{2V}{x^2}$，令 $y'=0$，得可能极值 $x=\sqrt[3]{\dfrac{V}{2\pi}}$，且唯一.

又因为 $y''=4\pi+\dfrac{4V}{x^3}>0$，所以 y 在 $x=\sqrt[3]{\dfrac{V}{2\pi}}$ 处取得最小值.

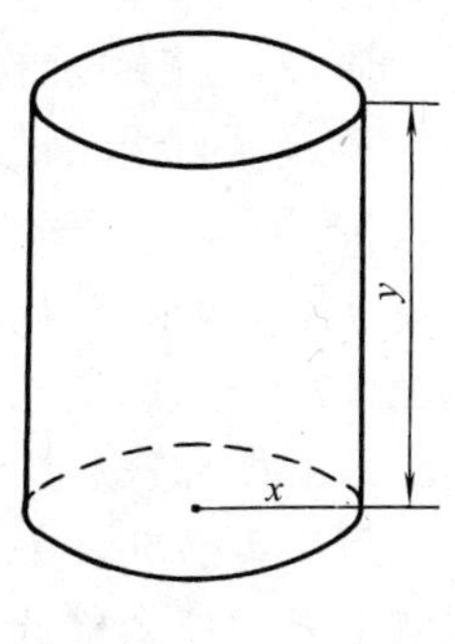

图 3-6

(3) 由 $x=\sqrt[3]{\dfrac{V}{2\pi}}$ 得高为　$\dfrac{V}{\pi\left(\sqrt[3]{\dfrac{V}{2\pi}}\right)^2}=2\cdot\sqrt[3]{\dfrac{V}{2\pi}}=2x$

即底半径与高之比为$\frac{1}{2}$，也就是说，当直径与高相等时，罐头的表面积最小.

习题 3-3

1. 求下列函数在给定区间上的最大值和最小值.

(1) $y=3x^4-16x^3+30x^2-24x+4$，$[0,3]$

(2) $y=\ln(x^2+1)$，$[-1,2]$

(3) $y=x+\sqrt{x}$，$[0,4]$

(4) $y=\frac{x}{x^2+1}$，$[0,+\infty)$

2. 证明：(1)面积一定的矩形中，正方形的周长最短；(2)周长一定的矩形中，正方形的面积最大.

3. 用一块边长为 a 的正方形铁皮，在其四角上各剪去一块面积相等的小正方形，做成无盖方盒. 问做出的铁盒容积最大为多少?

4. 如图 3-7 所示，铁路线上 AB 段的距离为 100km，C 城距 A 处为 20km，$AC\perp AB$. 今要在铁路线上选定一点 D，向 C 城修筑一条公路，已知铁路线上每千米运费与公路上每千米运费之比为 3∶5. 为了使货物从供应站 B 运到 C 城的运费最省，问 D 应选在何处?

5. 如图 3-8 所示，某构件的横截面是矩形与半圆所构成. 当截面积为定值 A 时，试问矩形的底为多少时，该截面的周长最短.

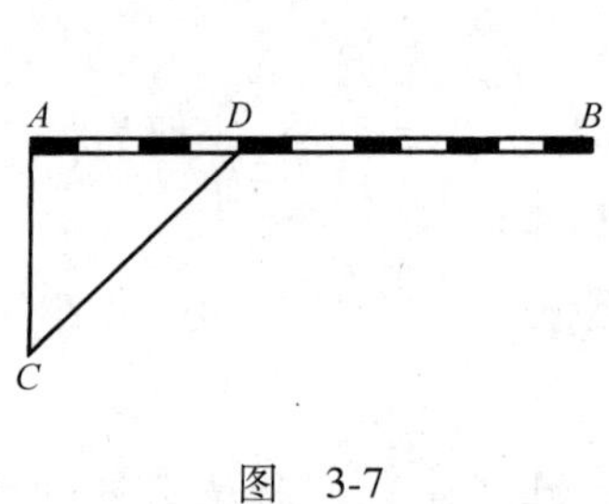

图 3-7

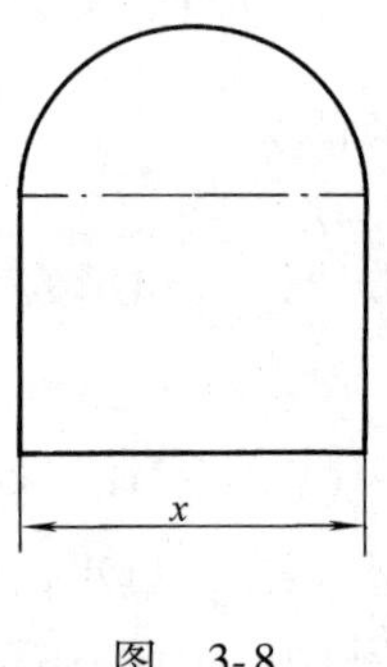

图 3-8

第四节 曲线的凹凸性与拐点

通过研究函数的单调性和极值，可以知道函数在某区间内变化的大概情况，但要较为准确地描绘出函数在区间内的图形，还需进一步研究曲线弯曲的方向及改变弯曲方向的点.

从图 3-9 可以看出，曲线向下弯曲的弧段位于这段弧上任意一点切线的下方；而曲线向上弯曲的弧段位于这段弧上任意一点切线的上方. 因此，给出下面的定义.

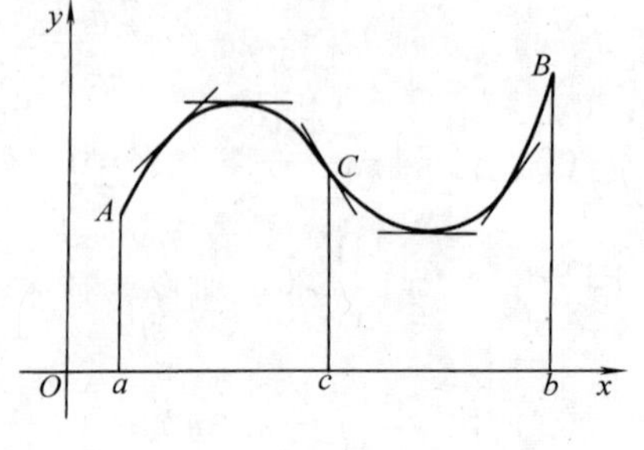

图 3-9

定义 1 如果在某区间内的曲线弧位于其任一点切线的上方，那么称此曲线在该区间内是**凹的**；如果在某区间内的曲线弧位于其任一点切线的下方，那么称此曲线在该区间内是**凸的**.

例如，图 3-9 中曲线 ACB 在区间(a,c)内是凸的，在区间(c,b)内是凹的.

定理　设函数$f(x)$在区间(a,b)内有二阶导数,

(1) 如果在(a,b)内, $f''(x)>0$, 则曲线$f(x)$在(a,b)内是凹的;

(2) 如果在(a,b)内, $f''(x)<0$, 则曲线$f(x)$在(a,b)内是凸的.

因为当$f''(x)>0$时, $f'(x)$单调增加, 即$\tan\alpha$由负变正, 由小变大, 如图3-10所示, 所以曲线$f(x)$是凹的; 而当$f''(x)<0$时, $f'(x)$单调减少, 即$\tan\alpha$由正变负, 由大变小, 如图3-11所示, 所以曲线$f(x)$是凸的.

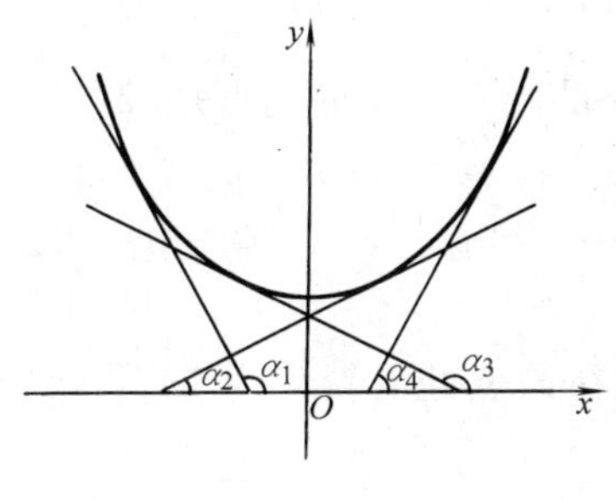

图　3-10

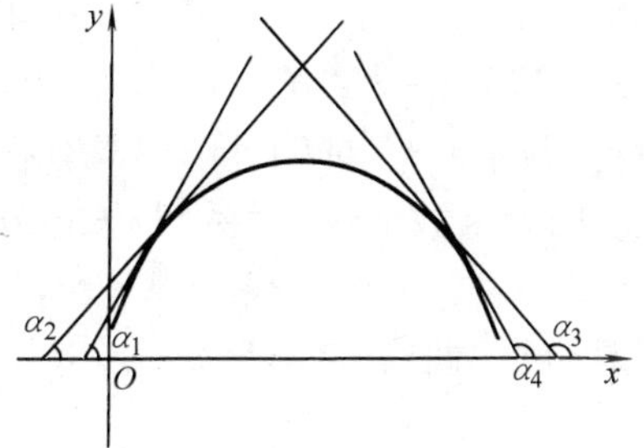

图　3-11

例 1　判定曲线$y=x-\ln(1-x)$的凹凸性.

解　因为

$$y'=1+\frac{1}{1-x},\quad y''=\frac{1}{(1-x)^2}>0$$

所以, 曲线在定义域$(-\infty,1)$内是凹的.

定义 2　连续曲线上凹曲线弧与凸曲线弧的分界点叫作曲线的**拐点**.

由于拐点是曲线凹与凸的分界点, 所以由前面的定理可知, 在拐点的两侧, $f''(x)$必然异号, 而在拐点处$f''(x)=0$或$f''(x)$不存在. 因此, 判断曲线$y=f(x)$的凹凸性与拐点, 可按下列步骤进行:

(1) 确定函数$y=f(x)$的定义域;

(2) 令$f''(x)=0$, 求出二阶导数为零的点及$f''(x)$不存在的点;

(3) 上述点作为分界点将函数的定义域分为若干个小区间, 并确定$f''(x)$在各小区间内的符号, 从而确定凹凸区间和拐点(此步骤通常以列表形式给出).

例 2　求曲线$y=x^3-6x^2+9x+1$的凹凸区间与拐点.

解　(1) 函数的定义域是$(-\infty,+\infty)$.

(2) $y'=3x^2-12x+9$, $y''=6x-12=6(x-2)$, 令$y''=0$, 可得$x=2$.

(3) 列表考察y''在区间$(-\infty,2)$, $(2,+\infty)$内的符号:

x	$(-\infty,2)$	2	$(2,+\infty)$
y''	−	0	+
曲线y	凸	拐点$(2,3)$	凹

所以曲线在区间$(-\infty,2)$内是凸的, 在区间$(2,+\infty)$内是凹的, 曲线的拐点是$(2,3)$.

例 3　求曲线$y=2+(x-2)^{\frac{1}{3}}$的凹凸区间和拐点.

解　(1) 函数的定义域是$(-\infty,+\infty)$.

（2）$y'=\frac{1}{3}(x-2)^{-\frac{2}{3}}$，$y''=-\frac{2}{9}(x-2)^{-\frac{5}{3}}$，令 $y''=0$，无解；当 $x=2$ 时，y''不存在.

（3）列表判断：

x	$(-\infty,2)$	2	$(2,+\infty)$
y''	+	不存在	-
曲线 y	凹	拐点(2,2)	凸

所以曲线在区间$(-\infty,2)$内是凹的，在区间$(2,+\infty)$内是凸的，曲线的拐点是$(2,2)$.

例 4 设 $y=x^4$，证明其图形没有拐点.

证 因为函数 $y=x^4$ 对一切 $x\in(-\infty,+\infty)$均有 $y''\geqslant 0$，尽管在$x=0$ 时$y''(0)=0$，但在其两侧 $y''(x)$同号，因此曲线 $y=x^4$ 没有拐点.

例 5 已知曲线 $y=ax^3+bx^2+cx$ 有一拐点$(1,2)$，且在该点处的斜率为 1. 求 a，b，c 的值.

解 $y'=3ax^2+2bx+c$，$y''=6ax+2b$

由题意得方程组

$$\begin{cases}2=a+b+c\\1=3a+2b+c\\0=6a+2b\end{cases}$$

求解得 $a=1$，$b=-3$，$c=4$，于是 $y''=6x-6=6(x-1)$. 易知所给曲线在区间$(-\infty,1)$内是凸的，在$(1,+\infty)$内是凹的，因此 $a=1$，$b=-3$，$c=4$ 即为所求.

习题 3-4

1. 求下列曲线的凹凸区间及拐点.

（1）$y=x^3-3x^2$　　（2）$y=(2x-1)^4+1$

（3）$y=x^4-2x^3+1$　　（4）$y=\ln(1+x^2)$

（5）$y=x^2+\frac{1}{x}$　　（6）$y=x+x^{\frac{5}{3}}$

2. 已知函数 $y=ax^3+bx^2+cx+d$ 有拐点$(-1,4)$，且在 $x=0$ 处有极大值 2. 求 a，b，c，d 的值.

第五节　函数图形的描绘

在上一节中利用导数研究了函数的各种性态，这为描绘函数的图形打下了基础. 为了完整地描绘函数的图形，还应当了解曲线无限远离坐标原点时的变化状况. 为此，先介绍曲线的渐近线概念.

一、曲线的水平渐近线和垂直渐近线

如果函数的定义域或值域是一个无穷区间，那么函数的曲线将向无穷远处延伸. 例如，对数函数 $y=\ln x$，当 $x\to 0^+$时，其曲线无限接近于直线 $x=0$(图3-12).

一般地，对于具有上例特征的直线，可以给出下面的定义：

定义　若曲线上的点沿曲线无限远离坐标原点时，它与某直线的距离趋向于零，则称该直线为曲线的**渐近线**.

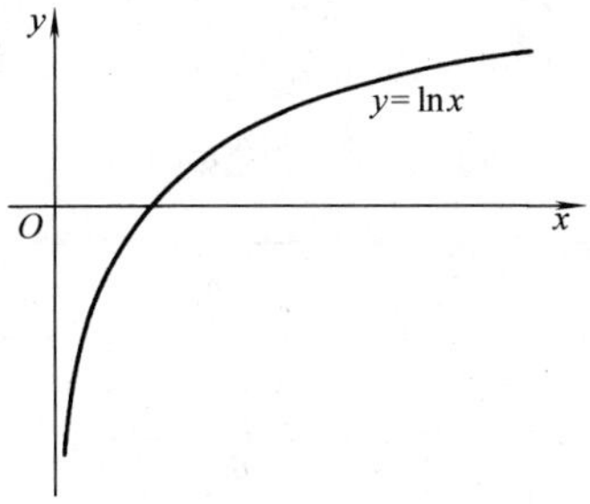

定义中的渐近线可以是各种位置的直线，仅介绍下面两种情形：

图　3-12

(1) **垂直渐近线**　对于曲线 $y=f(x)$，如果

$$\lim_{\substack{x\to x_0\\(x\to x_0^+\text{或}x\to x_0^-)}} f(x)=\infty$$

那么称直线 $x=x_0$ 为曲线 $y=f(x)$ 的垂直渐近线.

(2) **水平渐近线**　如果函数 $y=f(x)$ 的定义域是无穷区间，且有

$$\lim_{\substack{x\to+\infty\\(x\to-\infty)}} f(x)=b$$

那么称直线 $y=b$ 为曲线 $y=f(x)$ 的水平渐近线.

例如，对于曲线 $y=\ln x$，由于

$$\lim_{x\to0^+}\ln x=-\infty$$

所以直线 $x=0$(y 轴)为曲线 $y=\ln x$ 的垂直渐近线.

例 1　求曲线 $y=\dfrac{1}{x-1}$的水平渐近线和垂直渐近线.

解　由于　$\displaystyle\lim_{x\to+\infty}\frac{1}{x-1}=\lim_{x\to-\infty}\frac{1}{x-1}=0$

所以 $y=0$(x 轴)是曲线的水平渐近线. 又因为

$$\lim_{x\to1^-}\frac{1}{x-1}=-\infty\ ,\ \lim_{x\to1^+}\frac{1}{x-1}=+\infty$$

所以 $x=1$ 是曲线 $y=\dfrac{1}{x-1}$的垂直渐近线(图3-13).

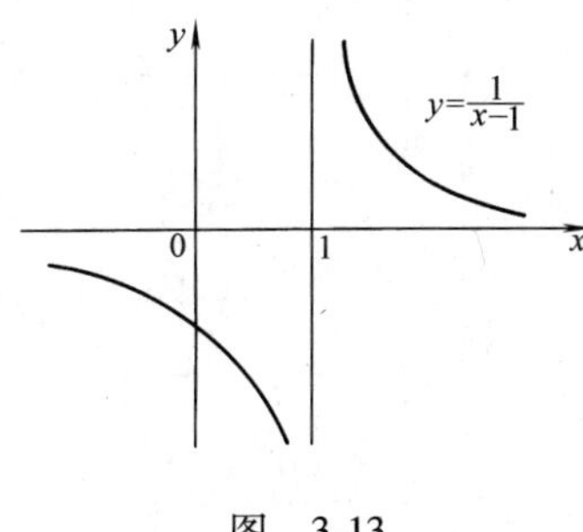

图　3-13

二、函数图形的描绘

前面学习了函数单调性及凹凸性的判别方法，还建立了寻找渐近线的方法，从而对函数曲线的变化有了较全面的了解，可以作出较准确的函数图形.

描绘函数图形的一般步骤：

(1) 确定函数的定义域，并讨论其奇偶性和周期性；

(2) 求$f'(x)$和$f''(x)$，解出方程$f'(x)=0$ 和$f''(x)=0$ 在函数定义域内的全部实根及$f'(x)$，$f''(x)$不存在的点，将函数的定义域划分为几个子区间；

(3) 列表考察$f'(x)$，$f''(x)$在各个子区间内的符号，确定函数的单调性和极值、曲线的凹凸性和拐点；

(4) 确定函数图形的水平渐近线和垂直渐近线；

(5) 求出曲线上一些特殊点，特别是曲线与坐标轴的交点，把它们连成光滑的曲线，从而描绘出图形.

例 2　作函数 $y=3x-x^3$ 的图形.

解　(1) 函数的定义域为$(-\infty,+\infty)$，且为奇函数，其图形关于原点对称.

（2）$y'=3-3x^2$，由 $y'=0$，得驻点 $x=\pm 1$；

$y''=-6x$，令 $y''=0$，得 $x=0$.

（3）列表讨论如下：

x	$(-\infty,-1)$	-1	$(-1,0)$	0	$(0,1)$	1	$(1,+\infty)$
y'	$-$	0	$+$	$+$	$+$	0	$-$
y''	$+$	$+$	$+$	0	$-$	$-$	$-$
y	↘	极小值-2	↗	拐点(0,0)	↗	极大值 2	↘

（4）曲线 $y=3x-x^3$ 无水平渐近线和垂直渐近线.

（5）由 $y=0$ 可得曲线 $y=3x-x^3$ 与 x 轴的交点坐标为$(\pm\sqrt{3},0)$，综合上述的讨论作出函数的图形，如图 3-14 所示.

例 3 作函数 $y=\ln(x^2-1)$ 的图形.

解 （1）函数的定义域为$(-\infty,-1)\cup(1,+\infty)$，且为偶函数，其图形关于 y 轴对称.

（2）$y'=\dfrac{2x}{x^2-1}$，$y''=-\dfrac{2(1+x^2)}{(x^2-1)^2}$，通过对 y' 和 y'' 符号的讨论，不难发现函数无驻点和拐点.

（3）列表讨论如下：

x	$(-\infty,-1)$	$(1,+\infty)$
y'	$-$	$+$
y''	$-$	$-$
y	↘	↗

（4）因为 $\lim\limits_{x\to-1^-}\ln(x^2-1)=\lim\limits_{x\to1^+}\ln(x^2-1)=-\infty$，$\lim\limits_{x\to\infty}\ln(x^2-1)=+\infty$，所以无水平渐近线，垂直渐近线为 $x=\pm 1$.

（5）由 $y=0$ 得曲线 $y=\ln(x^2-1)$ 与 x 轴的交点坐标为$(\pm\sqrt{2},0)$，另取点$(2,\ln 3)$.

综合上述讨论，结合对称性，作出函数的图形，如图 3-15 所示.

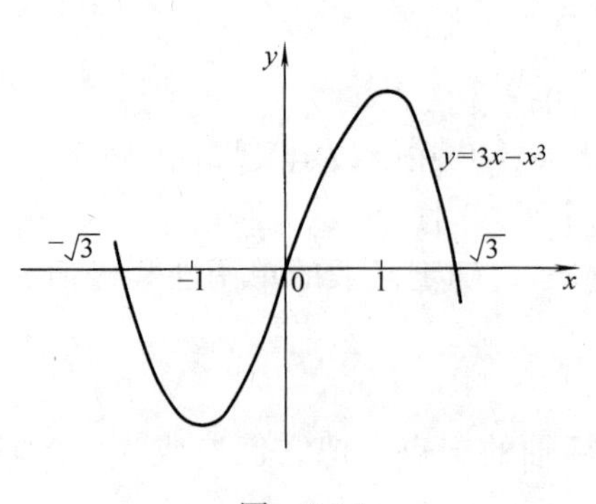

图 3-14

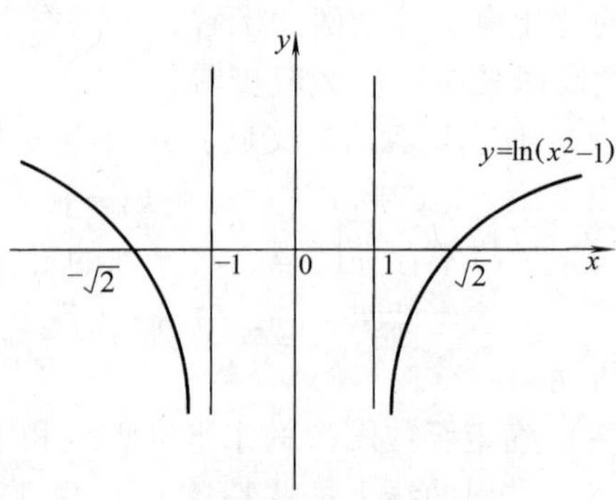

图 3-15

习题　3-5

1. 求下列曲线的渐近线.

(1) $y=\arctan x$　　(2) $y=\dfrac{x^2}{x^2-1}$

(3) $y=\dfrac{1}{\sqrt{2\pi}}e^{-\frac{x^2}{2}}$　　(4) $y=\dfrac{a}{(x-b)^2}+c$

2. 作出下列函数的图形.

(1) $y=x^3-3x^2$　　(2) $y=\dfrac{1}{4}x^4-\dfrac{3}{2}x^2$

(3) $y=e^{-x^2}$　　(4) $y=\ln(x^2+1)$

(5) $y=\dfrac{4(x+1)}{x^2}-2$

本 章 小 结

一、微分中值定理及洛必达法则

若$\lim\limits_{x\to x_0}\dfrac{f(x)}{g(x)}$是“$\dfrac{0}{0}$”型或“$\dfrac{\infty}{\infty}$”型未定式，而且$\lim\limits_{x\to x_0}\dfrac{f'(x)}{g'(x)}=A$(或$\infty$)，则有

$$\lim_{x\to x_0}\frac{f(x)}{g(x)}=\lim_{x\to x_0}\frac{f'(x)}{g'(x)}=A(\text{或}\infty)$$

上述公式对$x\to\infty$同样成立.

二、导数在研究函数特性方面的应用

1. 判定函数的单调性

如果函数$f(x)$在区间$[a,b]$上连续，在(a,b)内可导，那么在(a,b)内，当$f'(x)>0$时，函数$f(x)$在(a,b)内单调增加；当$f'(x)<0$时，函数$f(x)$在(a,b)内单调减少；

2. 求函数的极值

设$f(x)$在点x_0的某一空心邻域内可导，当x由小增大经过x_0时，如果$f'(x)$由正变负，那么点x_0是极大值点；如果$f'(x)$由负变正，那么点x_0是极小值点；如果$f'(x)$不改变符号，则点x_0不是极值点.

利用二阶导数求极值：设函数$f(x)$在点x_0处具有二阶导数且$f'(x_0)=0$，$f''(x_0)\neq0$，如果$f''(x_0)<0$，则函数在点x_0处取得极大值$f(x_0)$；如果$f''(x_0)>0$，则函数在点x_0处取得极小值$f(x_0)$.

3. 判定曲线的凹凸性

在区间(a,b)内，如果$f''(x)>0$，则曲线是凹的；如果$f''(x)<0$，则曲线是凸的，曲线凹与凸的分界点称为曲线的拐点.

4. 函数图形的描绘

根据函数的定义域、奇偶性、渐近线、单调性、极值、凹凸性及拐点，列表讨论并作出函数的图形.

三、最值应用问题

根据题意设置变量，建立函数关系. 对于一般的应用问题，如果所得驻点在定义域内是

唯一的，则在该驻点处取得最大值(最小值).

复习题三

1. 判断题.

(1) 若函数$f(x)$在(a,b)内单调增加，且在(a,b)内可导，则必有$f'(x)>0$. ( )

(2) 极大值一定比极小值大. ( )

(3) 若函数$f(x)$和$g(x)$在(a,b)内可导，且$f(x)>g(x)$，则在(a,b)内必有$f'(x)>g'(x)$. ( )

(4) 若函数$f(x)$在区间(a,b)内有唯一的驻点，则该点必是极值点. ( )

(5) 极值点一定是驻点. ( )

(6) 曲线$y=\frac{x+2}{x^2-1}$仅有垂直渐近线$x=\pm 1$. ( )

(7) 若点$(x_0,f(x_0))$是拐点，且函数$y=f(x)$的二阶导数存在，则有$f''(x_0)=0$. ( )

(8) 二阶导数为零的点是拐点. ( )

2. 填空题.

(1) 函数$f(x)=\frac{1}{3}x^3-x^2-3x+3$的极大值点是________，极小值是________.

(2) 函数$y=\ln(1+x^2)$在$[-1,2]$上的最大值是________，最小值是________.

(3) 已知曲线$y=x^3+ax^2-9x+4$，在$x=1$处有拐点，则$a=$________；拐点________，在区间________内曲线是凹的，在区间________内曲线是凸的.

(4) 已知函数$y=\frac{1}{x}$在$[1,2]$上满足拉格朗日定理，则$\xi=$________.

(5) 当$-1<x<1$时，函数$y=a\left(\frac{1}{3}x^2-x\right)$是单调减少函数，则$a$的取值范围是______.

3. 求极限.

(1) $\lim\limits_{x\to a}\frac{x^m-a^m}{x^n-a^n}$　　(2) $\lim\limits_{x\to\pi}\frac{\tan 5x}{\sin 3x}$

(3) $\lim\limits_{x\to 1}\frac{x^n-1}{x-1}$　　(4) $\lim\limits_{x\to 0^+}\frac{\ln\tan 7x}{\ln\tan 2x}$

(5) $\lim\limits_{x\to 0}\left(\cot x-\frac{1}{x}\right)$　　(6) $\lim\limits_{x\to +\infty}x\left(\frac{\pi}{2}-\arctan x\right)$

(7) $\lim\limits_{x\to +\infty}\frac{x+\sin x}{x}$　　(8) $\lim\limits_{x\to\infty}\frac{x-\sin x}{x+\sin x}$

4. 求下列函数的单调区间及极值.

(1) $y=x-e^x$　　(2) $y=(x-1)^2(x-2)^3$

(3) $y=\sin x+\cos x$，$x\in[0,2\pi]$　　(4) $y=3-2(x+1)^{\frac{2}{3}}$

5. 试确定下列曲线的凹凸区间及拐点.

(1) $y=x^3-3x^2+1$　　(2) $y=x^2\ln\frac{1}{x}$

6. 一矩形内接于抛物线$y^2=2x$及$x=3$所围成的图形内，求面积最大时，长方形的长与宽.

7. 作出下列函数的图形.

(1) $y=x(x-2)^2$　　(2) $y=1+x^2-\frac{x^4}{2}$

(3) $y=\frac{1}{3}x^3-x$　　(4) $y=x^4-2x^3+1$

【数学小百科】

科学巨人——牛顿

1642 年的圣诞节前夜，在英格兰林肯郡沃尔斯托普的一个农民家庭里，牛顿诞生了. 作为一个早产儿，牛顿出生时只有不到 1.5 公斤重，接生婆和他的双亲都担心他能否活下来. 谁也没有料到，这个看起来微不足道的小东西日后会成为一位震古烁今的科学巨人，并且竟活到了 85 岁的高龄. 少年时的牛顿并不是神童，他资质平常，成绩一般，但非常喜欢读书. 他 19 岁时进入剑桥大学，成为三一学院的减费生，靠为学院做杂务的收入支付学费. 在这里，牛顿开始接触到大量自然科学著作，经常参加学院举办的各类讲座，包括地理、物理、天文和数学. 牛顿的第一任教授伊萨克·巴罗是个博学多才的学者. 这位学者独具慧眼，看出了牛顿具有深邃的观察力、敏锐的理解力. 于是他将自己的数学知识，包括计算曲线图形面积的方法，全部传授给牛顿，并把牛顿引向了近代自然科学的研究领域. 牛顿在数学上很大程度是依靠自学. 他学习了欧几里得的《几何原本》、笛卡儿的《几何学》、沃利斯的《无穷算术》、巴罗的《数学讲义》及韦达等许多数学家的著作. 其中，对牛顿具有决定性影响的要数笛卡儿的《几何学》和沃利斯的《无穷算术》，它们将牛顿迅速引导到当时数学最前沿——解析几何与微积分. 1664 年，牛顿被选为巴罗的助手，第二年，剑桥大学评议会通过了授予牛顿大学学士学位的决定. 他从读数学到研究数学，24 岁时就发现了二项式定理的推广形式，并创造了流数术，即人们现在所说的求导数的方法. 1666 年 6 月由于鼠疫横行，剑桥大学被迫停课，牛顿也回到了家乡沃尔斯托普，继续研究数学和物理问题. 同年，他利用三棱镜试验了将白光分解为有颜色的光，从而最早发现了白光的组成. 他对各色光的折射率进行了精确分析，说明了色散现象的本质. 他指出，由于对不同颜色的光的折射率和反射率不同，才造成物体颜色的差别，从而揭开了颜色之谜. 牛顿还提出了光的“微粒说”，认为光是由微粒形成的，并且走的是最快速的直线运动路径. 他的“微粒说”与后来惠更斯的“波动说”构成了关于光的两大基本理论. 此外，他还制作了牛顿色盘和反射式望远镜等多种光学仪器.

1667 年，牛顿回到剑桥，有两年的时间主要从事光学研究. 1669 年，巴罗把自己卢卡斯讲座的席位让给了牛顿，于是牛顿开始了长达 18 年的大学教授生涯. 他的第一个讲演是关于光学理论的，后来他把它作为一篇论文在英国皇家学会会刊发表，并引起相当大的反响. 他在光学中得到的一些结论引起一些科学家的猛烈攻击. 他看到这些争论觉得非常无聊，就发誓再也不发表任何关于科学的东西了. 也许就是因为这个原因，才引发了后来他与莱布尼茨在微积分发现的优先权上的争论. 牛顿没有及时发表微积分的研究成果，他研究微积分可能比莱布尼茨早一些，但是莱布尼茨所采取的表达形式更加合理. 在 1699 年初，英国皇家学会(牛顿也是其中的一员)的其他成员们指控莱布尼茨剽窃了牛顿的成果，导致争论在 1711 年全面爆发了. 在牛顿和莱布尼茨之间，为争论谁是这门学科的创立者的时候，竟然引起了一场轩然大波，而这种争吵在他们各自的学生、支持者和其他数学家中持续了相当长的一段时间，也造成了欧洲大陆的数学家和英国数学家的长期对立. 这一争论导致英国数学界在很长的一个时期里闭关锁国，囿于民族偏见，过于拘泥在牛顿的“流数术”中停滞不前，最终导致英国数学发展整整落后了欧洲大陆一百年. 微积分的创立是牛顿最卓越的数学成就. 他为解决运动问题，才创立这种和物理概念直接联系的数学理论的，并称之为“流数术”. 它所处理的一些具体问题，如切线问题、求积问题、瞬时速度问题以及函数的极大和极小值问题等，在牛顿之前已经得到了人们的研究. 但牛顿超越了前人，站在了更高的角度，对以往分散的努力加以综合，将自古希腊以来求解无限小问题的各种技巧统一为两类普通的算法——微分和积分，并确立了这两类运算的互逆关系，从而完成了微积分发明中最为关键的一步，为近代科学发展提供了最有效的工具，开辟了数学上的一个新纪元.

牛顿一生科学贡献卓越，他不愧为最伟大的数学家和物理学家. 他对物理问题的洞察力以及运用数学方法处理物理问题的能力，都是空前卓越的. 莱布尼茨说：“在从世界开始到牛顿生活的年代的全部数学中，牛顿的工作超过一半！”他是近代科学的鼻祖，开拓了向科学进军的新纪元.

1727 年 3 月 20 日，伟大的牛顿逝世. 同其他很多杰出的英国人一样，他被埋葬在了伦敦威斯敏斯特教堂. 他的墓碑上镌刻着：让人们欢呼这样一位多么伟大的人类荣耀曾经在世界上存在.

第四章　不 定 积 分

在微分学中，已经讨论了求一个已知函数的导数(或微分)的问题，在科学技术中，常常会遇到与此相反的问题，即已知函数的导数(或微分)，如何求得该函数. 本章将由此引出原函数与不定积分的概念，然后介绍几种基本积分法.

学习目标：

1. 理解原函数与不定积分的概念.
2. 掌握计算不定积分的几种主要方法.

第一节　原函数与不定积分

一、原函数的概念

若已知物体的运动规律为 $s=s(t)$，由微分学知，其运动速度 $v(t)=s'(t)$. 实际问题中我们会遇到相反的问题，即已知物体的运动速度 $v(t)$，而要求物体运动的路程 s 随时间 t 的变化规律 $s=s(t)$.

从数学的观点来看，其实质是：已知函数 $v(t)$，求满足关系式 $s'(t)=v(t)$ 的函数 $s=s(t)$. 这就是求导的逆运算问题.

定义 1　设 $f(x)$ 为定义在某个区间上的函数，若存在函数 $F(x)$，使其在该区间上的任一点，都有

$$F'(x)=f(x) \text{ 或 } \mathrm{d}F(x)=f(x)\mathrm{d}x$$

则称函数 $F(x)$ 是已知函数 $f(x)$ 在该区间上的一个**原函数**.

例如，$(\sin x)'=\cos x$，所以 $\sin x$ 是 $\cos x$ 的原函数. 又设 C 是任意常数，$(\sin x+C)'=\cos x$，所以 $\sin x+C$ 也是 $\cos x$ 的原函数. 由于常数 C 的任意性，所以如果一个函数有原函数，那么它就有无穷多个原函数.

一般地，如果 $F(x)$ 是 $f(x)$ 的一个原函数，那么 $F(x)+C$ 就是 $f(x)$ 的全部原函数(称为**原函数族**).

二、不定积分的概念

定义 2　如果 $F(x)$ 是 $f(x)$ 的一个原函数，那么 $f(x)$ 的全部原函数 $F(x)+C$(C 为任意常数)叫作 $f(x)$ 的**不定积分**，记作 $\int f(x)\mathrm{d}x$，即

$$\int f(x)\mathrm{d}x=F(x)+C$$

其中，符号"$\int$"称为积分号；$f(x)$ 称为**被积函数**；$f(x)\mathrm{d}x$ 称为**被积表达式**；x 称为**积分变量**；C 称为**积分常数**.

求不定积分的方法称为积分法. 今后在不致混淆的情况下，不定积分简称积分.

例 用微分法验证下列各等式.

(1) $\int \frac{1}{x^2}\mathrm{d}x=-\frac{1}{x}+C$ (2) $\int \frac{1}{\sqrt{1-x^2}}\mathrm{d}x=\arcsin x+C$

证 (1) 由于$\left(-\frac{1}{x}+C\right)'=\frac{1}{x^2}$，而且含有任意常数 C，所以

$$\int \frac{1}{x^2}\mathrm{d}x=-\frac{1}{x}+C$$

(2) 由于$(\arcsin x+C)'=\frac{1}{\sqrt{1-x^2}}$，而且含有任意常数 C，所以

$$\int \frac{1}{\sqrt{1-x^2}}\mathrm{d}x=\arcsin x+C$$

三、不定积分的性质

由不定积分的定义可以直接推出下面的性质.

性质 1 $\left[\int f(x)\mathrm{d}x\right]'=f(x)$ 或 $\mathrm{d}\left[\int f(x)\mathrm{d}x\right]=f(x)\mathrm{d}x$

性质 2 $\int F'(x)\mathrm{d}x=F(x)+C$ 或 $\int \mathrm{d}F(x)=F(x)+C$

这就是说，若先积分后微分，则两者的作用互相抵消；若先微分后积分，则应在抵消后加上任意常数 C.

四、不定积分的几何意义

根据不定积分的定义，可知切线斜率为 $2x$ 的全部曲线是

$$y=\int 2x\mathrm{d}x=x^2+C$$

对于任意常数 C 的每一个确定的值 C_0(例如,-1,0,1 等)，就得到函数 $2x$ 的一个确定的原函数，也就是一条确定的抛物线 $y=x^2+C_0$.

因为 C 可取任意实数，所以 $y=x^2+C$ 就表达了无穷多条抛物线，所有这些抛物线构成一个曲线的集合，也叫作曲线族. 如图 4-1 所示，任意两条曲线，同一横坐标 x 对应的纵坐标 y 的差总是一个常数，即曲线族中任一条抛物线可由另一条抛物线沿 y 轴方向平移而得到.

一般地，若 $F(x)$ 是 $f(x)$ 的一个原函数，则 $f(x)$ 的不定积分

$$\int f(x)\mathrm{d}x=F(x)+C$$

是 $f(x)$ 的原函数族. C 每取一个值 C_0，就确定 $f(x)$ 的一个原函数，在直角坐标系中就确定一条曲线 $y=F(x)+C_0$，这条曲线叫作函数 $f(x)$ 的一条积分曲线. 所有这些积分曲线构成一个曲线族，称为 $f(x)$ 的积分曲线族. 积分曲线族中每一条曲线上相同横坐标对应点处的切线互相平行，如图 4-2 所示.

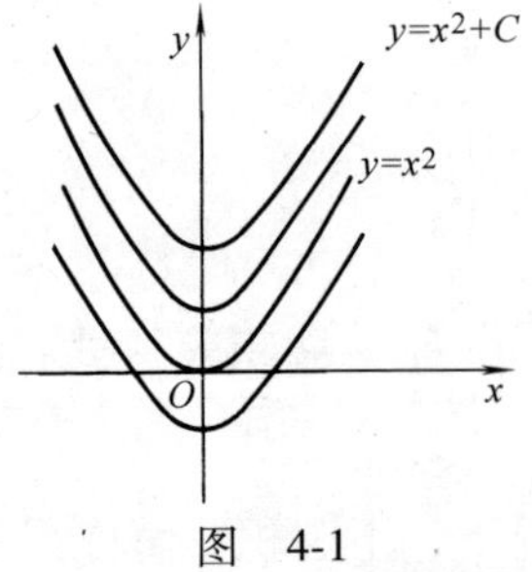

图 4-1

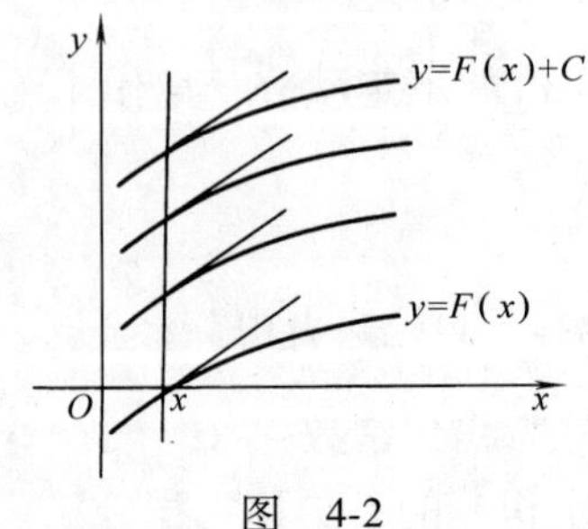

图 4-2

习题　4-1

1. 写出下列各式的结果.

(1) $\int d[\sin(2x+3)]$　　(2) $d\left[\int \frac{1}{1+x^2}dx\right]$

(3) $\int (x\sin x)'dx$　　(4) $\left[\int e^x(\cos x-\sin x)dx\right]'$

2. 验证下列等式.

(1) $\int \frac{x}{\sqrt{1+x^2}}dx=\sqrt{1+x^2}+C$

(2) $\int \cos^2 x dx=\frac{x}{2}+\frac{1}{4}\sin 2x+C$

(3) $\int \sqrt{a^2-x^2}\,dx=\frac{a^2}{2}\arcsin\frac{x}{a}+\frac{x}{2}\sqrt{a^2-x^2}+C$

(4) $\int \frac{x}{\sqrt{a^2+x^2}}dx=\sqrt{a^2+x^2}+C$

3. 某曲线在任一点处切线斜率等于该点的横坐标的平方，且通过点(0,1)，求此曲线方程.

4. 设物体的运动速度为 $v=\cos t$（v 以 m/s 为单位,t 以 s 为单位），当 $t=\frac{\pi}{2}$s 时，物体经过的路程 $s=10$m，求物体的运动方程.

第二节　积分的基本公式和法则　直接积分法

一、积分基本公式

由于求不定积分是求微分的逆运算，因此可以从导数的基本公式得到相应的基本积分公式，见表 4-1.

表 4-1　基本积分公式

序号	$F'(x)=f(x)$	$\int f(x)dx=F(x)+C$
1	$(kx)'=k$（k 为常数）	$\int kdx=kx+C$
2	$\left(\frac{x^{\alpha+1}}{\alpha+1}\right)'=x^{\alpha}(\alpha\neq-1)$	$\int x^{\alpha}dx=\frac{x^{\alpha+1}}{\alpha+1}+C$
3	$(e^x)'=e^x$	$\int e^x dx=e^x+C$
4	$\left(\frac{a^x}{\ln a}\right)'=a^x$	$\int a^x dx=\frac{a^x}{\ln a}+C$
5	$(\ln\|x\|)'=\frac{1}{x}$ ①	$\int \frac{1}{x}dx=\ln\|x\|+C$
6	$(-\cos x)'=\sin x$	$\int \sin x dx=-\cos x+C$
7	$(\sin x)'=\cos x$	$\int \cos x dx=\sin x+C$
8	$(\tan x)'=\sec^2 x$	$\int \sec^2 x dx=\tan x+C$
9	$(-\cot x)'=\csc^2 x$	$\int \csc^2 x dx=-\cot x+C$

（续）

序号	$F'(x)=f(x)$	$\int f(x)\mathrm{d}x=F(x)+C$
10	$(\sec x)'=\sec x\tan x$	$\int \sec x\tan x\mathrm{d}x=\sec x+C$
11	$(-\csc x)'=\csc x\cot x$	$\int \csc x\cot x\mathrm{d}x=-\csc x+C$
12	$(\arcsin x)'=\frac{1}{\sqrt{1-x^2}}$	$\int \frac{1}{\sqrt{1-x^2}}\mathrm{d}x=\arcsin x+C$
13	$(\arctan x)'=\frac{1}{1+x^2}$	$\int \frac{1}{1+x^2}\mathrm{d}x=\arctan x+C$

① 当$x>0$时，$(\ln x)'=\frac{1}{x}$；当$x<0$时，$[\ln(-x)]'=\frac{1}{x}$.

上面13个公式是求不定积分的基础，读者必须熟记.

例1 求下列不定积分.

(1) $\int \frac{1}{x^3}\mathrm{d}x$ (2) $\int x^2\sqrt{x}\,\mathrm{d}x$

解 (1) $\int \frac{1}{x^3}\mathrm{d}x=\int x^{-3}\mathrm{d}x=\frac{x^{-3+1}}{-3+1}+C=-\frac{1}{2x^2}+C$

(2) $\int x^2\sqrt{x}\,\mathrm{d}x=\int x^{\frac{5}{2}}\mathrm{d}x=\frac{x^{\frac{5}{2}+1}}{\frac{5}{2}+1}+C=\frac{2}{7}x^{\frac{7}{2}}+C=\frac{2}{7}x^3\sqrt{x}+C$

上面的例子表明，对某些分式或根式函数求积分，可先把它们化为x^α的形式，然后用幂函数的积分公式求积分.

二、积分的基本运算法则

法则1 非零常数因子可提到积分号外，即

$$\int kf(x)\mathrm{d}x=k\int f(x)\mathrm{d}x\,(k\neq 0)$$

法则2 两个函数的代数和积分，等于各函数不定积分的代数和，即

$$\int [f(x)\pm g(x)]\mathrm{d}x=\int f(x)\mathrm{d}x\pm\int g(x)\mathrm{d}x$$

法则2可以推广到有限个函数的情形.

利用基本积分公式和积分的运算法则可求得一些函数的积分.

例2 求下列不定积分.

(1) $\int (x^2+3^x)\mathrm{d}x$ (2) $\int (2\cos x-3\sin x)\mathrm{d}x$

解 (1) $\int (x^2+3^x)\mathrm{d}x=\int x^2\mathrm{d}x+\int 3^x\mathrm{d}x=\frac{x^{2+1}}{2+1}+\frac{3^x}{\ln 3}+C$

$=\frac{1}{3}x^3+\frac{3^x}{\ln 3}+C$

(2) $\int (2\cos x-3\sin x)\mathrm{d}x=2\int \cos x\mathrm{d}x-3\int \sin x\mathrm{d}x=2\sin x-3(-\cos x)+C$

$=2\sin x+3\cos x+C$

注意：逐项积分后，每个积分结果中都含有一个任意常数，由于任意常数之和仍是任意

常数，因此只要在末尾加一个积分常数 C 就可以了，以后仿此.

三、直接积分法

在求积分问题中，有时可直接或经过适当的恒等变形后按积分的基本公式和两条运算法则求出结果，这种积分方法叫作直接积分法.

例 3　求 $\int 3^x e^x dx$.

解　$$\int 3^x e^x dx = \int (3e)^x dx = \frac{(3e)^x}{\ln(3e)} + C = \frac{3^x e^x}{1+\ln 3} + C$$

例 4　求 $\int \frac{1+x+x^2}{x(1+x^2)} dx$.

解　$$\int \frac{1+x+x^2}{x(1+x^2)} dx = \int \frac{(1+x^2)+x}{x(1+x^2)} dx = \int \frac{1}{x} dx + \int \frac{1}{1+x^2} dx$$
$$= \ln|x| + \arctan x + C$$

例 5　求 $\int \frac{2x^2+1}{x^2(x^2+1)} dx$.

解　$$\int \frac{2x^2+1}{x^2(x^2+1)} dx = \int \frac{x^2+(x^2+1)}{x^2(x^2+1)} dx$$
$$= \int \frac{1}{x^2+1} dx + \int \frac{1}{x^2} dx = \arctan x - \frac{1}{x} + C$$

例 6　求 $\int \frac{1}{\sin^2 x \cos^2 x} dx$.

解　$$\int \frac{1}{\sin^2 x \cos^2 x} dx = \int \frac{\sin^2 x + \cos^2 x}{\sin^2 x \cos^2 x} dx = \int \frac{1}{\cos^2 x} dx + \int \frac{1}{\sin^2 x} dx$$
$$= \tan x - \cot x + C$$

例 7　求 $\int \frac{\cos 2x}{\sin x - \cos x} dx$.

解　$$\int \frac{\cos 2x}{\sin x - \cos x} dx = \int \frac{\cos^2 x - \sin^2 x}{\sin x - \cos x} dx = -\int (\sin x + \cos x) dx$$
$$= \cos x - \sin x + C$$

例 8　求 $\int \cos^2 \frac{x}{2} dx$.

解　$$\int \cos^2 \frac{x}{2} dx = \int \frac{1}{2}(\cos x + 1) dx = \frac{1}{2}\left[\int \cos x dx + \int dx\right]$$
$$= \frac{1}{2}[(\sin x) + x] + C = \frac{1}{2}(x + \sin x) + C$$

习题　4-2

1. 求下列各不定积分.

(1) $\int (e^x+1) dx$　　(2) $\int a^x e^x dx$

(3) $\int \left(\frac{1}{x} - 2\cos x\right) dx$　　(4) $\int \frac{x^3-27}{x-3} dx$

(5) $\int(2^x+\sec^2x)\mathrm{d}x$　　(6) $\int\left(\frac{1}{x}+3^x+\frac{1}{\cos^2x}-\mathrm{e}^x\right)\mathrm{d}x$

(7) $\int\sec x(\sec x-\tan x)\mathrm{d}x$　　(8) $\int\frac{x^3+x+2}{x^2+1}\mathrm{d}x$

(9) $\int\left(\frac{x+1}{x}\right)^2\mathrm{d}x$　　(10) $\int\frac{x-4}{\sqrt{x}+2}\mathrm{d}x$

(11) $\int\sin^2\frac{x}{2}\mathrm{d}x$　　(12) $\int\frac{\sin2x}{\sin x}\mathrm{d}x$

(13) $\int\frac{\cos2x}{\sin^2x}\mathrm{d}x$　　(14) $\int\frac{\cos2x}{\cos^2x\sin^2x}\mathrm{d}x$

(15) $\int\tan^2x\mathrm{d}x$　　(16) $\int\csc x(\csc x-\cot x)\mathrm{d}x$

(17) $\int\frac{\mathrm{d}x}{1+\cos2x}$

2. 已知某函数导数是 $\sin x+\cos x$，又知当 $x=\frac{\pi}{2}$ 时函数的值等于 2，求此函数.

第三节　换元积分法

用直接积分法所能计算的积分是非常有限的，因此，有必要进一步研究不定积分的求法. 本节将介绍第一类换元积分法和第二类换元积分法.

一、第一类换元积分法

第一类换元积分法是与微分学中的复合函数求导法则（或微分形式的不变性）相对应的积分方法. 为了说明这种方法，先看下面的例子.

例 1　求 $\int\mathrm{e}^{2x}\mathrm{d}x$.

解　在基本积分公式里虽有 $\int\mathrm{e}^x\mathrm{d}x=\mathrm{e}^x+C$，但这里不能直接应用，这是因为被积函数 e^{2x} 是一个复合函数. 为了套用这个积分公式，先把原积分作下列变形，然后进行计算.

$$\int\mathrm{e}^{2x}\mathrm{d}x=\frac{1}{2}\int\mathrm{e}^{2x}\mathrm{d}2x\xlongequal{\text{令 }2x=u}\frac{1}{2}\int\mathrm{e}^u\mathrm{d}u=\frac{1}{2}\mathrm{e}^u+C\xlongequal{\text{回代 }u=2x}\frac{1}{2}\mathrm{e}^{2x}+C$$

验证：$\left(\frac{1}{2}\mathrm{e}^{2x}+C\right)'=\mathrm{e}^{2x}$，这说明上面的方法是正确的.

例 1 的解法特点是引入新变量 $u=2x$，从而把原积分化为积分变量为 u 的积分，再用基本积分公式求解. 它就是利用 $\int\mathrm{e}^x\mathrm{d}x=\mathrm{e}^x+C$ 得

$$\int\mathrm{e}^u\mathrm{d}u=\mathrm{e}^u+C$$

一般地，若 $u=\varphi(x)$ 与 $\int f(x)\mathrm{d}x=F(x)+C$ 成立，那么当 u 是 x 的任一可导函数时，式子

$$\int f(u)\mathrm{d}u=F(u)+C$$

也一定成立.

这个结论表明：在基本积分公式中，当自变量 x 换成任一可导函数 $u=\varphi(x)$ 时，公式仍成立. 这就大大扩大了基本积分公式的使用范围.

一般地，若不定积分的被积表达式能写成

$$\int f[\varphi(x)]\varphi(x)'\mathrm{d}x=\int f[\varphi(x)]\mathrm{d}\varphi(x)$$

的形式，则令 $\varphi(x)=u$，若积分 $\int f(u)\mathrm{d}u=F(u)+C$ 容易用直接积分法求得，则按下述方法计算不定积分：

$$\begin{aligned}\int f[\varphi(x)]\varphi'(x)\mathrm{d}x&=\int f[\varphi(x)]\mathrm{d}\varphi(x)\xlongequal{\text{令 }\varphi(x)=u}\int f(u)\mathrm{d}u\\&=F(u)+C\xlongequal{\text{回代 }u=\varphi(x)}F[\varphi(x)]+C\end{aligned}$$

这种积分方法叫作**第一类换元积分法**.

例 2　求 $\int(3x-1)^9\mathrm{d}x$.

解　因为 $3\mathrm{d}x=\mathrm{d}(3x-1)$，所以

$$\begin{aligned}\int(3x-1)^9\mathrm{d}x&=\frac{1}{3}\int(3x-1)^9\mathrm{d}(3x-1)\xlongequal{\text{令 }3x-1=u}\frac{1}{3}\int u^9\mathrm{d}u\\&=\frac{1}{30}u^{10}+C\xlongequal{\text{回代 }u=3x-1}\frac{1}{30}(3x-1)^{10}+C\end{aligned}$$

从上例可以看出，求积分经常需要用到下面两个微分性质.

(1) $\mathrm{d}[a\varphi(x)]=a\mathrm{d}\varphi(x)$，即常系数可以从微分号内移出移进. 例如

$$3\mathrm{d}x=\mathrm{d}(3x),\quad \mathrm{d}(-x)=-\mathrm{d}x,\quad \mathrm{d}\left(\frac{1}{4}x^2\right)=\frac{1}{4}\mathrm{d}(x^2)$$

(2) $\mathrm{d}[\varphi(x)]=\mathrm{d}[\varphi(x)\pm b]$，即微分号内的函数可加(或减)一个常数. 例如

$$\mathrm{d}x=\mathrm{d}(x+2),\quad \mathrm{d}\sqrt{x}=\mathrm{d}(\sqrt{x}\pm\sqrt{5})$$

例 3　求 $\int\frac{2x+3}{x^2+3x+4}\mathrm{d}x$.

解

$$\begin{aligned}\int\frac{2x+3}{x^2+3x+4}\mathrm{d}x&=\int\frac{1}{x^2+3x+4}\mathrm{d}(x^2+3x+4)\xlongequal{\text{令 }u=x^2+3x+4}\int\frac{1}{u}\mathrm{d}u\\&=\ln|u|+C\xlongequal{\text{回代 }u=x^2+3x+4}\ln|x^2+3x+4|+C\end{aligned}$$

例 4　求 $\int x\sqrt{1-x^2}\,\mathrm{d}x$.

解

$$\begin{aligned}\int x\sqrt{1-x^2}\,\mathrm{d}x&=-\frac{1}{2}\int\sqrt{1-x^2}\,\mathrm{d}(1-x^2)\xlongequal{\text{令 }u=1-x^2}-\frac{1}{2}\int u^{\frac{1}{2}}\mathrm{d}u\\&=-\frac{1}{3}u^{\frac{3}{2}}+C\xlongequal{\text{回代 }u=1-x^2}-\frac{1}{3}(1-x^2)^{\frac{3}{2}}+C\\&=-\frac{1}{3}(1-x^2)\sqrt{1-x^2}+C\end{aligned}$$

例 5　求 $\int\tan x\mathrm{d}x$.

解

$$\int\tan x\mathrm{d}x=\int\frac{\sin x}{\cos x}\mathrm{d}x=-\int\frac{1}{\cos x}\mathrm{d}(\cos x)\xlongequal{\text{令 }\cos x=u}-\int\frac{1}{u}\mathrm{d}u$$

$$=-\ln|u|+C \xlongequal{\text{回代 } u=\cos x} -\ln|\cos x|+C$$

同理可得

$$\int \cot x\mathrm{d}x=\ln|\sin x|+C$$

例 6 求 $\int \frac{1}{a^2+x^2}\mathrm{d}x$.

解 $\int \frac{1}{a^2+x^2}\mathrm{d}x=\frac{1}{a}\int \frac{1}{1+\left(\frac{x}{a}\right)^2}\mathrm{d}\left(\frac{x}{a}\right) \xlongequal{\text{令}\frac{x}{a}=u} \frac{1}{a}\int \frac{1}{1+u^2}\mathrm{d}u$

$$=\frac{1}{a}\arctan u+C \xlongequal{\text{回代 } u=\frac{x}{a}} \frac{1}{a}\arctan\frac{x}{a}+C$$

由上面例题可以看出，用第一类换元积分法计算积分时，关键是被积式能分成两部分，一部分为 $\varphi(x)$ 的函数 $f[\varphi(x)]$，另一部分为 $\mathrm{d}\varphi(x)$. 当运算熟练后，中间变量 $\varphi(x)=u$ 可不必写出. 第一类换元积分法可表述为

$$\int f[\varphi(x)]\varphi'(x)\mathrm{d}x \xlongequal{\text{凑微分}} \int f[\varphi(x)]\mathrm{d}\varphi(x) \xlongequal{\text{视 }\varphi(x)\text{ 为中间变量}} F[\varphi(x)]+C$$

即在凑微分之后直接得出结果，故第一类换元积分法又叫作**凑微分法**.

在凑微分时，常要用到下列的微分式子，熟悉它们有助于求不定积分.

$$\mathrm{d}x=\frac{1}{a}\mathrm{d}(ax+b) \qquad x\mathrm{d}x=\frac{1}{2}\mathrm{d}(x^2)$$

$$\frac{1}{x}\mathrm{d}x=\mathrm{d}(\ln|x|) \qquad \frac{1}{x^2}\mathrm{d}x=-\mathrm{d}\left(\frac{1}{x}\right)$$

$$\frac{1}{1+x^2}\mathrm{d}x=\mathrm{d}(\arctan x) \qquad \frac{1}{\sqrt{1-x^2}}\mathrm{d}x=\mathrm{d}(\arcsin x)$$

$$\mathrm{e}^x\mathrm{d}x=\mathrm{d}(\mathrm{e}^x) \qquad \sin x\mathrm{d}x=-\mathrm{d}(\cos x)$$

$$\cos x\mathrm{d}x=\mathrm{d}(\sin x) \qquad \sec^2 x\mathrm{d}x=\mathrm{d}(\tan x)$$

$$\csc^2 x\mathrm{d}x=-\mathrm{d}(\cot x) \qquad \sec x\tan x\mathrm{d}x=\mathrm{d}(\sec x)$$

$$\csc x\cot x\mathrm{d}x=-\mathrm{d}(\csc x)$$

微分式子绝非只有这些，积分时要具体问题具体分析. 只有在熟记基本积分公式和一些常用微分式子的基础上，通过大量的练习来积累经验，才能逐步掌握这一重要的积分法.

例 7 求 $\int \frac{\ln x}{x}\mathrm{d}x$.

解 $\int \frac{\ln x}{x}\mathrm{d}x \xlongequal{\text{拆成}} \int \frac{1}{x}\ln x\mathrm{d}x \xlongequal{\text{凑微分}} \int \ln x\mathrm{d}(\ln x) \xlongequal{\text{视 }\ln x\text{ 为中间变量}} \frac{1}{2}\ln^2 x+C$

例 8 求 $\int \frac{\sin(\sqrt{x}+1)}{\sqrt{x}}\mathrm{d}x$.

解 $\int \frac{\sin(\sqrt{x}+1)}{\sqrt{x}}\mathrm{d}x \xlongequal{\text{拆成}} 2\int \frac{1}{2\sqrt{x}}\sin(\sqrt{x}+1)\mathrm{d}x \xlongequal{\text{凑微分}} 2\int \sin(\sqrt{x}+1)\mathrm{d}(\sqrt{x}+1)$

$$\xlongequal{\text{视}\sqrt{x}+1\text{ 为中间变量}} -2\cos(\sqrt{x}+1)+C$$

例 9 求$\int \frac{1}{x^2-a^2}dx$.

解 $\int \frac{1}{x^2-a^2}dx = \int \frac{1}{(x+a)(x-a)}dx = \frac{1}{2a}\int \left(\frac{1}{x-a}-\frac{1}{x+a}\right)dx$

$$=\frac{1}{2a}\left[\int \frac{d(x-a)}{x-a}-\int \frac{d(x+a)}{x+a}\right]=\frac{1}{2a}\ln\left|\frac{x-a}{x+a}\right|+C$$

例 10 求$\int \sec x dx$.

解 $\int \sec x dx = \int \frac{1}{\cos x}dx = \int \frac{\cos x}{\cos^2 x}dx = \int \frac{d(\sin x)}{1-\sin^2 x}$（利用例 9 的结果）

$$=\frac{1}{2}\ln\left|\frac{1+\sin x}{1-\sin x}\right|+C=\frac{1}{2}\ln\frac{(1+\sin x)^2}{\cos^2 x}+C$$

$$=\ln\left|\frac{1+\sin x}{\cos x}\right|+C=\ln|\sec x+\tan x|+C$$

例 11 求$\int \cos^3 x dx$.

解 $\int \cos^3 x dx = \int \cos^2 x\cos x dx$

$$=\int (1-\sin^2 x)d(\sin x)=\sin x-\frac{1}{3}\sin^3 x+C$$

例 12 求$\int \cos^2 x dx$.

解 $\int \cos^2 x dx = \int \frac{1+\cos 2x}{2}dx$

$$=\frac{1}{2}x+\frac{1}{4}\int \cos 2x d(2x)=\frac{1}{2}x+\frac{1}{4}\sin 2x+C$$

例 13 求$\int \sec^4 x dx$.

解 $\int \sec^4 x dx = \int \sec^2 x d(\tan x) = \int (1+\tan^2 x)d(\tan x)$

$$=\tan x+\frac{1}{3}\tan^3 x+C$$

二、第二类换元积分法

在上述例题中，都是选取 $u=\varphi(x)$ 进行代换的，这时中间变量 u 是变量 x 的函数. 但也有相反的情形，需要选取 x 为中间变量，用 $x=\psi(t)$ 进行代换，这时变量 x 是变量 t 的函数，即

$$\int f(x)dx \xlongequal{x=\psi(t)} \int f[\psi(t)]\psi'(t)dt = F(t)+C \xlongequal{\text{回代}} F[\psi^{-1}(x)]+C$$

这种求不定积分的方法叫作**第二类换元积分法**.

例 14 求$\int \frac{dx}{1+\sqrt{x}}$.

解 这个积分不易用前面的方法计算，困难在于被积式的分母含根式，要先作代换去掉根号，为此设$\sqrt{x}=t>0$，即 $x=t^2$，则 $dx=2tdt$，于是

$$\int\frac{\mathrm{d}x}{1+\sqrt{x}}=\int\frac{2t\mathrm{d}t}{1+t}=2\int\frac{1+t-1}{1+t}\mathrm{d}t=2\int\left(1-\frac{1}{1+t}\right)\mathrm{d}t$$

$$=2t-2\ln|1+t|+C\xlongequal{\text{回代 } t=\sqrt{x}}2\sqrt{x}-2\ln(1+\sqrt{x})+C$$

$$=2[\sqrt{x}-\ln(1+\sqrt{x})]+C$$

例 15 求 $\int\sqrt{a^2-x^2}\,\mathrm{d}x\ (a>0)$.

解 被积式中含有$\sqrt{a^2-x^2}$，同上例一样，设法去掉根号，此时，如果能找一种变量替代式，使 a^2-x^2 能化成一项的平方，而经变换后又不含根号，这样，就可使被积式不含根号. 利用三角函数公式 $1-\sin^2t=\cos^2t$，可设 $x=a\sin t\ \left(-\frac{\pi}{2}<t<\frac{\pi}{2}\right)$，则有 $\mathrm{d}x=a\cos t\mathrm{d}t$，而 $\sqrt{a^2-x^2}=\sqrt{a^2-a^2\sin^2t}=a\cos t$，于是

$$\int\sqrt{a^2-x^2}\,\mathrm{d}x=a^2\int\cos^2t\mathrm{d}t=a^2\int\frac{1+\cos2t}{2}\mathrm{d}t=\frac{a^2}{2}\left(t+\frac{1}{2}\sin2t\right)+C$$

$$=\frac{a^2}{2}t+\frac{a^2}{2}\sin t\cos t+C$$

因为 $x=a\sin t$，所以

$$t=\arcsin\frac{x}{a},\quad \cos t=\sqrt{1-\sin^2t}=\sqrt{1-\left(\frac{x}{a}\right)^2}=\frac{\sqrt{a^2-x^2}}{a}$$

于是所求积分为

$$\int\sqrt{a^2-x^2}\,\mathrm{d}x=\frac{a^2}{2}\arcsin\frac{x}{a}+\frac{x}{a}\sqrt{a^2-x^2}+C$$

为了使所得结果用原变量 x 来表示，较简便的方法是作辅助三角形，如图4-3所示，于是有

$$\cos t=\frac{\sqrt{a^2-x^2}}{a}$$

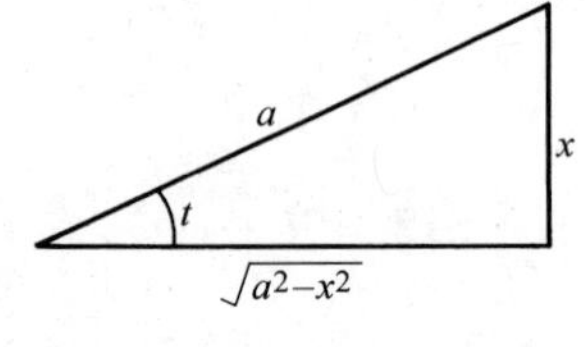

图 4-3

例 16 求 $\int\frac{\mathrm{d}x}{\sqrt{x^2+a^2}}\ (a>0)$.

解 和上例类似，可以利用三角公式来消去根式. 令 $x=a\tan t$，则

$$\sqrt{x^2+a^2}=\sqrt{a^2\tan^2t+a^2}=a\sqrt{1+\tan^2t}=a\sec t$$

$$\mathrm{d}x=a\sec^2t\mathrm{d}t$$

于是所求积分为

$$\int\frac{\mathrm{d}x}{\sqrt{x^2+a^2}}=\int\frac{a\sec^2t\mathrm{d}t}{a\sec t}=\int\sec t\mathrm{d}t$$

由本节例 11 的结果，得

$$\int\frac{\mathrm{d}x}{\sqrt{x^2+a^2}}=\ln|\sec t+\tan t|+C$$

为了使所得结果用原变量来表示，可以根据 $\tan t=\frac{x}{a}$作辅助直角三角形，如图 4-4 所示，于是有

$$\sec t=\frac{\sqrt{x^2+a^2}}{a}$$

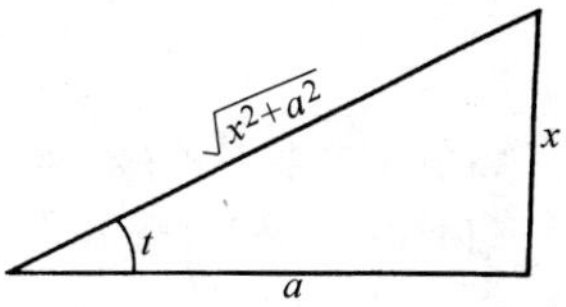

图　4-4

因此

$$\int\frac{\mathrm{d}x}{\sqrt{x^2+a^2}}=\ln\left|\frac{\sqrt{x^2+a^2}}{a}+\frac{x}{a}\right|+C_1$$

$$=\ln\left(\sqrt{x^2+a^2}+x\right)+C_1-\ln a$$

$$=\ln\left(\sqrt{x^2+a^2}+x\right)+C$$

其中，$C=C_1-\ln a$.

和上例类似，利用三角公式消去根号，可以求出

$$\int\frac{1}{\sqrt{x^2-a^2}}\mathrm{d}x\xlongequal{\text{令 }x=a\sec t}\ln\left|x+\sqrt{x^2-a^2}\right|+C$$

当被积函数含有根式$\sqrt{a^2-x^2}$或$\sqrt{x^2\pm a^2}$时，可将被积式作如下变换：

（1）当含有$\sqrt{a^2-x^2}$时，可令 $x=a\sin t$；

（2）当含有$\sqrt{x^2+a^2}$时，可令 $x=a\tan t$；

（3）当含有$\sqrt{x^2-a^2}$时，可令 $x=a\sec t$.

以上三种变换叫作三角代换.

例 17　求$\int\frac{1}{\mathrm{e}^x+1}\mathrm{d}x$.

解法一　用第二类换元法

令 $\mathrm{e}^x=t$，即 $x=\ln t$，则 $\mathrm{d}x=\frac{1}{t}\mathrm{d}t$，于是

$$\int\frac{1}{\mathrm{e}^x+1}\mathrm{d}x=\int\frac{1}{t(t+1)}\mathrm{d}t=\int\frac{(t+1)-t}{t(t+1)}\mathrm{d}t=\int\left(\frac{1}{t}-\frac{1}{1+t}\right)\mathrm{d}t$$

$$=\ln|t|-\ln|1+t|+C\xlongequal{\text{回代 }t=\mathrm{e}^x}x-\ln(1+\mathrm{e}^x)+C$$

解法二　用第一类换元法

$$\int\frac{1}{\mathrm{e}^x+1}\mathrm{d}x=\int\frac{(\mathrm{e}^x+1)-\mathrm{e}^x}{\mathrm{e}^x+1}\mathrm{d}x=\int\left(1-\frac{\mathrm{e}^x}{\mathrm{e}^x+1}\right)\mathrm{d}x$$

$$=x-\int\frac{\mathrm{d}(\mathrm{e}^x+1)}{\mathrm{e}^x+1}=x-\ln(\mathrm{e}^x+1)+C$$

应用换元积分法时，选择适当的变量代换是个关键，如果选择不当，就可能引起计算上的麻烦或者求不出积分. 但是究竟如何选择代换，应由被积函数的具体情况而定.

在本节例题中，有一些积分是以后经常会遇到的，所以也作为基本公式列出，见表 4-2.

表 4-2　常用积分公式

$\int\tan x\mathrm{d}x=-\ln\lvert\cos x\rvert+C$	$\int\cot x\mathrm{d}x=\ln\lvert\sin x\rvert+C$
$\int\sec x\mathrm{d}x=\ln\lvert\sec x+\tan x\rvert+C$	$\int\csc x\mathrm{d}x=\ln\lvert\csc x-\cot x\rvert+C$
$\int\frac{\mathrm{d}x}{a^2+x^2}=\frac{1}{a}\arctan\frac{x}{a}+C$	$\int\frac{\mathrm{d}x}{x^2-a^2}=\frac{1}{2a}\ln\left\lvert\frac{x-a}{x+a}\right\rvert+C$
$\int\frac{\mathrm{d}x}{\sqrt{a^2-x^2}}=\arcsin\frac{x}{a}+C$	$\int\frac{\mathrm{d}x}{\sqrt{x^2\pm a^2}}=\ln\lvert x+\sqrt{x^2\pm a^2}\rvert+C$

习题 4-3

1. 在下列各等式右端的括号内，填入适当的常数，使等式成立.

(1) $\mathrm{d}x=(\quad)\mathrm{d}(2x+3)$　　(2) $x\mathrm{d}x=(\quad)\mathrm{d}(x^2)$

(3) $\mathrm{e}^{3x}\mathrm{d}x=(\quad)\mathrm{d}(\mathrm{e}^{3x})$　　(4) $\cos2x\mathrm{d}x=(\quad)\mathrm{d}(\sin2x)$

(5) $\dfrac{1}{x}\mathrm{d}x=(\quad)\mathrm{d}(1-\ln|x|)$

(6) $\dfrac{1}{1+4x^2}\mathrm{d}x=(\quad)\mathrm{d}(\arctan2x)$

(7) $\dfrac{1}{\sqrt{1-4x^2}}\mathrm{d}x=(\quad)\mathrm{d}(\arcsin2x)$

(8) $x\sin x^2\mathrm{d}x=(\quad)\mathrm{d}(\cos x^2)$

2. 求下列各不定积分.

(1) $\int\cos4x\mathrm{d}x$　　(2) $\int\sin\dfrac{t}{5}\mathrm{d}t$

(3) $\int(x^2-2x+3)^{10}(x-1)\mathrm{d}x$　　(4) $\int3^{2x}\mathrm{d}x$

(5) $\int\dfrac{1}{\sqrt{1+2x}}\mathrm{d}x$　　(6) $\int(2x-3)^{15}\mathrm{d}x$

(7) $\int x\sqrt{1+x^2}\mathrm{d}x$　　(8) $\int\dfrac{x}{(1-x^2)^{101}}\mathrm{d}x$

(9) $\int\sin(2x-3)\mathrm{d}x$　　(10) $\int\dfrac{\cos x}{a+b\sin x}\mathrm{d}x$

(11) $\int\mathrm{e}^{\sin x}\cos x\mathrm{d}x$　　(12) $\int\dfrac{\sin x}{\cos^2x}\mathrm{d}x$

(13) $\int\sin^3x\mathrm{d}x$　　(14) $\int\csc^3x\cos x\mathrm{d}x$

(15) $\int\dfrac{1}{x}\ln^3x\mathrm{d}x$　　(16) $\int\dfrac{1}{x\sqrt{1+\ln x}}\mathrm{d}x$

(17) $\int\mathrm{e}^{-x}\mathrm{d}x$　　(18) $\int\mathrm{e}^{\tan x}\sec^2x\mathrm{d}x$

(19) $\int\dfrac{\cos\sqrt{x}}{\sqrt{x}}\mathrm{d}x$　　(20) $\int\dfrac{\mathrm{e}^{\sqrt{x}}}{\sqrt{x}}\mathrm{d}x$

(21) $\int\sqrt{2+\mathrm{e}^x}\,\mathrm{e}^x\mathrm{d}x$　　(22) $\int x^2\sin x^3\mathrm{d}x$

(23) $\int x\cos(a+bx^2)\mathrm{d}x$　　(24) $\int x^2a^{2x^3}\mathrm{d}x$

(25) $\int\dfrac{\mathrm{e}^{-\frac{1}{x}}}{x^2}\mathrm{d}x$　　(26) $\int\cos^32x\mathrm{d}x$

(27) $\int\dfrac{\cot x}{\ln\sin x}\mathrm{d}x$　　(28) $\int\dfrac{\mathrm{d}x}{\cos^2(a-bx)}$

(29) $\int\sin4x\cos5x\mathrm{d}x$　　(30) $\int\dfrac{\sin^4x}{\cos^2x}\mathrm{d}x$

(31) $\int\dfrac{\mathrm{d}x}{x\sqrt{1-\ln^2x}}$　　(32) $\int\dfrac{x\mathrm{d}x}{\sin^2(1+x^2)}$

3. 求下列各不定积分.

(1) $\int \frac{1}{1+\sqrt[3]{x+1}}\mathrm{d}x$　　(2) $\int \frac{\mathrm{d}x}{\sqrt{x}+\sqrt[3]{x}}$

(3) $\int \frac{\mathrm{d}x}{x\sqrt{x+1}}$　　(4) $\int \frac{\mathrm{d}x}{\sqrt{1+\mathrm{e}^x}}$

(5) $\int \frac{1}{\sqrt{9x^2-4}}\mathrm{d}x$　　(6) $\int \frac{1}{x\sqrt{x^2-1}}\mathrm{d}x$

(7) $\int \sqrt{1-4x^2}\,\mathrm{d}x$　　(8) $\int \frac{x^2}{\sqrt{9-x^2}}\mathrm{d}x$

第四节　分部积分法

换元积分法是在复合函数求导法则的基础上得到的. 下面利用两个函数乘积的求导法则，来推得另一个求积分的基本方法——分部积分法.

设函数 $u=u(x)$ 及 $v=v(x)$ 具有连续导数. 那么，将两个函数乘积的导数公式 $(uv)'=u'v+uv'$ 移项，得 $uv'=(uv)'-u'v$，对这个等式两边求积分，得

$$\int uv'\mathrm{d}x=uv-\int u'v\mathrm{d}x \tag{1}$$

公式(1)称为**分部积分公式**. 如果求 $\int uv'\mathrm{d}x$ 有困难，而求 $\int u'v\mathrm{d}x$ 比较容易，分部积分公式就可以起到化难为易的作用.

为简便起见，也可把公式(1)写成下面的形式：

$$\int u\mathrm{d}v=uv-\int v\mathrm{d}u \tag{2}$$

现在通过例子说明如何运用这个重要公式.

例 1　求 $\int x\cos x\mathrm{d}x$.

解　这个积分用换元积分法不易求得结果，现在试用分部积分法来求它. 如果设 $u=x$，$\mathrm{d}v=\cos x\mathrm{d}x=\mathrm{d}(\sin x)$，则 $v=\sin x$，代入分部积分公式(2)，得

$$\int x\cos x\mathrm{d}x=\int x\mathrm{d}(\sin x)=x\sin x-\int \sin x\mathrm{d}x$$

而 $\int v\mathrm{d}u=\int \sin x\mathrm{d}x$ 容易积出，所以

$$\int x\cos x\mathrm{d}x=x\sin x+\cos x+C$$

求这个积分时，如果设 $u=\cos x$，$\mathrm{d}v=x\mathrm{d}x$，那么 $\mathrm{d}u=-\sin x\mathrm{d}x$，$v=\frac{x^2}{2}$，于是

$$\int x\cos x\mathrm{d}x=\frac{x^2}{2}\cos x+\int \frac{x^2}{2}\sin x\mathrm{d}x$$

上式右端的积分比原积分更不容易求出. 由此可见，如果 u 和 v 选取不当，就求不出结果，所以应用分部积分法时，恰当选取 u 和 v 是一个关键. 选取 u 和 v 一般要考虑下面两点：

(1) v 要容易求得；

(2) $\int v\mathrm{d}u$ 要比 $\int u\mathrm{d}v$ 容易积出.

一般地，按“指、三、幂、对、反，谁在后边谁为 u”的规律选 u，其中“后边”是按

"指数函数、三角函数、幂函数、对数函数、反三角函数"排列的先后顺序。

例 2 求 $\int xe^x dx$.

解 设 $u=x$，$dv=e^x dx=d(e^x)$，则

$$\int xe^x dx=xe^x-\int e^x dx=xe^x-e^x+C=e^x(x-1)+C$$

例 3 求 $\int x^2e^x dx$.

解 设 $u=x^2$，$dv=e^x dx=d(e^x)$，则

$$\int x^2e^x dx=x^2e^x-2\int xe^x dx$$

这里 $\int xe^x dx$ 比 $\int x^2e^x dx$ 容易积出，因为被积函数中 x 的幂次前者比后者降低了一次. 由例 2 可知，对 $\int xe^x dx$ 再使用一次分部积分法就可以了. 于是

$$\begin{aligned}\int x^2e^x dx &=x^2e^x-2\int xe^x dx=x^2e^x-2(xe^x-e^x)+C\\ &=e^x(x^2-2x+2)+C\end{aligned}$$

例 4 求 $\int x\ln x dx$.

解 设 $u=\ln x$，$dv=xdx=d\left(\frac{x^2}{2}\right)$，则

$$\int x\ln x dx=\int \ln x d\left(\frac{x^2}{2}\right)=\frac{x^2}{2}\ln x-\int\frac{x^2}{2}d(\ln x)=\frac{x^2}{2}\ln x-\frac{1}{2}\int xdx=\frac{x^2}{2}\ln x-\frac{x^2}{4}+C$$

例 5 求 $\int \arccos x dx$.

解 设 $u=\arccos x$，$dv=dx$，则 $du=-\frac{1}{\sqrt{1-x^2}}dx$，$v=x$，于是

$$\begin{aligned}\int \arccos x dx &=x\arccos x+\int\frac{x}{\sqrt{1-x^2}}dx\\ &=x\arccos x-\frac{1}{2}\int\frac{1}{(1-x^2)^{\frac{1}{2}}}d(1-x^2)\\ &=x\arccos x-\frac{1}{2}\frac{(1-x^2)^{\frac{1}{2}}}{\frac{1}{2}}+C\\ &=x\arccos x-\sqrt{1-x^2}+C\end{aligned}$$

例 6 求 $\int x\arctan x dx$.

解 设 $u=\arctan x$，$dv=xdx=d\left(\frac{x^2}{2}\right)$，则

$$\int x\arctan x dx=\int \arctan x d\left(\frac{x^2}{2}\right)$$

$$
\begin{aligned}
&=\frac{x^2}{2}\arctan x-\int\frac{x^2}{2}\mathrm{d}(\arctan x)\\
&=\frac{x^2}{2}\arctan x-\frac{1}{2}\int\frac{x^2}{1+x^2}\mathrm{d}x\\
&=\frac{x^2}{2}\arctan x-\frac{1}{2}\int\frac{1+x^2-1}{1+x^2}\mathrm{d}x\\
&=\frac{x^2}{2}\arctan x-\frac{1}{2}\int\left(1-\frac{1}{1+x^2}\right)\mathrm{d}x\\
&=\frac{x^2}{2}\arctan x-\frac{1}{2}(x-\arctan x)+C\\
&=\frac{1}{2}(x^2+1)\arctan x-\frac{1}{2}x+C
\end{aligned}
$$

对分部积分法熟练后，u 和 $\mathrm{d}v$ 可默记在心里，不必写出.

下面几个例子中的解题方法也是比较典型的.

例 7 求 $\int \mathrm{e}^x\sin x\mathrm{d}x$.

解

$$
\begin{aligned}
\int \mathrm{e}^x\sin x\mathrm{d}x &= \int \sin x\mathrm{d}(\mathrm{e}^x)\\
&= \mathrm{e}^x\sin x-\int \mathrm{e}^x\mathrm{d}(\sin x)\\
&= \mathrm{e}^x\sin x-\int \cos x\mathrm{d}(\mathrm{e}^x)\\
&= \mathrm{e}^x\sin x-\mathrm{e}^x\cos x-\int \mathrm{e}^x\sin x\mathrm{d}x
\end{aligned}
$$

由于上式右端的第三项就是所求积分，把它移到等号左端去，再两端同除以 2，便得

$$\int \mathrm{e}^x\sin x\mathrm{d}x=\frac{1}{2}\mathrm{e}^x(\sin x-\cos x)+C$$

在积分过程中往往要兼用换元法与分部积分法.

例 8 求 $\int \mathrm{e}^{\sqrt{x}}\mathrm{d}x$.

解 令 $\sqrt{x}=t$，则 $x=t^2$，$\mathrm{d}x=2t\mathrm{d}t$，于是

$$
\begin{aligned}
\int \mathrm{e}^{\sqrt{x}}\mathrm{d}x &= 2\int t\mathrm{e}^t\mathrm{d}t=2\int t\mathrm{d}(\mathrm{e}^t)\\
&=2\left(t\mathrm{e}^t-\int \mathrm{e}^t\mathrm{d}t\right)=2(t-1)\mathrm{e}^t+C\\
&\xlongequal{\text{回代 } t=\sqrt{x}}2(\sqrt{x}-1)\mathrm{e}^{\sqrt{x}}+C
\end{aligned}
$$

习题 4-4

求下列各不定积分.

(1) $\int x\sin x\mathrm{d}x$　　(2) $\int \ln x\mathrm{d}x$

(3) $\int \arcsin x\mathrm{d}x$　　(4) $\int x\mathrm{e}^{-x}\mathrm{d}x$

(5) $\int \mathrm{e}^{-x}\cos x\mathrm{d}x$　　(6) $\int x^2\cos x\mathrm{d}x$

(7) $\int te^{-2t}\mathrm{d}t$　　(8) $\int x\sin x\cos x\mathrm{d}x$

(9) $\int x^2\ln x\mathrm{d}x$　　(10) $\int x^2\cos 2x\mathrm{d}x$

(11) $\int \frac{\ln x}{\sqrt{x}}\mathrm{d}x$　　(12) $\int (\ln x)^2\mathrm{d}x$

本章小结

本章主要讲述了原函数及不定积分的概念及性质，介绍了两类换元积分法和分部积分法.

一、原函数

若在某区间 I 上，有 $F'(x)=f(x)$，或 $\mathrm{d}F(x)=f(x)\mathrm{d}x$，则称 $F(x)$ 是 $f(x)$ 在该区间上的一个原函数. 若 $F(x)$ 是 $f(x)$ 的一个原函数，则 $f(x)$ 一定有无穷多个原函数，并且任意两个原函数之间仅相差一个常数，常用 $F(x)+C$（C 为任意常数）表示 $f(x)$ 的所有原函数. 如果函数 $f(x)$ 在某区间内连续，则函数 $f(x)$ 在此区间内一定存在原函数.

二、不定积分

若函数 $F(x)$ 是 $f(x)$ 的一个原函数，则 $f(x)$ 的所有原函数 $F(x)+C$ 称为 $f(x)$ 的不定积分，记为 $\int f(x)\mathrm{d}x$，因此有 $\int f(x)\mathrm{d}x=F(x)+C$. 其中，符号“$\int$”称为积分号；函数 $f(x)$ 称为被积函数；表达式 $f(x)\mathrm{d}x$ 称为被积表达式；变量 x 称为积分变量.

$f(x)$ 的不定积分 $\int f(x)\mathrm{d}x=F(x)+C$ 的几何意义是一簇积分曲线，这一簇积分曲线可由其中任一条(如 $y=F(x)$ 的曲线)沿着 y 轴平行移动而得到.

三、不定积分的基本积分公式和运算法则

1. 不定积分的基本积分公式

(1) $\int 0\mathrm{d}x=C$	(12) $\int \frac{1}{\sqrt{1-x^2}}\mathrm{d}x=\arcsin x+C$
(2) $\int x^{\alpha}\mathrm{d}x=\frac{1}{\alpha+1}x^{\alpha+1}+C\ (\alpha\neq-1)$	(13) $\int \frac{1}{1+x^2}\mathrm{d}x=\arctan x+C$
(3) $\int \frac{1}{x}\mathrm{d}x=\ln\lvert x\rvert+C$	(14) $\int \tan x\mathrm{d}x=-\ln\lvert\cos x\rvert+C$
(4) $\int a^x\mathrm{d}x=\frac{a^x}{\ln a}+C\ (a>0\text{ 且 }a\neq1)$	(15) $\int \cot x\mathrm{d}x=\ln\lvert\sin x\rvert+C$
(5) $\int \mathrm{e}^x\mathrm{d}x=\mathrm{e}^x+C$	(16) $\int \sec x\mathrm{d}x=\ln\lvert\sec x+\tan x\rvert+C$
(6) $\int \sin x\mathrm{d}x=-\cos x+C$	(17) $\int \csc x\mathrm{d}x=\ln\lvert\csc x-\cot x\rvert+C$
(7) $\int \cos x\mathrm{d}x=\sin x+C$	(18) $\int \frac{1}{a^2+x^2}\mathrm{d}x=\frac{1}{a}\arctan\frac{x}{a}+C$
(8) $\int \sec^2 x\mathrm{d}x=\tan x+C$	(19) $\int \frac{1}{a^2-x^2}\mathrm{d}x=\frac{1}{2a}\ln\left\lvert\frac{a+x}{a-x}\right\rvert+C$
(9) $\int \csc^2 x\mathrm{d}x=-\cot x+C$	(20) $\int \frac{1}{\sqrt{a^2-x^2}}\mathrm{d}x=\arcsin\frac{x}{a}+C$
(10) $\int \sec x\tan x\mathrm{d}x=\sec x+C$	(21) $\int \frac{1}{\sqrt{x^2+a^2}}\mathrm{d}x=\ln\left\lvert x+\sqrt{x^2+a^2}\right\rvert+C$
(11) $\int \csc x\cot x\mathrm{d}x=-\csc x+C$	(22) $\int \frac{1}{\sqrt{x^2-a^2}}\mathrm{d}x=\ln\left\lvert x+\sqrt{x^2-a^2}\right\rvert+C$

2. 不定积分的运算法则

(1) $\int[f(x)\pm g(x)]\mathrm{d}x=\int f(x)\mathrm{d}x\pm\int g(x)\mathrm{d}x$

(2) $\int kf(x)\mathrm{d}x=k\int f(x)\mathrm{d}x\ (k\neq 0)$

(3) $\left[\int f(x)\mathrm{d}x\right]'=f(x)$ 或 $\mathrm{d}\int f(x)\mathrm{d}x=f(x)\mathrm{d}x$

(4) $\int f'(x)\mathrm{d}x=f(x)+C$ 或 $\int \mathrm{d}f(x)=f(x)+C$

不定积分的方法有第一类换元积分法、第二类换元积分法、分部积分法等. 第一类换元积分法与第二类换元积分法都是从复合函数求导公式产生的换元积分方法，区别在于第一类换元积分法是以 x 为自变量，将被积函数向上复合为$f[\varphi(x)]$. 第二类换元积分法是以 x 为中间变量，将被积函数向下复合为 $f[\psi(t)]$，然后根据基本积分公式进行积分. 第二类换元积分在积分后要回代为原积分变量 x，而第一类换元积分则无须回代. 分部积分是利用两个函数的乘积的微分经过积分变换而来，主要用来求解被积函数为两个不同种类初等函数乘积的不定积分.

复 习 题 四

1. 填空题.

(1) 如果 $f'(x)=g'(x)$，$x\in(a,b)$，则在 (a,b) 内 $f(x)$ 和 $g(x)$ 的关系式是________.

(2) 一物体以速度 $v=3t^2+4t$（单位:m/s）做直线运动，当 $t=2\mathrm{s}$ 时，物体经过的路程 $s=16\mathrm{m}$，则这物体的运动方程是=________.

(3) 如果 $F'(x)=f(x)$，且 A 是常数，那么积分 $\int[f(x)+A]\mathrm{d}x=$________.

(4) $\int\frac{f'(x)}{1+[f(x)]^2}\mathrm{d}x=$________.

(5) $\int\frac{1}{\sqrt{a^2-x^2}}\mathrm{d}x=$________.

(6) $\int \mathrm{e}^{f(x)}f'(x)\mathrm{d}x=$________.

(7) $\int\frac{\tan x}{\ln\cos x}\mathrm{d}x=$________.

(8) $\mathrm{d}\left[\int\frac{\cos^2 x}{1+\sin^2 x}\mathrm{d}x\right]=$________.

(9) $\int\left(\frac{\cos x}{1+\sin x}\right)'\mathrm{d}x=$________.

(10) $\left[\int\frac{\sin x}{1+x^2}\mathrm{d}x\right]'=$________.

2. 选择题.

(1) 下列等式成立的是(　　).

A. $\int x^{\alpha}\mathrm{d}x=\frac{1}{\alpha+1}x^{\alpha-1}+C$　　B. $\int\cos x\mathrm{d}x=\sin x+C$

C. $\int a^x\mathrm{d}x=a^x\ln a+C$　　D. $\int\tan x\mathrm{d}x=\frac{1}{1+x^2}+C$

(2) $\int \frac{dx}{e^x+e^{-x}}=($　　$)$.

A. $\arctan e^x+C$　　B. $\arctan e^{-x}+C$

C. $e^x-e^{-x}+C$　　D. $\ln\left|e^x+e^{-x}\right|+C$

(3) 计算 $\int f'\left(\frac{1}{x}\right)\frac{1}{x^2}dx$ 的结果正确的是(　　).

A. $f\left(-\frac{1}{x}\right)+C$　　B. $-f\left(-\frac{1}{x}\right)+C$

C. $f\left(\frac{1}{x}\right)+C$　　D. $-f\left(\frac{1}{x}\right)+C$

(4) 如果 $F_1(x)$ 和 $F_2(x)$ 是 $f(x)$ 的两个不同的原函数，那么 $\int[F_1(x)-F_2(x)]dx$ 是(　　).

A. $f(x)+C$　　B. 0　　C. 一次函数　　D. 常数

(5) 在闭区间上的连续函数，它的原函数个数是(　　).

A. 1个　　B. 有限个

C. 无限多个，但彼此只相差一个常数　　D. 不一定有原函数

3. 求下列各不定积分.

(1) $\int \frac{dx}{\sin^2x\cos^2x}$　　(2) $\int \sin^2x\cos^2x\,dx$

(3) $\int \frac{\sin\sqrt{x}}{\sqrt{x}}dx$　　(4) $\int \frac{1-\cos x}{1+\cos x}dx$

(5) $\int x\sqrt{2x^2+1}\,dx$　　(6) $\int \frac{(\ln x)^2}{x}dx$

(7) $\int \frac{1}{x\ln\sqrt{x}}dx$　　(8) $\int \frac{e^{2x}-1}{e^x}dx$

(9) $\int \frac{(\arctan x)^2}{1+x^2}dx$　　(10) $\int \frac{\arcsin x}{\sqrt{1-x^2}}dx$

(11) $\int \frac{dx}{3+4x^2}$　　(12) $\int \frac{\cos x}{a^2+\sin^2x}dx$

(13) $\int \frac{1}{x^2+2x+2}dx$　　(14) $\int x^2\ln(x-3)\,dx$

(15) $\int x^2\sin 2x\,dx$　　(16) $\int \cos\sqrt{x}\,dx$

(17) $\int \frac{\ln(\arcsin x)}{\sqrt{1-x^2}\arcsin x}dx$　　(18) $\int \cos 3x\sin 2x\,dx$

(19) $\int x^2\cos^2\frac{x}{2}dx$　　(20) $\int xf''(x)\,dx$

(21) $\int[f(x)+xf'(x)]\,dx$　　(22) $\int \frac{2x+3}{\sqrt{3-2x-x^2}}dx$

(23) $\int \sqrt{3+2x-x^2}\,dx$

4. 设某函数当 $x=1$ 时有极小值，当 $x=-1$ 时有极大值4，又知这个函数的导数形式为 $y'=3x^2+bx+c$，求此函数.

【数学小百科】

17 世纪的亚里士多德——莱布尼茨

戈特弗里德·威廉·莱布尼茨(1646—1716)，德国哲学家、数学家. 他的著书约四成为拉丁文、三成为法文、一成五为德文. 莱布尼茨是历史上少见的通才，被誉为 17 世纪的亚里士多德. 他本人是一名律师，经常往返于各大城镇，而他的许多公式都是在颠簸的马车上完成的，他也自称具有男爵的贵族身份. 由于莱布尼茨曾在汉诺威生活和工作了近四十年，并且在汉诺威去世，为了纪念他和他的学术成就，2006 年 7 月 1 日，也就是莱布尼茨诞辰 360 周年之际，汉诺威大学正式改名为汉诺威莱布尼茨大学.

1666 年莱布尼茨于阿尔特多夫拿到博士学位后，拒绝了教职的聘任，经人介绍任职于美茵茨的高等法庭. 1671 年，他发表了两篇论文《抽象运动的理论》及《新物理学假说》，分别题献给巴黎的科学院和伦敦的皇家学会，在当时欧洲学术界增加了知名度. 1672 年，莱布尼茨被派至巴黎，以动摇路易十四对入侵荷兰及其他西欧日耳曼邻国的兴趣，并转而投注精力于埃及. 这项政治计划并没有成功，但莱布尼茨却进入了巴黎的知识圈，结识了马勒伯朗士和数学家惠更斯等人. 这一时期的莱布尼茨特别研究数学，从而发明了微积分.

现今在微积分领域使用的符号仍是莱布尼茨所提出的. 在高等数学和数学分析领域，莱布尼茨判别法是用来判别交错级数的收敛性的.

莱布尼茨与牛顿谁先发明微积分的争论是数学界至今最大的公案. 莱布尼茨于 1684 年发表第一篇微分论文，定义了微分概念，采用了微分符号 dx，dy. 1686 年他又发表了积分论文，讨论了微分与积分，使用了积分符号“$\int$ ”. 依据莱布尼茨的笔记本记载，1675 年 11 月 11 日他便已完成一套完整的微分学. 然而 1695 年一些英国学者宣称微积分的发明权属于牛顿；1699 年又说牛顿是微积分的“第一发明人”. 1712 年英国皇家学会成立了一个委员会调查此案，并于 1713 年初发布公告，确认牛顿是微积分的第一发明人. 莱布尼茨直至去世后的几年都受到了冷遇. 由于对牛顿的盲目崇拜，英国学者长期固守于牛顿的“流数术”，只用牛顿的流数符号，不屑采用莱布尼茨更优越的符号，以致英国的数学脱离了数学发展的时代潮流. 牛顿在 1687 年出版的《自然哲学的数学原理》的第一版和第二版也写道：“十年前在我和最杰出的几何学家莱布尼茨的通信中，我表明我已经知道确定极大值和极小值的方法、作切线的方法以及类似的方法，但我在交换的信件中隐瞒了这方法，……这位最卓越的科学家在回信中写道，他也发现了一种同样的方法.，并诉述了他的方法，与我的方法几乎没有什么不同，除了他的措辞和符号以外.”因此，后来人们公认牛顿和莱布尼茨是各自独立地创建微积分的. 牛顿从物理学出发，运用集合方法研究微积分，其应用上更多地结合了运动学，造诣高于莱布尼茨. 后者则从几何问题出发，运用分析学方法引进微积分概念、得出运算法则，其数学的严密性与系统性是牛顿所不及的. 莱布尼茨认识到好的数学符号能节省思维劳动，运用符号的技巧是数学成功的关键之一. 因此，他所创设的微积分符号远远优于牛顿的符号，这对微积分的发展有极大影响. 1714 年至 1716 年间，莱布尼茨在去世前起草了《微积分的历史和起源》一文(直到 1846 年才被发表)，总结了自己创立微积分学的思路，说明了自己成就的独立性.

第五章　定积分及其应用

定积分是积分学中另一个重要的基本概念. 本章将从实际问题中引出定积分的定义，然后讨论定积分的性质和计算方法，最后介绍定积分在几何、物理及经济上的应用.

学习目标：

1. 理解定积分概念的实质.
2. 掌握计算定积分的几种主要方法.
3. 会用定积分解决简单的实际问题.

第一节　定积分的概念

一、引例

1. 曲边梯形的面积

曲线 $y=f(x)$ 和三条直线 $x=a$，$x=b$ 及 $y=0$（即 Ox 轴）所围成的图形（图 5-1）叫作曲边梯形. 图 5-2、图 5-3 是曲边梯形的特殊情况. 在 Ox 轴上的线段 $[a,b]$ 叫作曲边梯形的底.

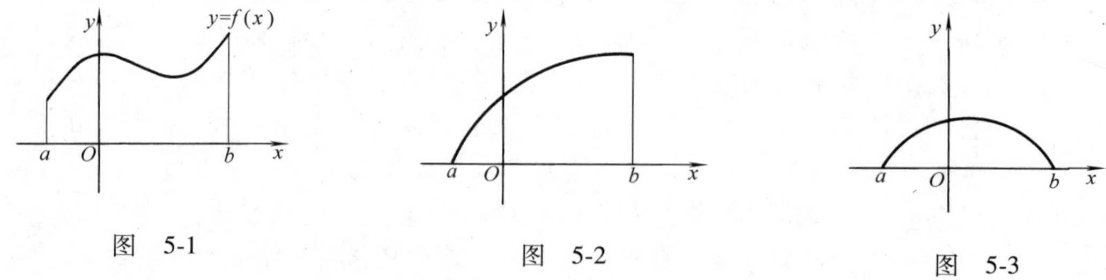

图　5-1　　图　5-2　　图　5-3

下面以图 5-4 为例求由任意曲线 $y=f(x)$ $(f(x)\geqslant 0)$ 与直线 $x=a$，$x=b$ 和 Ox 轴所围成的一般曲边梯形的面积 A.

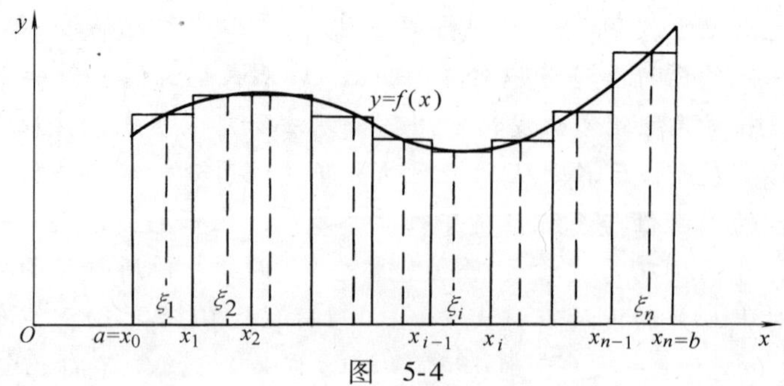

图　5-4

矩形的面积公式为

$$\text{矩形面积}=\text{高}\times\text{底}$$

而曲边梯形在底边上各点处的高 $f(x)$ 在区间 $[a,b]$ 上是变动的，故它的面积不能直接按上述公式来定义和计算．然而，由于曲边梯形的高$f(x)$在区间$[a,b]$上是连续变化的，在很小一段区间上它的变化很小，近似于不变．因此，如果把区间$[a,b]$划分为许多小区间，在每个小区间上用其中某一点处的高来近似代替同一个小区间上的窄曲边梯形的变高，那么，每个窄曲边梯形就可近似地看成这样得到的窄矩形，以所有这些窄矩形面积之和作为曲边梯形面积的近似值．如果把区间$[a,b]$无限细分，使每个小区间的长度都趋于零，这时所有窄矩形面积之和的极限就可定义为曲边梯形的面积．这个定义同时也给出了计算曲边梯形面积的方法，现详述于下．

在区间$[a,b]$中任意插入若干个分点

$$a=x_0<x_1<x_2<\cdots<x_{n-1}<x_n=b$$

把$[a,b]$分成n个小区间$[x_0,x_1],[x_1,x_2],\cdots,[x_{n-1},x_n]$，它们的长度依次为

$$\Delta x_1=x_1-x_0,\ \Delta x_2=x_2-x_1,\ \cdots,\ \Delta x_i=x_i-x_{i-1}$$

经过每一个分点作平行于y轴的线段，把曲边梯形分成n个窄曲边梯形．在每个小区间$[x_{i-1},x_i]$上取任取一点ξ_i，用以$[x_{i-1},x_i]$为底、以$f(\xi_i)$为高的窄矩形近似替代第i个窄曲边梯形$(i=1,2,\cdots,n)$，并把得到的n个窄矩形面积之和作为所求曲边梯形面积A的近似值，即

$$\begin{aligned}A &\approx f(\xi_1)\Delta x_1+f(\xi_2)\Delta x_2+\cdots+f(\xi_n)\Delta x_n\\ &=\sum_{i=1}^{n}f(\xi_i)\Delta x_i\end{aligned}$$

为了保证所有小区间的长度都无限缩小，要求这些小区间长度中的最大值趋于零，记$\lambda=\max\{\Delta x_1,\Delta x_2,\cdots,\Delta x_n\}$，则上述条件可表述为$\lambda\to 0$. 当$\lambda\to 0$时(这时分段数$n$无限增多,即$n\to\infty$)，取上述和式的极限，便得到曲边梯形的面积

$$A=\lim_{\lambda\to 0}\sum_{i=1}^{n}f(\xi_i)\Delta x_i$$

2. 变速直线运动的路程

设某物体做直线运动，已知速度$v=v(t)$是时间间隔$[a,b]$上t的连续函数，且$v(t)\geqslant 0$，计算在这段时间内物体所经过的路程s.

对于匀速直线运动，有

$$路程=速度\times时间$$

但是，在实际生活中速度不是常量而是随时间变化的变量，因此，所求路程s不能直接按匀速直线运动的路程公式来计算．然而，物体运动的速度函数$v=v(t)$是连续变化的，在很短一段时间内，速度的变化很小，近似于匀速．因此，如果把时间间隔变小，在各小段时间内以匀速运动代替变速运动，那么，就可算出各小段时间内路程的近似值；再求和，便得到对间段$[a,b]$内路程的近似值；最后，对时间间隔无限细分，所得各小段时间内路程的近似值之和的极限，就是所求变速直线运动的路程的精确值．

具体计算步骤如下：

（1）分割　在时间间隔$[a,b]$内任意插入若干个分点

$$a=t_0<t_1<t_2<\cdots<t_{n-1}<t_n=b$$

把$[a,b]$分成n个小段$[t_0,t_1],[t_1,t_2],\cdots,[t_{n-1},t_n]$各小段时间的长依次为

$$\Delta t_1=t_1-t_0,\Delta t_2=t_2-t_1,\cdots,\Delta t_n=t_n-t_{n-1}$$

（2）近似代替　在时间间隔$[t_{i-1},t_i]$上任取一个时刻$\xi_i(t_{i-1}\leqslant\xi_i\leqslant t_i)$，以$\xi_i$时的速度$v(\xi_i)$来代替$[t_{i-1},t_i]$上各个时刻的速度，则可以得到部分路程$\Delta s_i$的近似值，即

$$\Delta s_i \approx v(\xi_i)\Delta t_i \quad (i=1,2,\cdots,n)$$

（3）求和　这 n 段部分路程的近似值之和就是所求变速直线运动路程 s 的近似值，即

$$s \approx v(\xi_1)\Delta t_1+v(\xi_2)\Delta t_2+\cdots+v(\xi_n)\Delta t_n = \sum_{i=1}^{n} v(\xi_i)\Delta t_i$$

（4）取极限　记 $\lambda=\max\{\Delta t_1,\Delta t_2,\cdots,\Delta t_n\}$，当 $\lambda\to0$ 时，取上述和式的极限，即得变速直线运动的路程

$$s=\lim_{\lambda\to0}\sum_{i=1}^{n} v(\xi_i)\Delta t_i$$

二、定积分的定义

上面两个实际问题，一个是求曲边梯形面积，一个是求变速直线运动的路程，虽然实际意义不同，但是解决方法和计算步骤是完全相同的，即分割、近似代替、求和、取极限.

类似的实际问题很多，都可以归结为求这种和式的极限．舍弃其具体意义，抽象出解决这类问题的一般思想，给出下面的定义．

定义　设函数 $f(x)$ 在区间 $[a,b]$ 上连续，任意用分点

$$a=x_0<x_1<\cdots<x_{i-1}<x_i<\cdots<x_{n-1}<x_n=b$$

把区间 $[a,b]$ 分成 n 个小区间，在每个小区间 $[x_{i-1},x_i]$ 上任取一点 ξ_i，作乘积 $f(\xi_i)\Delta x_i$ $(i=1,2,\cdots,n)$，并求和 $I_n=\sum\limits_{i=1}^{n} f(\xi_i)\Delta x_i$（其中 Δx_i 是第 i 个小区间的长度），记 $\lambda=\max\limits_{1\leqslant i\leqslant n}\{\Delta x_i\}$，当 $\lambda\to0$ 时，和式 I_n 的极限值叫作函数 $f(x)$ 在区间 $[a,b]$ 上的**定积分**，记作 $\int_a^b f(x)\mathrm{d}x$，即

$$\int_a^b f(x)\,\mathrm{d}x=\lim_{\lambda\to0}\sum_{i=1}^{n} f(\xi)\Delta x_i$$

其中，a 与 b 分别叫作积分下限与积分上限，区间 $[a,b]$ 叫作**积分区间**，函数 $f(x)$ 叫作**被积函数**，x 叫作**积分变量**，$f(x)\mathrm{d}x$ 叫作**被积式**．在不至于混淆时，定积分也简称积分．

根据定积分的定义可知，曲边梯形的面积 A 等于其曲边所对应的函数 $f(x)$ $(f(x)\geqslant0)$ 在其底所在区间 $[a,b]$ 上的定积分

$$A=\int_a^b f(x)\,\mathrm{d}x$$

变速直线运动的物体所经过的路程 s 等于其速度 $v=v(t)$ $(v(t)\geqslant0)$ 在时间区间 $[a,b]$ 上的定积分

$$s=\int_a^b v(t)\,\mathrm{d}t$$

应当注意：

1）如果定积分 $\int_a^b f(x)\mathrm{d}x$ 存在，则称 $f(x)$ 在 $[a,b]$ 上可积．闭区间 $[a,b]$ 上的连续函数 $f(x)$ 在 $[a,b]$ 上可积．

2）定积分是一个确定的常数，它取决于被积函数 $f(x)$ 和积分区间 $[a,b]$，而与积分变量用什么字母表示无关，与分点 x_i 及 ξ_i 的选取无关，例如

$$\int_a^b f(x)\,\mathrm{d}x=\int_a^b f(u)\,\mathrm{d}u=\int_a^b f(t)\,\mathrm{d}t$$

三、定积分的几何意义

如果函数 $f(x)$ 在 $[a,b]$ 上连续且 $f(x)\geqslant0$，那么定积分 $\int_a^b f(x)\mathrm{d}x$ 就表示以 $y=f(x)$ 为曲边

的曲边梯形的面积．

如果函数$f(x)$在$[a,b]$上连续，且$f(x)\leqslant 0$，由于定积分

$$\int_a^b f(x)\,\mathrm{d}x = \lim_{\lambda\to 0}\sum_{i=1}^{n} f(\xi_i)\Delta x_i$$

的右端和式中每一项$f(\xi_i)\Delta x_i$都是负值($\Delta x_i>0$)，其绝对值$|f(\xi_i)\Delta x_i|$表示小矩形的面积．因此，定积分$\int_a^b f(x)\,\mathrm{d}x$也是一个负数，从而$-\int_a^b f(x)\,\mathrm{d}x$等于如图5-5所示的曲边梯形的面积$A$，即$\int_a^b f(x)\,\mathrm{d}x=-A$.

如果$f(x)$在$[a,b]$上连续，且有时为正有时为负，如图5-6所示，则$\int_a^b f(x)\,\mathrm{d}x$表示$x$轴上、下各部分面积的代数和，即

$$\int_a^b f(x)\,\mathrm{d}x = A_1 - A_2 + A_3.$$

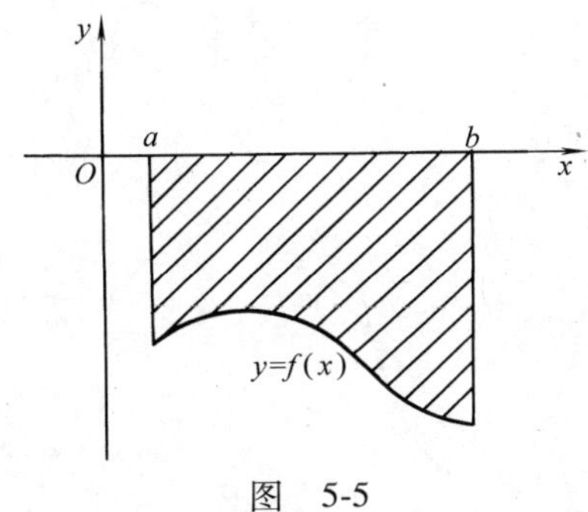

图　5-5

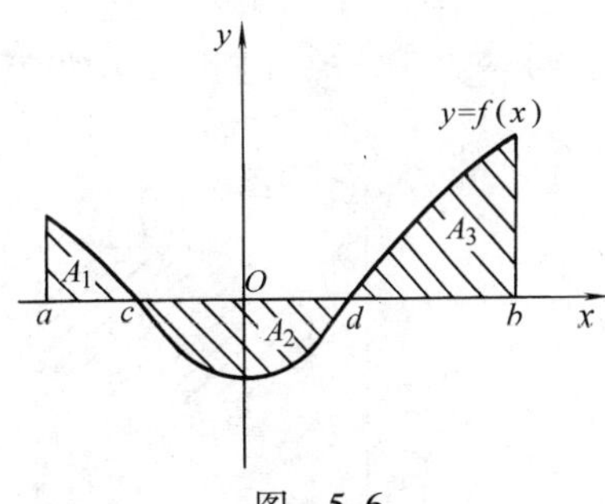

图　5-6

总之，定积分$\int_a^b f(x)\,\mathrm{d}x$在各种实际问题中所代表的实际意义尽管不同，但它的数值在几何上都可用曲边梯形的代数和来表示．这就是定积分的几何意义．

例　利用定积分表示图5-7和图5-8中阴影部分的面积．

解　图5-7中阴影部分的面积为

$$A=\int_{-1}^{2} x^2\,\mathrm{d}x$$

图5-8中阴影部分的面积为

$$A=\int_{-1}^{0}[(x-1)^2-1]\,\mathrm{d}x-\int_{0}^{2}[(x-1)^2-1]\,\mathrm{d}x$$

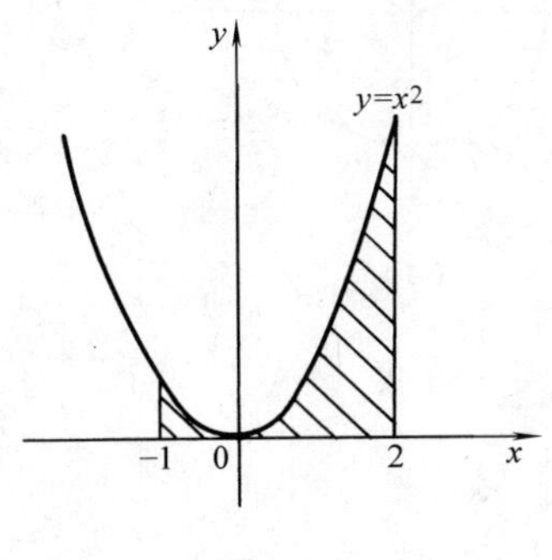

图　5-7

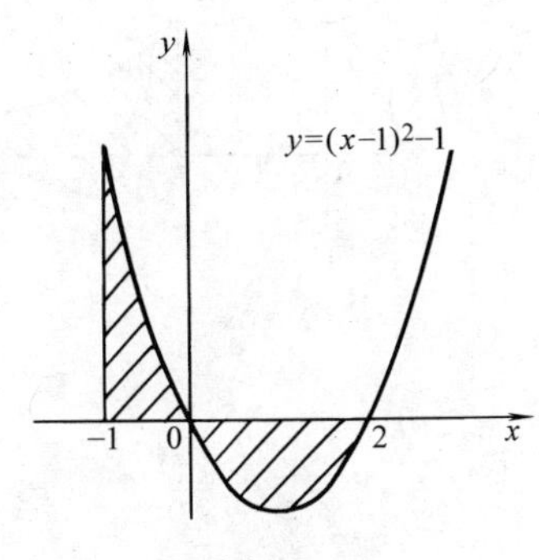

图　5-8

习题 5-1

1. 填空题.

（1）由直线 $y=1$，$x=a$，$x=b$ 及 Ox 轴围成的图形的面积等于________，用定积分表示为________.

（2）一物体以速度 $v=2t+1$ 做直线运动，该物体在时间 $[0,3]$ 内所经过的路程 s，用定积分表示为 $s=$________.

（3）定积分 $\int_{-2}^{3}\cos 2t\mathrm{d}t$ 中，积分上限是________，积分下限是________，积分区间是________.

2. 用定积分表示下列各组曲线围成的平面图形的面积.

（1）$y=x^2$，$x=1$，$x=2$，$y=0$　　（2）$y=\sin x$，$x=\dfrac{\pi}{3}$，$x=\pi$，$y=0$

（3）$y=\ln x$，$x=\mathrm{e}$，$y=0$

3. 利用几何意义，说明下列等式成立.

（1）$\int_0^1 2x\mathrm{d}x = 1$　（2）$\int_0^1 \sqrt{1-x^2}\,\mathrm{d}x = \dfrac{\pi}{4}$　（3）$\int_{-\pi}^{\pi}\sin x\mathrm{d}x = 0$　（4）$\int_{-\frac{\pi}{2}}^{\frac{\pi}{2}}\cos x\mathrm{d}x = 2\int_0^{\frac{\pi}{2}}\cos x\mathrm{d}x$

4. 用定积分表示图 5-9 中阴影部分的面积.

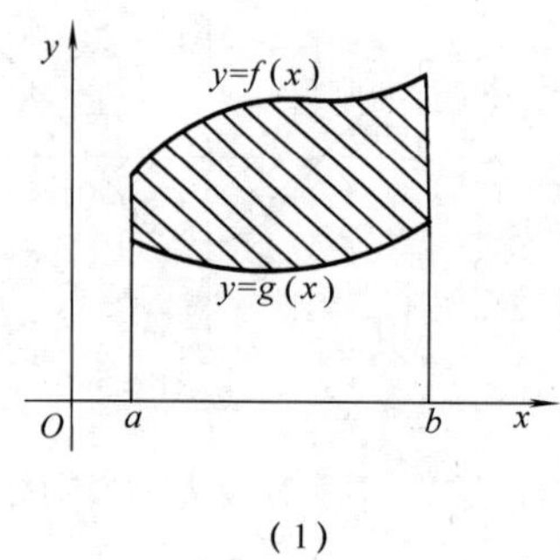

（1）

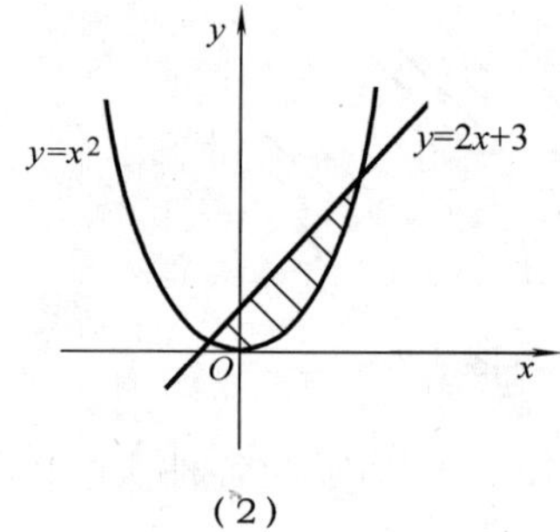

（2）

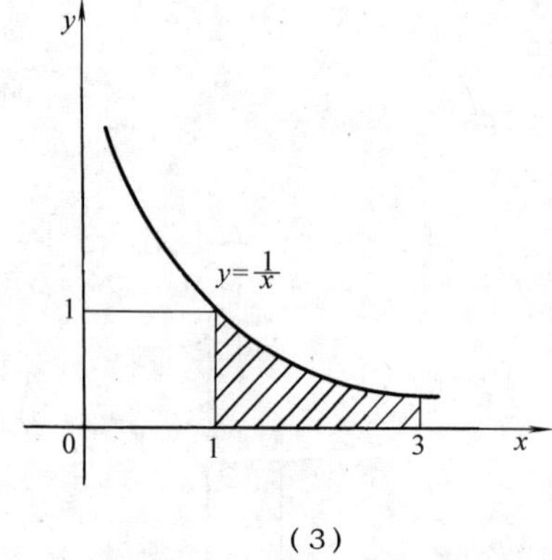

（3）

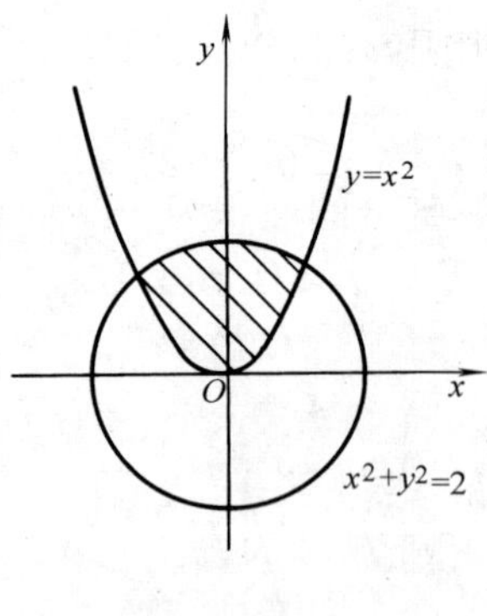

（4）

图 5-9

第二节　定积分的计算公式和性质

一、定积分计算公式

利用定义计算定积分的值是十分麻烦的，有时甚至无法计算．因此，必须寻求计算定积分的简便方法．如图 5-10 所示，如果物体以速度 $v(t)>0$ 做直线运动，那么在时间区间 $[a,b]$ 上所经过的路程为 $s=\int_a^b v(t)\mathrm{d}t$．

另一方面，如果物体经过的路程 s 是时间 t 的函数 $s(t)$，那么物体从 $t=a$ 到 $t=b$ 所经过的路程应该是 $\int_a^b v(t)\mathrm{d}t=s(b)-s(a)$．

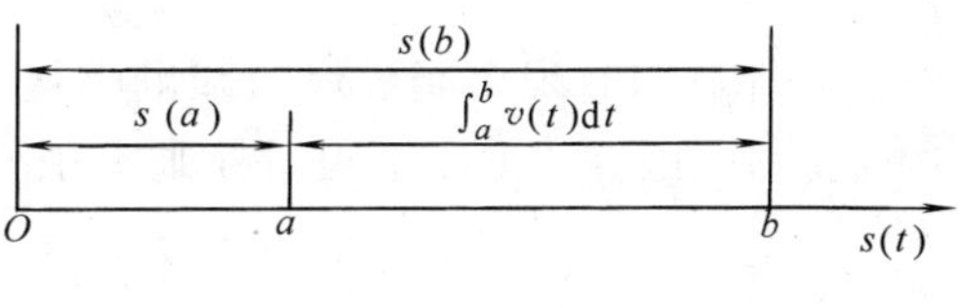

图　5-10

由导数的物理意义可知：$s'(t)=v(t)$，即 $s(t)$ 是 $v(t)$ 的一个原函数，因此，为了求出定积分 $\int_a^b v(t)\mathrm{d}t$，应先求出被积函数 $v(t)$ 的原函数 $s(t)$，再求 $s(t)$ 在区间 $[a,b]$ 上的增量 $s(b)-s(a)$ 即可．

抛开上面物理意义，便可得出计算定积分 $\int_a^b f(x)\mathrm{d}x$ 的一般方法：

设函数 $f(x)$ 在闭区间 $[a,b]$ 上连续，$F(x)$ 是 $f(x)$ 的一个原函数，即 $F'(x)=f(x)$，则

$$\int_a^b f(x)\mathrm{d}x=F(b)-F(a)$$

这个公式叫作**牛顿-莱布尼茨公式**．

为了使用方便，该公式还可写成

$$\int_a^b f(x)\mathrm{d}x=[F(x)]_a^b=F(x)\big|_a^b=F(b)-F(a)$$

牛顿-莱布尼茨公式通常也叫作**微积分基本公式**．它表示一个函数的定积分等于这个函数的原函数在积分上、下限处函数值之差．它揭示了定积分和不定积分的内在联系，提供了计算定积分有效而简便的方法，从而使定积分得到了广泛的应用．

例 1　计算 $\int_0^1 x^2\mathrm{d}x$．

解　因为 $\frac{1}{3}x^3$ 是 x^2 的一个原函数，所以

$$\int_0^1 x^2\mathrm{d}x=\left[\frac{1}{3}x^3\right]_0^1=\frac{1}{3}-0=\frac{1}{3}$$

例 2　如图 5-11 所示，求曲线 $y=\sin x$ 和直线 $x=0$，$x=\pi$ 及 $y=0$ 所围成图形面积 A.

解　这个图形的面积

$$A=\int_0^{\pi}\sin x\mathrm{d}x=[-\cos x]_0^{\pi}$$
$$=-\cos\pi+\cos 0=1+1=2$$

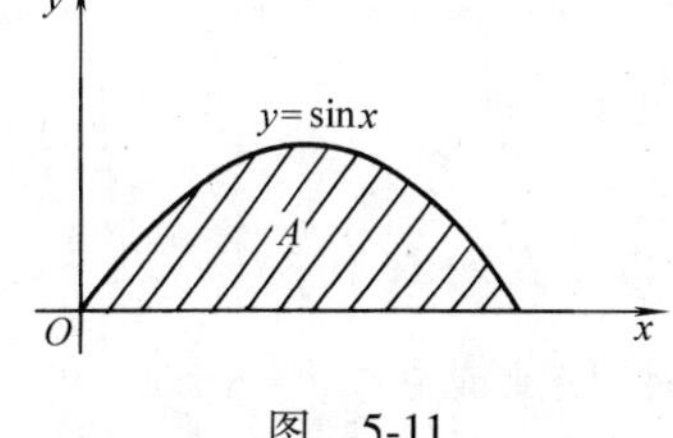

图　5-11

二、定积分的性质

设$f(x)$，$g(x)$在相应区间上连续，利用前面学过的知识，可以得到定积分以下几个简单性质：

性质1 被积函数的常数因子可以提到定积分符号前面，即

$$\int_a^b Af(x)\,\mathrm{d}x = A\int_a^b f(x)\,\mathrm{d}x \ (A\text{ 为常数})$$

性质2 函数的代数和的定积分等于它们的定积分的代数和，即

$$\int_a^b [f(x) \pm g(x)]\,\mathrm{d}x = \int_a^b f(x)\,\mathrm{d}x \pm \int_a^b g(x)\,\mathrm{d}x$$

这个性质对有限个函数代数和也成立.

性质3 积分的上、下限对换则定积分变号，即

$$\int_a^b f(x)\,\mathrm{d}x = -\int_b^a f(x)\,\mathrm{d}x$$

以上性质用定积分的定义及牛顿-莱布尼茨公式均可证明，此处证明从略.

性质4 如果将区间$[a,b]$分成两个子区间$[a,c]$及$[c,b]$，那么有

$$\int_a^b f(x)\,\mathrm{d}x = \int_a^c f(x)\,\mathrm{d}x + \int_c^b f(x)\,\mathrm{d}x$$

这个性质对于区间分成有限个的情形也成立.

下面用定积分的几何意义，对性质4加以说明.

当$a<c<b$时，由图5-12a可知，由$y=f(x)$与和$x=a$，$x=b$及x轴围成的曲边梯形面积$A=A_1+A_2$.

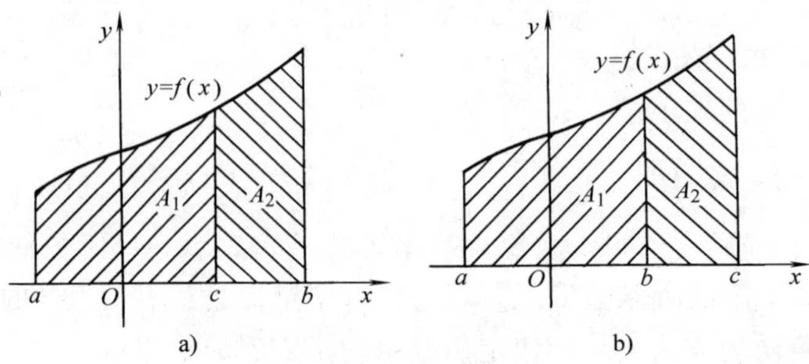

图 5-12

因为$A=\int_a^b f(x)\,\mathrm{d}x, A_1=\int_a^c f(x)\,\mathrm{d}x, A_2=\int_c^b f(x)\,\mathrm{d}x$，所以

$$\int_a^b f(x)\,\mathrm{d}x = \int_a^c f(x)\,\mathrm{d}x + \int_c^b f(x)\,\mathrm{d}x$$

即性质4成立.

当$a<b<c$时，即点c在$[a,b]$外，由图5-12b可知

$$\int_a^c f(x)\,\mathrm{d}x = A_1 + A_2 = \int_a^b f(x)\,\mathrm{d}x + \int_b^c f(x)\,\mathrm{d}x$$

所以$\int_a^b f(x)\,\mathrm{d}x = \int_a^c f(x)\,\mathrm{d}x - \int_b^c f(x)\,\mathrm{d}x = \int_a^c f(x)\,\mathrm{d}x + \int_c^b f(x)\,\mathrm{d}x$

即性质4成立.

可见，不论c点在$[a,b]$内还是$[a,b]$外，性质4总是成立的.

例 3　求 $\int_1^2\left(3x^2+\frac{1}{x}\right)\mathrm{d}x$.

解　$\int_1^2\left(3x^2+\frac{1}{x}\right)\mathrm{d}x=\int_1^2 3x^2\mathrm{d}x+\int_1^2\frac{1}{x}\mathrm{d}x$

$=[x^3]_1^2+[\ln|x|]_1^2$

$=8-1+\ln2-\ln1=7+\ln2$

例 4　求 $\int_0^{\frac{\pi}{2}}2\sin^2\frac{x}{2}\mathrm{d}x$.

解　$\int_0^{\frac{\pi}{2}}2\sin^2\frac{x}{2}\mathrm{d}x=\int_0^{\frac{\pi}{2}}(1-\cos x)\mathrm{d}x$

$=\int_0^{\frac{\pi}{2}}\mathrm{d}x-\int_0^{\frac{\pi}{2}}\cos x\mathrm{d}x=[x]_0^{\frac{\pi}{2}}-[\sin x]_0^{\frac{\pi}{2}}$

$=\frac{\pi}{2}-\sin\frac{\pi}{2}+\sin0=\frac{\pi}{2}-1$

例 5　求 $\int_0^1\frac{x^2}{1+x^2}\mathrm{d}x$.

解　$\int_0^1\frac{x^2}{1+x^2}\mathrm{d}x=\int_0^1\frac{1+x^2-1}{1+x^2}\mathrm{d}x$

$=\int_0^1\left(1-\frac{1}{1+x^2}\right)\mathrm{d}x$

$=[x-\arctan x]_0^1=1-\frac{\pi}{4}$

例 6　求 $\int_{-1}^2|x|\mathrm{d}x$.

解　因为 $f(x)=|x|=\begin{cases}x & 0\leqslant x\leqslant2\\-x & -1\leqslant x<0\end{cases}$，所以

$\int_{-1}^2|x|\mathrm{d}x=\int_{-1}^0-x\mathrm{d}x+\int_0^2x\mathrm{d}x=\left[-\frac{1}{2}x^2\right]_{-1}^0+\left[\frac{1}{2}x^2\right]_0^2$

$=\frac{1}{2}+2=\frac{5}{2}$

习题　5-2

1. 求下列定积分.

(1) $\int_{-\frac{1}{2}}^{\frac{1}{2}}\frac{1}{\sqrt{1-x^2}}\mathrm{d}x$　　(2) $\int_1^2\left(x+\frac{1}{x}\right)^2\mathrm{d}x$

(3) $\int_{\frac{1}{\sqrt{3}}}^{\sqrt{3}}\frac{1}{1+x^2}\mathrm{d}x$　　(4) $\int_0^{\pi}(\cos x+\sin x)\mathrm{d}x$

(5) $\int_2^3\left(\sqrt{x}+\frac{1}{\sqrt{x}}\right)\mathrm{d}x$　　(6) $\int_{-\frac{\pi}{2}}^{\frac{\pi}{2}}\cos^2t\mathrm{d}t$

(7) $\int_{-1}^0\frac{3x^4+3x^2+1}{x^2+1}\mathrm{d}x$　　(8) $\int_0^{\frac{\pi}{2}}\frac{\cos2x}{\cos x+\sin x}\mathrm{d}x$

(9) $\int_{\frac{\pi}{6}}^{\frac{\pi}{3}} \frac{1}{\sin^2 x\cos^2 x}dx$ (10) $\int_0^{\frac{\pi}{2}} |\sin x - \cos x|dx$

(11) 设$f(x)=\begin{cases} x^2 & -1\leqslant x\leqslant 0 \\ x-1 & 0<x\leqslant 1 \end{cases}$，求$\int_{-\frac{1}{2}}^{\frac{1}{2}} f(x)dx$

2. 求由 $y=x^2$ 与直线 $x=1$，$x=2$ 及 x 轴所围成的图形的面积.

第三节 定积分的换元法和分部积分法

前面介绍了不定积分换元法和分部积分法，本节将介绍定积分的两种相应的计算方法.

一、定积分的换元法

定理 1 如果函数 $f(x)$在$[a,b]$上连续，函数 $x=\varphi(t)$在$[\alpha,\beta]$上是单值的，并且有导数 $\varphi'(t)$，$\varphi(\alpha)=a$，$\varphi(\beta)=b$，且当 t 在$[\alpha,\beta]$上变化时，相应的 x 值不超出$[a,b]$范围，那么

$$\int_a^b f(x)dx = \int_\alpha^\beta f[\varphi(t)]\varphi'(t)dt$$

证明从略.

例 1 计算 $\int_0^3 \frac{x}{\sqrt{1+x}}dx$.

解 设$\sqrt{1+x}=t$，则 $x=t^2-1$，$dx=2tdt$. 当 $x=0$，时 $t=1$；当 $x=3$ 时，$t=2$. 根据定理 1，可得

$$\int_0^3 \frac{x}{\sqrt{1+x}}dx = \int_1^2 \frac{t^2-1}{t}2tdt$$
$$= 2\int_1^2 (t^2-1)dt = 2\left[\frac{t^3}{3}-t\right]_1^2 = \frac{8}{3}$$

例 2 计算 $\int_0^{\frac{\pi}{2}} \cos^3 x\sin x dx$.

解 设 $t=\cos x$，则 $dt=-\sin x dx$. 当 $x=0$ 时，$t=1$；当 $x=\frac{\pi}{2}$时，$t=0$，所以

$$\int_0^{\frac{\pi}{2}} \cos^3 x\sin x dx = -\int_1^0 t^3 dt = \left[\frac{1}{4}t^4\right]_0^1 = \frac{1}{4}$$

这个定积分中的被积函数的原函数也可用“凑微分法”求得，即

$$\int_0^{\frac{\pi}{2}} \cos^3 x\sin x dx = -\int_0^{\frac{\pi}{2}} \cos^3 x d(\cos x)$$
$$= \left[-\frac{1}{4}\cos^4 x\right]_0^{\frac{\pi}{2}} = \frac{1}{4}$$

由此可见，在定积分的计算中，若采用换元积分法时，要相应地改变积分上下限，简单说是“换元要换限”.

例 3 计算 $\int_1^{\sqrt{3}} \frac{\arctan x}{1+x^2}dx$.

解 $\int_1^{\sqrt{3}} \frac{\arctan x}{1+x^2}\mathrm{d}x = \int_1^{\sqrt{3}} \arctan x \mathrm{d}(\arctan x)$

$$= \left[\frac{1}{2}(\arctan x)^2\right]_1^{\sqrt{3}}$$

$$= \frac{1}{2}\left[\left(\frac{\pi}{3}\right)^2 - \left(\frac{\pi}{4}\right)^2\right]$$

$$= \frac{7}{288}\pi^2$$

例 4 证明 $\int_{-a}^{a} f(x)\mathrm{d}x = \begin{cases} 0 & f(x)\text{ 为奇函数} \\ 2\int_0^a f(x)\mathrm{d}x & f(x)\text{ 为偶函数} \end{cases}$.

证 因为 $\int_{-a}^{a} f(x)\mathrm{d}x = \int_{-a}^{0} f(x)\mathrm{d}x + \int_0^a f(x)\mathrm{d}x$，对定积分 $\int_{-a}^{0} f(x)\mathrm{d}x$ 作代换 $x=-t$，得

$$\int_{-a}^{0} f(x)\mathrm{d}x = -\int_a^0 f(-t)\mathrm{d}t = \int_0^a f(-t)\mathrm{d}t$$

所以
$$\int_{-a}^{0} f(x)\mathrm{d}x = \int_0^a f(-t)\mathrm{d}t + \int_0^a f(t)\mathrm{d}t = \int_0^a [f(-t) + f(t)]\mathrm{d}t$$

若 $f(x)$ 为奇函数，则 $f(-x)=-f(x)$，所以

$$\int_{-a}^{a} f(x)\mathrm{d}x = 0$$

若 $f(x)$ 为偶函数，则 $f(-x)=f(x)$，所以

$$\int_{-a}^{a} f(x)\mathrm{d}x = 2\int_0^a f(x)\mathrm{d}x$$

例 5 计算

(1) $\int_{-\frac{\pi}{2}}^{\frac{\pi}{2}} \sin^7 x\mathrm{d}x$　(2) $\int_{-\frac{\pi}{4}}^{\frac{\pi}{4}} \frac{x}{1+\cos x}\mathrm{d}x$　(3) $\int_{-2}^{2} x^2\mathrm{d}x$

解 (1) 令 $f(x)=\sin^7 x$，因为 $f(x)$ 在 $\left[-\frac{\pi}{2}, \frac{\pi}{2}\right]$ 为奇函数，所以

$$\int_{-\frac{\pi}{2}}^{\frac{\pi}{2}} \sin^7 x\mathrm{d}x = 0$$

(2) 令 $f(x)=\frac{x}{1+\cos x}$，因为 $f(x)$ 在 $\left[-\frac{\pi}{4}, \frac{\pi}{4}\right]$ 上为奇函数，所以

$$\int_{-\frac{\pi}{4}}^{\frac{\pi}{4}} \frac{x}{1+\cos x}\mathrm{d}x = 0$$

(3) 令 $f(x)=x^2$，因为 $f(x)$ 在 $[-2,2]$ 上为偶函数，所以

$$\int_{-2}^{2} x^2\mathrm{d}x = 2\int_0^2 x^2\mathrm{d}x = 2\left[\frac{1}{3}x^3\right]_0^2 = \frac{16}{3}$$

二、定积分的分部积分法

定理 2 如果函数 $u=u(x)$，$v=v(x)$ 在区间 $[a,b]$ 上具有连续的导数，那么

$$\int_a^b u\mathrm{d}v = [uv]_a^b - \int_a^b v\mathrm{d}u$$

例 6 计算 $\int_0^{\pi} x\cos x\mathrm{d}x$.

解 $\int_0^{\pi} x\cos x\mathrm{d}x = \int_0^{\pi} x\mathrm{d}(\sin x) = [x\sin x]_0^{\pi} - \int_0^{\pi}\sin x\mathrm{d}x$

$= 0 - \int_0^{\pi}\sin x\mathrm{d}x = [\cos x]_0^{\pi} = -2$

例 7 计算 $\int_0^1 x\mathrm{e}^x\mathrm{d}x$.

解 $\int_0^1 x\mathrm{e}^x\mathrm{d}x = \int_0^1 x\mathrm{d}(\mathrm{e}^x) = [x\mathrm{e}^x]_0^1 - \int_0^1 \mathrm{e}^x\mathrm{d}x$

$= \mathrm{e} - [\mathrm{e}^x]_0^1 = 1$

例 8 计算 $\int_0^1 \mathrm{e}^{\sqrt{x}}\mathrm{d}x$.

解 令 $\sqrt{x}=t$，即 $x=t^2$，则 $\mathrm{d}x=2t\mathrm{d}t$. 当 $x=0$ 时，$t=0$；当 $x=1$ 时，$t=1$，于是

$$\int_0^1 \mathrm{e}^{\sqrt{x}}\mathrm{d}x = 2\int_0^1 t\mathrm{e}^t\mathrm{d}t = 2\int_0^1 t\mathrm{d}\mathrm{e}^t = 2[t\mathrm{e}^t]_0^1 - 2\int_0^1 \mathrm{e}^t\mathrm{d}t$$

$$= 2\mathrm{e} - 2[\mathrm{e}^t]_0^1 = 2$$

例 9 计算 $\int_{\frac{1}{2}}^{\mathrm{e}} |\ln x|\mathrm{d}x$.

解 因为 $f(x) = |\ln x| = \begin{cases} \ln x & 1<x\leqslant \mathrm{e} \\ -\ln x & \frac{1}{2}\leqslant x\leqslant 1 \end{cases}$，所以

$$\int_{\frac{1}{2}}^{\mathrm{e}} |\ln x|\mathrm{d}x = -\int_{\frac{1}{2}}^{1}\ln x\mathrm{d}x + \int_1^{\mathrm{e}}\ln x\mathrm{d}x$$

$$= -[x\ln x]_{\frac{1}{2}}^{1} + \int_{\frac{1}{2}}^{1}\mathrm{d}x + [x\ln x]_1^{\mathrm{e}} - \int_1^{\mathrm{e}}\mathrm{d}x$$

$$= \frac{1}{2}(1-\ln 2) + 1 = \frac{3}{2} - \frac{1}{2}\ln 2$$

习题 5-3

1. 求下列定积分.

(1) $\int_1^4 \frac{1}{x+\sqrt{x}}\mathrm{d}x$　　(2) $\int_1^2 \frac{x}{(1+x^2)^3}\mathrm{d}x$

(3) $\int_1^{\mathrm{e}^2} \frac{1}{x\sqrt{1+\ln x}}\mathrm{d}x$　　(4) $\int_{-\frac{\pi}{2}}^{\frac{\pi}{2}} \cos x\cos 2x\mathrm{d}x$

(5) $\int_0^{\frac{\pi}{2}} \sin^3 x\mathrm{d}x$　　(6) $\int_0^{\frac{\pi}{2}} \sin^3 x\cos^2 x\mathrm{d}x$

(7) $\int_0^1 \frac{1}{\sqrt{4-x^2}}\mathrm{d}x$　　(8) $\int_0^3 \frac{x}{\sqrt{1+x}}\mathrm{d}x$

(9) $\int_0^1 \frac{\mathrm{e}^x}{1+\mathrm{e}^x}\mathrm{d}x$　　(10) $\int_{-\frac{\pi}{2}}^{\frac{\pi}{2}} \sqrt{\cos x-\cos^3 x}\,\mathrm{d}x$

2. 计算下列定积分.

(1) $\int_0^{\frac{1}{2}} \arcsin x\mathrm{d}x$　　(2) $\int_0^{\pi} x\sin x\mathrm{d}x$

(3) $\int_0^1 t^2\mathrm{e}^t\mathrm{d}t$　　(4) $\int_1^{\mathrm{e}} x\ln x\mathrm{d}x$

(5) $\int_0^{\frac{\pi}{2}}\sin x e^x dx$　　　　(6) $\int_0^{\frac{\pi}{2}} x^2\sin x dx$

第四节　广 义 积 分

前面所讨论的定积分都是在有限区间遇到和被积函数为有界的条件下进行的，这种积分叫作常义积分．在实际问题中常常遇到积分区间为无限区间，或被积函数在有限的积分区间上为无界函数的情形，这两种积分都称为广义积分(或反常积分)．本节将介绍这两种广义积分的概念及其计算方法．

一 、无限区间上的积分

定义 1　设函数 $f(x)$ 在区间 $[a,+\infty)$ 内连续，b 是区间 $[a,+\infty)$ 内的任意数值，则称 $\lim\limits_{b\to+\infty}\int_a^b f(x)dx$ 为 $f(x)$ 在 $[a,+\infty)$ 上的**广义积分**，记为

$$\int_a^{+\infty} f(x)dx=\lim_{b\to+\infty}\int_a^b f(x)dx$$

若上述极限存在，则称广义积分 $\int_a^{+\infty} f(x)dx$ 收敛；若上述极限不存在，则称广义积分 $\int_a^{+\infty} f(x)dx$ 发散．类似地，可以定义广义积分

$$\int_{-\infty}^{b} f(x)dx=\lim_{a\to-\infty}\int_a^b f(x)dx$$

$$\int_{-\infty}^{+\infty} f(x)dx=\int_{-\infty}^{c} f(x)dx+\int_{c}^{+\infty} f(x)dx,\ c\in(-\infty,+\infty)$$

由广义积分的定义可知，它是一类常义积分的极限，因此广义积分的计算就是先计算常义积分，再取极限．

例 1　求 $\int_0^{+\infty}\frac{dx}{1+x^2}$．

解　$\int_0^{+\infty}\frac{dx}{1+x^2}=\lim\limits_{b\to+\infty}\int_0^b\frac{1}{1+x^2}dx=\lim\limits_{b\to+\infty}\arctan x\Big|_0^b$

$=\lim\limits_{b\to+\infty}(\arctan b-\arctan 0)=\frac{\pi}{2}$

例 2　求 $\int_a^{+\infty}\frac{1}{x^2}dx\ (a>0)$．

解　$\int_a^{+\infty}\frac{1}{x^2}dx=\lim\limits_{b\to+\infty}\int_a^b\frac{1}{x^2}dx=\lim\limits_{b\to+\infty}\left[-\frac{1}{x}\right]_a^b$

$=\lim\limits_{b\to+\infty}\left(\frac{1}{a}-\frac{1}{b}\right)=\frac{1}{a}$

例 3　求 $\int_{-\infty}^{+\infty}\frac{1}{1+x^2}dx$．

解法一　因为被积函数 $f(x)=\frac{1}{1+x^2}$ 在 $(-\infty,+\infty)$ 为偶函数，所以

$$\int_{-\infty}^{+\infty}\frac{1}{1+x^2}dx=2\int_0^{+\infty}\frac{1}{1+x^2}dx$$

再利用例 1 的结果有

$$\int_{-\infty}^{+\infty}\frac{1}{1+x^2}\mathrm{d}x = 2\times\frac{\pi}{2}=\pi$$

解法二
$$\begin{aligned}\int_{-\infty}^{+\infty}\frac{1}{1+x^2}\mathrm{d}x &= \int_{-\infty}^{0}\frac{1}{1+x^2}\mathrm{d}x+\int_{0}^{+\infty}\frac{1}{1+x^2}\mathrm{d}x\\ &= \lim_{a\to-\infty}\int_a^0\frac{1}{1+x^2}\mathrm{d}x+\lim_{b\to+\infty}\int_0^b\frac{1}{1+x^2}\mathrm{d}x\\ &= \lim_{a\to-\infty}\arctan x\Big|_a^0+\lim_{b\to+\infty}\arctan x\Big|_0^b\\ &= \lim_{a\to-\infty}(-\arctan a)+\lim_{b\to+\infty}\arctan b\\ &= -\left(-\frac{\pi}{2}\right)+\frac{\pi}{2}=\pi\end{aligned}$$

例 4 讨论 $\int_1^{+\infty}\frac{1}{x^p}\mathrm{d}x$ (p 为常数)的敛散性.

解 当 $p\neq 1$ 时，有

$$\int_1^{+\infty}\frac{1}{x^p}\mathrm{d}x=\lim_{b\to+\infty}\int_1^b\frac{1}{x^p}\mathrm{d}x=\lim_{b\to+\infty}\left[\frac{x^{1-p}}{1-p}\right]_1^b=\begin{cases}\dfrac{1}{p-1} & p>1\\ +\infty & p<1\end{cases}$$

当 $p=1$ 时，有

$$\int_1^{+\infty}\frac{1}{x}\mathrm{d}x=\lim_{b\to+\infty}\int_1^b\frac{1}{x}\mathrm{d}x=\lim_{b\to+\infty}\ln x\Big|_1^b=+\infty$$

综上所述，广义积分 $\int_1^{+\infty}\frac{1}{x^p}\mathrm{d}x$，当 $p>1$ 时收敛；当 $p\leqslant 1$ 时发散.

二、无界函数的积分

定义 2 设函数 $f(x)$ 在区间 $(a,b]$ 上连续，且 $\lim\limits_{x\to a^+}f(x)=\infty$. 取 $\xi>0$，则称 $\lim\limits_{\xi\to0^+}\int_{a+\xi}^b f(x)\mathrm{d}x$ 为 $f(x)$ 在 $(a,b]$ 上的广义积分，记为

$$\int_a^b f(x)\mathrm{d}x=\lim_{\xi\to0^+}\int_{a+\xi}^b f(x)\mathrm{d}x$$

若上述极限存在，则称广义积分 $\int_a^b f(x)\mathrm{d}x$ 收敛；若上述极限不存在，则称广义积分 $\int_a^b f(x)\mathrm{d}x$ 发散.

类似地，定义 $x=b$ 为函数 $f(x)$ 的无穷间断点时，无界函数 $f(x)$ 的广义积分为

$$\int_a^b f(x)\mathrm{d}x=\lim_{\xi\to0^+}\int_a^{b-\xi}f(x)\mathrm{d}x$$

若上式右端极限存在，则称广义积分 $\int_a^b f(x)\mathrm{d}x$ 收敛；否则，称广义积分 $\int_a^b f(x)\mathrm{d}x$ 发散. 对于 $f(x)$ 在 $[a,b]$ 上除点 c $(a<c<b)$ 外连续，且 $\lim\limits_{x\to c}f(x)=\infty$ 的情形，可取 $\xi>0$，$\xi'>0$，则其广义积分定义为

$$\int_a^b f(x)\mathrm{d}x=\int_a^c f(x)\mathrm{d}x+\int_c^b f(x)\mathrm{d}x$$

$$= \lim_{\xi \to 0^+} \int_a^{c-\xi} f(x)\,dx + \lim_{\xi' \to 0^+} \int_{c+\xi'}^b f(x)\,dx$$

若上式右端两个极限都存在，则称广义积分 $\int_a^b f(x)\,dx$ 收敛；否则，称广义积分 $\int_a^b f(x)\,dx$ 发散.

例 5　计算广义积分 $\int_{-1}^0 \frac{dx}{\sqrt{1-x^2}}$.

解　$$\int_{-1}^0 \frac{dx}{\sqrt{1-x^2}} = \lim_{\xi \to 0^+} \int_{-1+\xi}^0 \frac{dx}{\sqrt{1-x^2}} = \lim_{\xi \to 0^+} \arcsin x \Big|_{-1+\xi}^0$$

$$= \lim_{\xi \to 0^+} [-\arcsin(-1+\xi)] = \frac{\pi}{2}$$

例 6　求 $\int_1^2 \frac{x}{\sqrt{x-1}}dx$.

解　$$\int_1^2 \frac{x}{\sqrt{x-1}}dx = \lim_{\xi \to 0^+} \int_{1+\xi}^2 \frac{x}{\sqrt{x-1}}dx$$

$$= \lim_{\xi \to 0^+} \int_{1+\xi}^2 \left(\sqrt{x-1} + \frac{1}{\sqrt{x-1}}\right) d(x-1)$$

$$= \lim_{\xi \to 0^+} \left[\frac{2}{3}(x-1)^{\frac{3}{2}} + 2(x-1)^{\frac{1}{2}}\right]_{1+\xi}^2$$

$$= \lim_{\xi \to 0^+} \left(\frac{2}{3} + 2 - \frac{2}{3}\xi^{\frac{3}{2}} - 2\xi^{\frac{1}{2}}\right) = \frac{8}{3}$$

例 7　求 $\int_{-1}^1 \frac{1}{x^2}dx$.

解　被积函数 $f(x)=\frac{1}{x^2}$ 在积分区间 $[-1,1]$ 上除 $x=0$ 外处处连续，且 $\lim\limits_{x \to 0}\frac{1}{x^2}=\infty$，所以

$$\int_{-1}^1 \frac{1}{x^2}dx = \int_{-1}^0 \frac{1}{x^2}dx + \int_0^1 \frac{1}{x^2}dx$$

由于

$$\int_{-1}^0 \frac{1}{x^2}dx = \lim_{\xi \to 0^+} \int_{-1}^{-\xi} \frac{dx}{x^2} = \lim_{\xi \to 0^+} \left[-\frac{1}{x}\right]_{-1}^{-\xi} = \lim_{\xi \to 0^+} \left(\frac{1}{\xi} - 1\right) = +\infty$$

即 $\int_{-1}^0 \frac{1}{x^2}dx$ 发散，所以广义积分 $\int_{-1}^1 \frac{1}{x^2}dx$ 发散.

注意：如果疏忽了 $x=0$ 这一无穷间断点，就会得出错误的结果

$$\int_{-1}^1 \frac{1}{x^2}dx = \left[-\frac{1}{x}\right]_{-1}^1 = -1-1=-2$$

习题　5-4

1. 求下列广义积分.

(1) $\int_1^{+\infty} \frac{1}{x^3}dx$　　(2) $\int_0^{+\infty} e^{-ax}dx\ (a>0)$

(3) $\int_{-\infty}^{+\infty} \frac{1}{x^2+2x+2}dx$　　(4) $\int_0^{+\infty} xe^{-x}dx$

2. 判断下列广义积分的敛散性.

(1) $\int_1^{+\infty}\frac{1}{\sqrt{x}}\mathrm{d}x$　　(2) $\int_{-\infty}^{0}\frac{x}{1+x^2}\mathrm{d}x$

(3) $\int_0^2\frac{\mathrm{d}x}{(1-x)^2}$　　(4) $\int_0^1\frac{x\mathrm{d}x}{\sqrt{1-x^2}}$

3. 求下列广义积分.

(1) $\int_0^1\frac{1}{\sqrt{1-x}}\mathrm{d}x$　　(2) $\int_{-1}^{1}\frac{1}{\sqrt{1-x^2}}\mathrm{d}x$

(3) $\int_0^1\frac{\arcsin x}{\sqrt{1-x^2}}\mathrm{d}x$　　(4) $\int_0^a\frac{\mathrm{d}x}{\sqrt{a^2-x^2}}$　$(a>0)$

第五节　定积分在几何中的应用

本节先介绍运用定积分解决实际问题的一种常用方法——微元法，然后讨论定积分在几何中的应用.

一、微元法

在本章第一节计算曲边梯形面积的四个步骤中，关键近似代替，即确定

$$\Delta A_i\approx f(\xi_i)\Delta x_i$$

而在实际应用中，为简便起见，常省略下标 i. 用 ΔA 表示任一小区间 $[x,x+\mathrm{d}x]$ 上的小曲边梯形的面积，这样

$$A=\sum\Delta A$$

如图 5-13 所示，取 $[x,x+\mathrm{d}x]$ 的左端点 x 为 ξ_i，以点 x 处的函数值 $f(x)$ 为高、$\mathrm{d}x$ 为底的矩形面积为 ΔA 的近似值，即

$$\Delta A\approx f(x)\mathrm{d}x$$

上式右端 $f(x)\mathrm{d}x$ 称为面积微元，记 $\mathrm{d}A=f(x)\mathrm{d}x$，于是面积 A 就是将这些微元在区间 $[a,b]$ 上的"无限累加"，即 a 到 b 的定积分

$$A=\int_a^b\mathrm{d}A=\int_a^b f(x)\mathrm{d}x$$

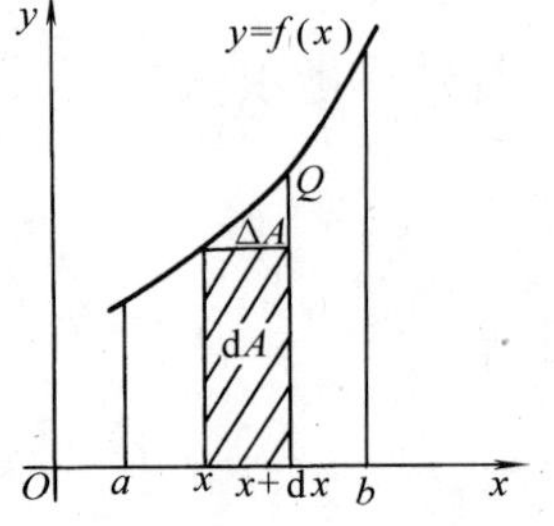

图 5-13

通过上面的作法，可以把定积分——和式的极限，理解成无限多个微分之和，即积分是微分的无限累加.

概括上述过程，对一般的定积分问题，所求量 F 的积分表达式，可按以下步骤确定：

(1) 确定积分变量 x，并求出积分区间 $[a,b]$；

(2) 在 $[a,b]$ 上，任取一微小区间 $[x,x+\mathrm{d}x]$，求出部分量 ΔF 的近似值 $\Delta F\approx\mathrm{d}F=f(x)\mathrm{d}x$ (称它为所求量 F 的微元)；

(3) 将 $\mathrm{d}F$ 在 $[a,b]$ 积分，即得到所求量 $F=\int_a^b\mathrm{d}F=\int_a^b f(x)\mathrm{d}x$.

通常把这种方法叫作**微元法**(或**元素法**).

下面用微元法讨论定积分在几何中的应用.

二、平面图形的面积

1. 直角坐标情形

根据定积分的几何意义，若求由区间$[a,b]$内连续曲线$y=f(x)$，$y=g(x)$（$f(x)\geqslant g(x)$，$x\in[a,b]$）及直线$x=a$，$x=b$所围成的平面图形的面积A，由定积分的性质有

$$A=\int_a^b[f(x)-g(x)]\mathrm{d}x$$

利用微元法求解可得同样的结果．其中$\mathrm{d}A=[f(x)-g(x)]\,\mathrm{d}x$，就是面积微元．

例 1　计算由两条抛物线$y^2=x$和$x^2=y$围成的图形的面积．

解　如图 5-14 所示，确定积分变量为x，由方程组$\begin{cases}y=x^2\\y^2=x\end{cases}$解得两抛物线交点为$(0,0)$，$(1,1)$，从而可知所求图形在直线$x=0$及$x=1$之间，即积分区间为$[0,1]$．

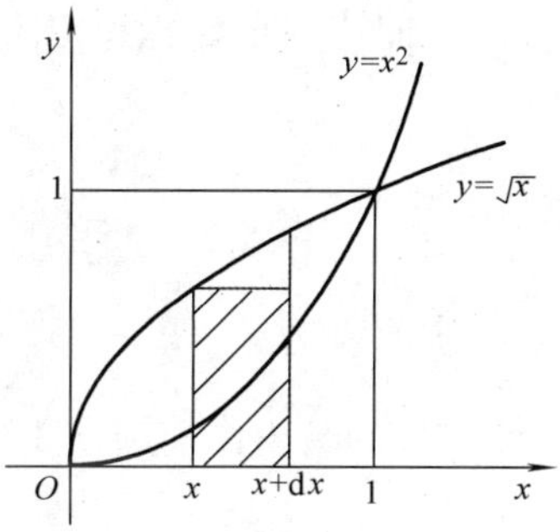

图　5-14

在区间$[0,1]$上，任取小区间$[x,x+\mathrm{d}x]$对应的窄条面积近似于高为$(\sqrt{x}-x^2)$、底为$\mathrm{d}x$的小矩形面积，从而得面积微元

$$\mathrm{d}A=(\sqrt{x}-x^2)\,\mathrm{d}x$$

于是所求图形面积为

$$A=\int_0^1(\sqrt{x}-x^2)\,\mathrm{d}x=\left[\frac{2}{3}x^{\frac{3}{2}}-\frac{1}{3}x^3\right]_0^1=\frac{1}{3}$$

例 2　求抛物线$y^2=x$与直线$y=x-2$所围成的图形面积．

解　如图 5-15 所示，确定积分变量为y，解方程组

$$\begin{cases}y^2=x\\y=x-2\end{cases}$$

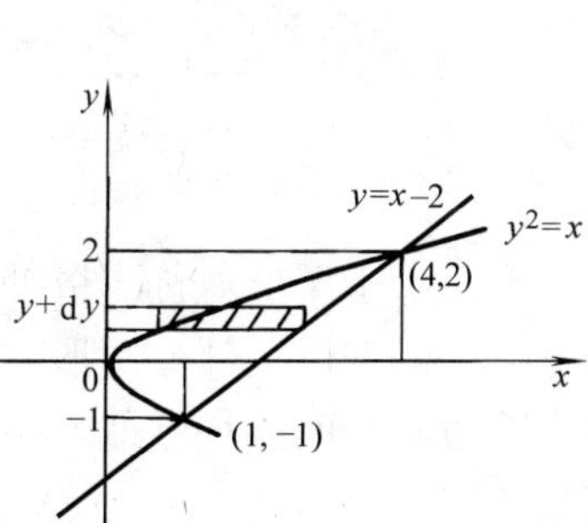

图　5-15

解得交点是$(1,-1)$，$(4,2)$．从而可知此图形在$y=-1$与$y=2$之间，即积分区间为$[-1,2]$．

在区间$[-1,2]$上，任取一小区间$[y,y+\mathrm{d}y]$，对应的窄条面积近似于高为$\mathrm{d}y$、底为$(y+2)-y^2$的矩形面积，从而得到面积微元

$$\mathrm{d}A=[(y+2)-y^2]\,\mathrm{d}y$$

于是所求图形的面积为

$$A=\int_{-1}^2(y+2-y^2)\,\mathrm{d}y=\left[\frac{1}{2}y^2+2y-\frac{1}{3}y^3\right]_{-1}^2=\frac{9}{2}$$

如果取x为积分变量，则积分区间需分成$[0,1]$，$[1,4]$两部分，且每个区间对应的面积微元并不相同，所以计算比较复杂，因此恰当选择积分变量是十分重要的．

一般地，由区间$[c,d]$上的连续曲线$x=\varphi(y)$，$x=\psi(y)$（$\varphi(y)\geqslant\psi(y)$，$y\in[c,d]$）及直线$y=c$，$y=d$所围成平面图形面积为

$$A=\int_c^d[\varphi(y)-\psi(y)]\mathrm{d}y$$

一般说来，求平面图形面积的步骤为：

（1）作草图，确定积分变量和积分区间；

（2）求出面积微元；

（3）计算定积分求出面积．

2. 极坐标情形

某些平面图形，用极坐标计算它们的面积比较方便．

如图 5-16 所示，用微元法计算，由极坐标方程 $\rho=\rho(\theta)$ 所表示的曲线与射线 $\theta=\alpha$，$\theta=\beta$ 所围成的曲边扇形面积．

以极角 θ 为积分变量，以$[\alpha,\beta]$为积分区间，在$[\alpha,\beta]$上任取一小区间$[\theta,\theta+\mathrm{d}\theta]$，与它相应的小曲边扇形面积近似于以 $\mathrm{d}\theta$ 为圆心角、$\rho=\rho(\theta)$ 为半径的圆扇形面积，从而得到面积微元

$$\mathrm{d}A=\frac{1}{2}[\rho(\theta)]^2\mathrm{d}\theta$$

于是所求面积为
$$A=\int_\alpha^\beta\frac{1}{2}[\rho(\theta)]^2\mathrm{d}\theta$$

例 3 如图 5-17 所示，计算心形线$\rho=a(1+\cos\theta)$，$a>0$ 所围成的平面图形的面积.

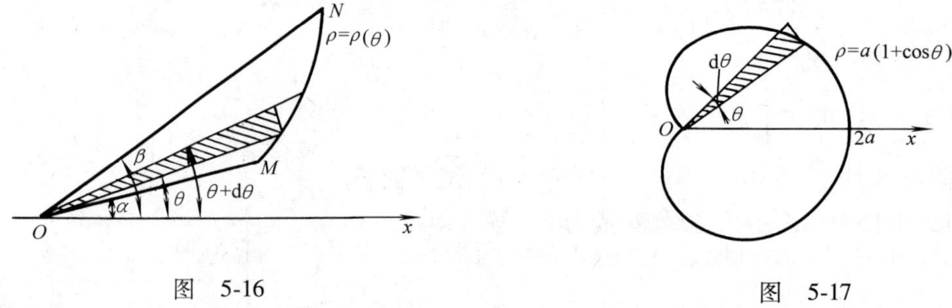

图 5-16　　图 5-17

解 由于图形对称于极轴，只需算出极轴以上部分面积 A_1，再两倍即得所求面积 A.

对于极轴以上部分图形，θ 的变化区间为$[0,\pi]$．相应于$[0,\pi]$上任一小区间$[\theta,\theta+\mathrm{d}\theta]$的窄曲边扇形的面积近似于半径为 $a(1+\cos\theta)$、圆心角为 $\mathrm{d}\theta$ 的圆扇形的面积，从而得到面积微元

$$\mathrm{d}A_1=\frac{1}{2}a^2(1+\cos\theta)^2\mathrm{d}\theta$$

于是
$$\begin{aligned}A_1&=\int_0^\pi\frac{1}{2}a^2(1+\cos\theta)^2\mathrm{d}\theta=\frac{1}{2}a^2\int_0^\pi(1+2\cos\theta+\cos^2\theta)\mathrm{d}\theta\\&=\frac{1}{2}a^2\int_0^\pi\left[\frac{3}{2}+2\cos\theta+\frac{1}{2}\cos2\theta\right]\mathrm{d}\theta\\&=\frac{1}{2}a^2\left[\frac{3}{2}\theta+2\sin\theta+\frac{1}{4}\sin2\theta\right]_0^\pi=\frac{3}{4}\pi a^2\end{aligned}$$

所以所求面积为 $A=2A_1=\dfrac{3}{2}\pi a^2$.

三、旋转体的体积

设一旋转体是由曲线 $y=f(x)$ 与直线 $x=a$，$x=b$ 及 x 轴所围成的曲边梯形绕 x 轴旋转而成的，如图 5-18 所示．现用微元法求它的体积．

在区间$[a,b]$上任取$[x,x+\mathrm{d}x]$，对应于该小区间的小薄片体积近似于以 $f(x)$ 为半径、以 $\mathrm{d}x$ 为高的薄片圆柱体体积，从而得到体积微元为

$$dV=\pi[f(x)]^2dx$$

从 a 到 b 积分，得旋转体体积为

$$V=\pi\int_a^b f^2(x)dx$$

类似地，若旋转体是由连续曲线 $x=\varphi(y)$ 与直线 $y=c$，$y=d$ 及 y 轴所围成的图形绕 y 轴旋转而成，则其体积为

$$V=\pi\int_c^d \varphi^2(y)dy$$

例 4　如图 5-19 所示，求椭圆 $\frac{x^2}{a^2}+\frac{y^2}{b^2}=1$ 绕 x 轴旋转而成的旋转体的体积.

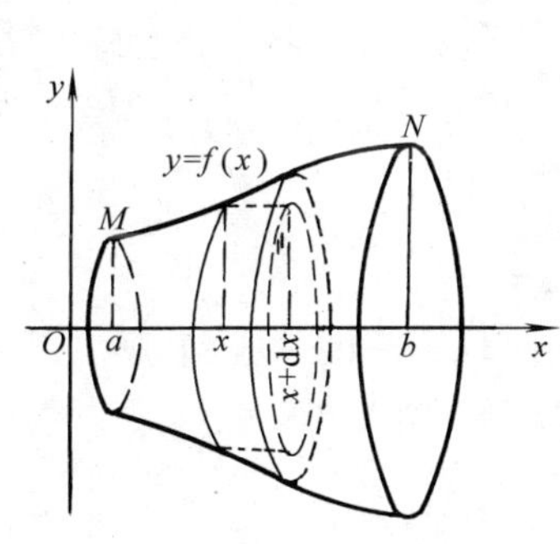

图　5-18

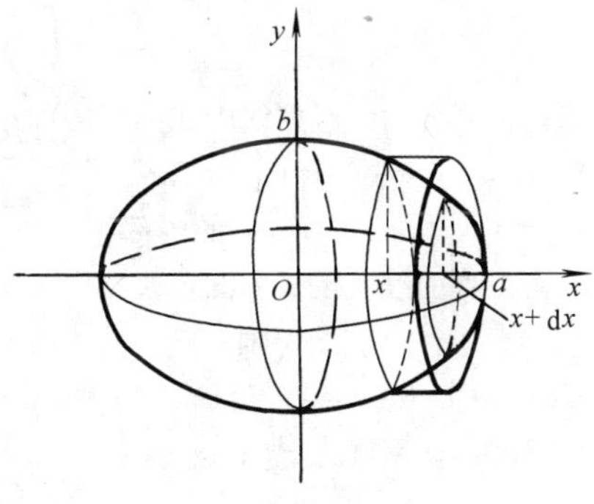

图　5-19

解　将椭圆方程化为

$$y^2=\frac{b^2}{a^2}(a^2-x^2)$$

体积微元为

$$dV=\pi f^2(x)dx=\pi\frac{b^2}{a^2}(a^2-x^2)dx$$

所求体积为

$$V=\frac{\pi b^2}{a^2}\int_{-a}^{a}(a^2-x^2)dx=\frac{2\pi b^2}{a^2}\int_0^a(a^2-x^2)dx$$

$$=\frac{2\pi b^2}{a^2}\left[a^2x-\frac{1}{3}x^3\right]_0^a=\frac{4}{3}\pi ab^2$$

当 $a=b=R$ 时，得球体积 $V=\frac{4}{3}\pi R^3$.

例 5　如图 5-20 所示，试求由过点 $O(0,0)$ 及点 $P(r,h)$ 的直线与 $y=h$ 及 y 轴围成的直角三角形绕 y 轴旋转而成圆锥体的体积.

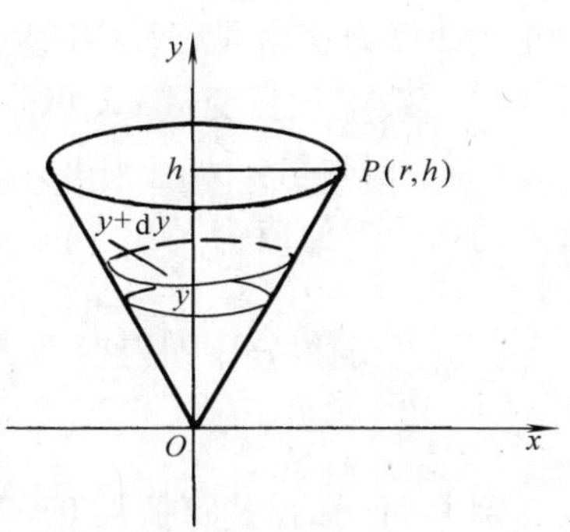

图　5-20

解　过 OP 的直线方程为 $y=\frac{h}{r}x$，即 $x=\frac{r}{h}y$.

因为绕 y 轴旋转，所以取 y 为积分变量，积分区间为 $[0,h]$，所以体积微元为

$$dV=\pi\left(\frac{r}{h}y\right)^2 dy$$

于是，圆锥体的体积为

$$V=\pi\int_0^h\left(\frac{r}{h}y\right)^2 dy=\frac{\pi r^2}{h^2}\left[\frac{1}{3}y^3\right]_0^h=\frac{1}{3}\pi r^2 h$$

习题 5-5

1. 求由下列已知曲线围成的图形的面积.

（1）$y=x^3$，$y=2x$　　（2）$y=\ln x$，$y=\ln 3$，$y=\ln 7$，$x=0$

（3）$y=x^2$，$y=(x-2)^2$，$y=0$　　（4）$y^2=x$，$x^2+y^2=2$（$x>0$）

（5）$y=x^2$，$y=2-x$　　（6）$y=\frac{1}{x}$，$y=x$，$y=2$

2. 求由下列各曲线或射线围成图形的面积.

（1）$\rho=a\theta$（$a>0$），$\theta=0$，$\theta=2\pi$　　（2）$\rho=2a\cos\theta$（$a>0$）

（3）$\rho=3\cos\theta$ 和 $\rho=1+\cos\theta$ 的内部　　（4）$\rho^2=a^2\cos 2\theta$（$a>0$）

3. 求由下列曲线所围成的图形绕指定轴旋转而成的旋转体的体积.

（1）$y=x^2$，$y^2=x$，绕 x 轴　　（2）$y=\cos x$，$x=0$，$x=\pi$，$y=0$，绕 x 轴

（3）$2x-y+4=0$，$x=0$，$y=0$，绕 y 轴　　（4）$y=x^2-4$，$y=0$，绕 y 轴

（5）$x^2+(y-5)^2=16$，绕 x 轴

第六节 定积分在物理中的应用

前面一节用微元法解决了定积分在几何上的应用，本节将利用微元法解决定积分在物理中的应用.

一、变力所做的功

由物理学知道，在常力 F 的作用下，物体沿力的主方向做直线运动，当物体移动一段距离 s 时，力 F 所做的功为

$$W=Fs$$

但在实际问题中物体所受的力经常是变化的，这就需要讨论如何来求变力做功的问题.

设物体在变力 $F=f(x)$ 的作用下，沿 x 轴由 a 移动到 b(图 5-21)，而且变力方向与 x 轴方向一致. 用定积分的微元法计算力在这段路程中所做的功.

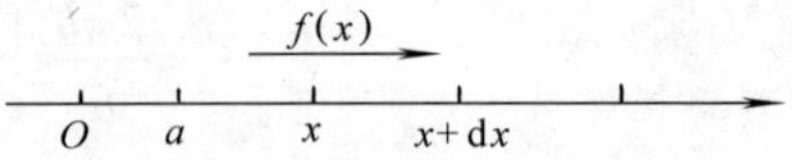

图 5-21

（1）确定积分变量 x，积分区间为$[a,b]$；

（2）在区间$[a,b]$上任取一小区间$[x,x+dx]$，当物体从 x 移动到 $x+dx$ 时，变力$F=f(x)$所做的功的近似值为

$$dW=f(x)dx$$

（3）求定积分，即得变力 $F=f(x)$所做的功

$$W=\int_a^b f(x)dx$$

例 1 已知弹簧每拉长 0.02m 要用 9.8N 的力，求把弹簧拉长 0.1m 所做的功.

解 如图 5-22 所示，取积分变量为 x，积分区间为$[0,0.1]$.

由已知条件，得弹簧的劲度

$$k=\frac{9.8}{0.02}\text{N/m}=490\text{N/m}$$

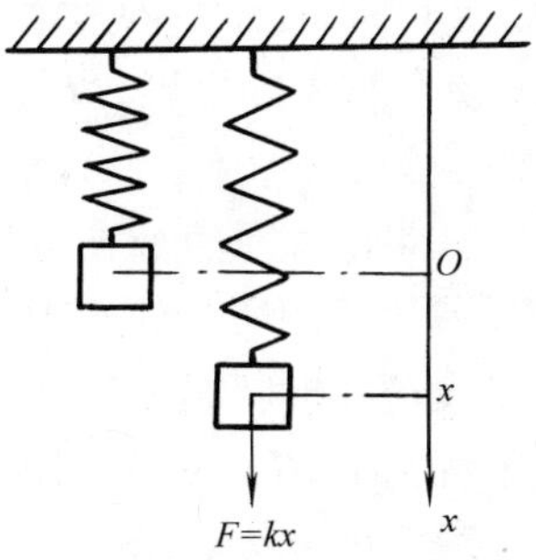

在$[0,0.1]$上，任取一小区间$[x,x+\mathrm{d}x]$，与它对应的变力所做的功似值为

$$\mathrm{d}W=490x\mathrm{d}x$$

求定积分，得弹簧拉长所做功(单位:J)为

$$W=\int_0^{0.1}490x\mathrm{d}x=490\left[\frac{x^2}{2}\right]_0^{0.1}=2.45$$

图　5-22

例 2　把一个带$+q$电量的点电荷放在r轴坐标原点O处，它产生一个电场，这个电场对周围的电荷有作用力. 由物理学知道，如果有一个单位正电荷放在这个电场中距离原点O为r的地方，那么电场对它的作用力的大小为

$$F=k\frac{q}{r^2}\ (k\text{ 为常数})$$

如图 5-23 所示，当这个单位电荷在电场中从$r=a$处沿轴r移动到$r=b$ $(a<b)$处时，计算电场力对它所做的功.

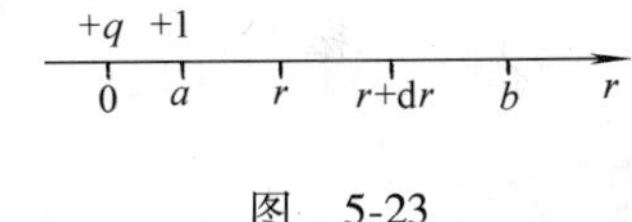

图　5-23

解　取r为积分变量，积分区间为$[a,b]$.

在区间$[a,b]$上任取一小区间$[r,r+\mathrm{d}r]$，与它相对应的电场力所做功的近似值为

$$\mathrm{d}W=\frac{kq}{r^2}\mathrm{d}r$$

求定积分，即电场力所做的功为

$$W=\int_a^b\frac{kq}{r^2}\mathrm{d}r=kq\int_a^b\frac{1}{r^2}\mathrm{d}r=kq\left[-\frac{1}{r}\right]_a^b=kq\left(\frac{1}{a}-\frac{1}{b}\right)$$

例 3　修建一座大桥的桥墩时先要下围囹，并且抽尽其中的水以便施工. 已知围囹的直径为 20m，水深 27m，围囹高出水面 3m，求抽尽水所做的功.

解　建立直角坐标系，如图 5-24 所示.

取积分变量为x，积分区间为$[3,30]$.

在区间$[3,30]$上任取一小区间$[x,x+\mathrm{d}x]$，与它对应的一薄层(圆柱)水的重量为

$$\rho g\pi 10^2\mathrm{d}x$$

其中水的密度为$\rho=1\times10^3\text{kg/m}^3$，重力加速度$g=9.8\text{m/s}^2$.

因为这个薄层水抽出围囹所做的功近似于克服这一薄层水的重量所做的功，所以功元素为

$$\mathrm{d}W=9.8\times10^5\pi x\mathrm{d}x$$

在$[3,30]$上积分，所做的功(单位:J)

$$W=\int_3^{30}9.8\times10^5\pi x\mathrm{d}x=9.8\times10^5\pi\left[\frac{1}{2}x^2\right]_3^{30}$$

$$=4.3659\times10^8\pi$$

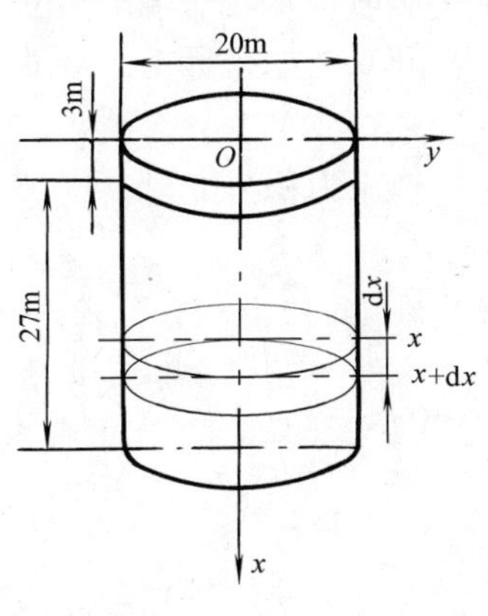

图　5-24

二、液体的压力

由物理学知道，距液体表面h深处的水平放置的薄片所受

的(压)力，等于以薄片面积为底，以 h 为高的液体柱的重力．设 S 为薄片面积，ρ 为液体密度，g 为重力加速度，F 为薄片上所受的总压力，则

$$F=\rho gSh$$

如果薄片垂直放在液体中，那么薄片一侧不同深度处的压强各不相同，因而不能用上式计算薄片一侧所受的压力．下面说明它的计算方法．

设薄片形状是曲边梯形，为计算方便，一般取液面为 y 轴，向下的方向为 x 轴，此时曲边方程为 $y=f(x)$，如图 5-25 所示．

取深度 x 为积分变量，积分区间为 $[a,b]$，在 $[a,b]$ 上任取一小区间 $[x,x+\mathrm{d}x]$，与它对应的窄条薄片面积近似于 $f(x)\mathrm{d}x$，小条上各点处距液面的深度近似于 x，即把垂直放置的小条薄片近似地看作水平放置在水深 x 处，因此，小条薄片一侧所受的压力的近似值，即压力元素为 $\mathrm{d}F=\rho gxf(x)\mathrm{d}x$. 在 $[a,b]$ 上积分，即得压力为

$$F=\int_a^b \rho gxf(x)\mathrm{d}x=\rho g\int_a^b xf(x)\mathrm{d}x$$

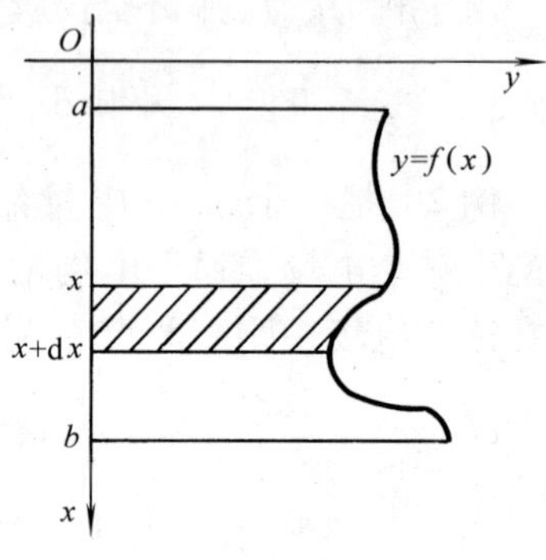

图　5-25

例 4　一水库的水闸为直角梯形，上底为 6m，下底为 2m，高为 10m. 求当水面与上底相齐时水闸所受的压力．

解　建立直角坐标系，如图 5-26 所示．直线 AB 的方程为

$$y=-\frac{2}{5}x+6$$

取水深 x 为积分变量，积分区间 $[0,10]$，压力元素为

$$\mathrm{d}F=\rho gxy\mathrm{d}x=9.8\times10^3x\left(-\frac{2}{5}x+6\right)\mathrm{d}x$$

在 $[0,10]$ 上积分，水的压力(单位:N)

$$F=\int_0^{10}9.8\times10^3x\left(-\frac{2}{5}x+6\right)\mathrm{d}x$$

$$=9.8\times10^3\times\left(-\frac{2}{15}x^3+3x^2\right)\Bigg|_0^{10}\approx16.33\times10^5$$

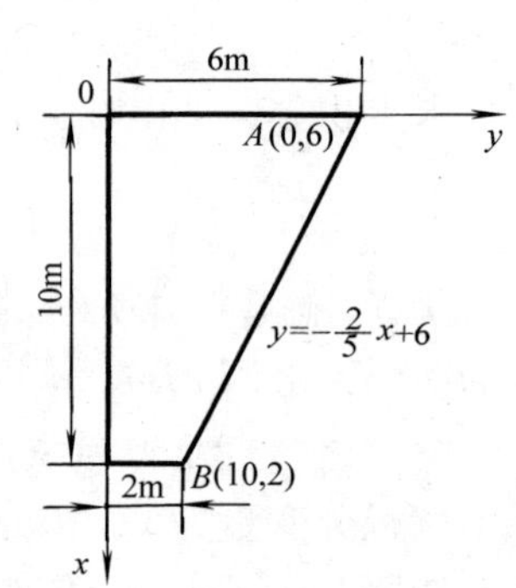

图　5-26

例 5　设一水平放置的水管，其断面是直径为 6m 的圆，求当水半满时，水管一端的竖立闸门上所受的(压)力．

解　建立坐标系，如图 5-27 所示．圆的方程为

$$x^2+y^2=9$$

取 x 为积分变量，$[0,3]$ 为积分区间，压力元素为

$$\mathrm{d}F=\rho gx\times2y\mathrm{d}x=9.8\times10^3\times2x\sqrt{9-x^2}\mathrm{d}x$$

在 $[0,3]$ 上积分，求得水的压力(单位:N)为

$$F=\int_0^3 19.6\times10^3x\sqrt{9-x^2}\mathrm{d}x$$

$$=19.6\times10^3\int_0^3\left(-\frac{1}{2}\right)\sqrt{9-x^2}\mathrm{d}(9-x^2)$$

$$=-9.8\times10^3\times\frac{2}{3}\left[(9-x^2)^{3/2}\right]_0^3\approx1.76\times10^5$$

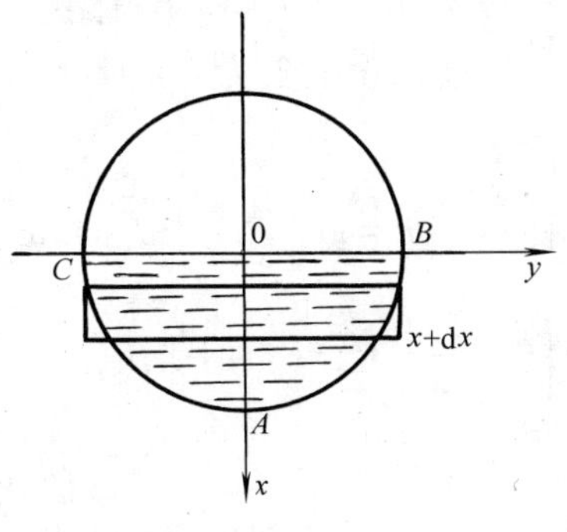

图　5-27

三、平均值

在实际问题中，常常用一组数据的算术平均值来描述这组数据的概貌．例如，对某一零件的长度进行 n 次测量，每次测得的值为 y_1，y_2，y_3，…，y_n. 通常用算术平均值

$$\bar{y}=\frac{1}{n}(y_1+y_2+y_3+\cdots+y_n)$$

作为这个零件长度的近似值．

然而，有时还需要计算一个连续函数 $y=f(x)$ 在区间 $[a,b]$ 上的一切值的平均值．

速度为 $v(t)$ 的物体做直线运动，它在时间间隔 $[t_1,t_2]$ 上所经过的路程为

$$s=\int_{t_1}^{t_2}v(t)\,\mathrm{d}t$$

用 t_2-t_1 去除路程 s，即得它在时间间隔 $[t_1,t_2]$ 上的平均速度，即

$$\bar{v}=\frac{s}{t_2-t_1}=\frac{1}{t_2-t_1}\int_{t_1}^{t_2}v(t)\,\mathrm{d}t$$

一般地，设函数 $y=f(x)$ 在区间 $[a,b]$ 上连续，则它在 $[a,b]$ 上的平均值 $\bar{y}$，等于它在 $[a,b]$ 上的定积分除以区间 $[a,b]$ 的长度 $b-a$，即

$$\bar{y}=\frac{1}{b-a}\int_a^b f(x)\,\mathrm{d}x$$

这个公式叫作函数的**平均值公式**．它可变形为

$$\int_a^b f(x)\,\mathrm{d}x=\bar{y}(b-a)$$

它的几何解释是：以 $[a,b]$ 为底、$y=f(x)$ 为曲边的曲边梯形面积，等于高为 $\bar{y}$ 的同底矩形的面积（图 5-28）.

例 6　求从 O 到 T 这段时间内自由落体的平均速度．

解　因为自由速度为 $v=gt$，所以平均速度（图 5-29）为

$$\bar{v}=\frac{1}{T-0}\int_0^T gt\,\mathrm{d}t=\frac{1}{T}\left[\frac{1}{2}gt^2\right]_0^T=\frac{1}{2}gT$$

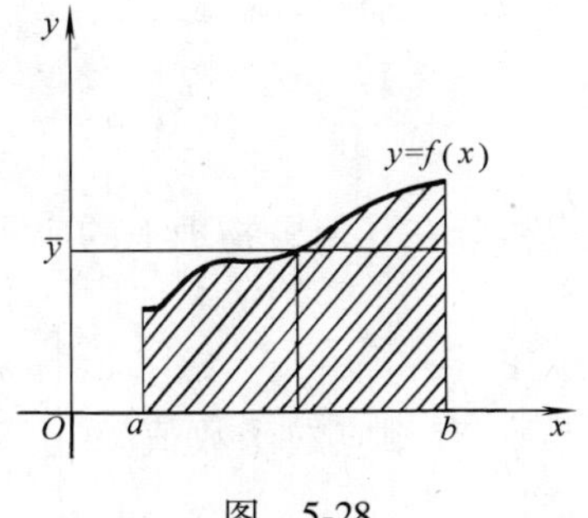

图　5-28

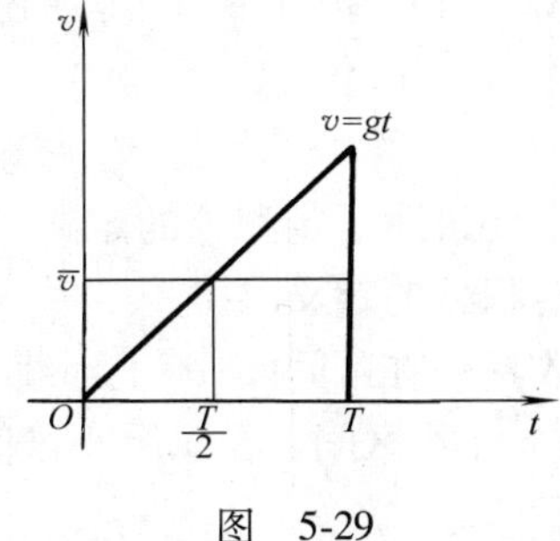

图　5-29

例 7 计算纯电阻电路中正弦交流电 $i=I_m\sin\omega t$ 在一个周期内功率的平均值．

解 设电阻为 R，那么电路中 R 两端的电压为

$$u=Ri=RI_m\sin\omega t$$

而功率 $P=ui=Ri^2=RI_m^2\sin^2\omega t$，因为交流电 $i=I_m\sin\omega t$ 的周期为 $T=\dfrac{2\pi}{\omega}$，所以在一个周期 $\left[0,\dfrac{2\pi}{\omega}\right]$ 上，P 的平均值为

$$\overline{P}=\frac{1}{\dfrac{2\pi}{\omega}-0}\int_0^{\frac{2\pi}{\omega}}RI_m^2\sin^2\omega t\mathrm{d}t=\frac{RI_m^2}{2\pi}\int_0^{\frac{2\pi}{\omega}}\sin^2\omega t\mathrm{d}(\omega t)$$

$$=\frac{RI_m^2}{4\pi}\int_0^{\frac{2\pi}{\omega}}(1-\cos2\omega t)\mathrm{d}(\omega t)=\frac{RI_m^2}{4\pi}\left[\omega t-\frac{\sin2\omega t}{2}\right]_0^{\frac{2\pi}{\omega}}$$

$$=\frac{I_m^2R}{4\pi}\times2\pi=\frac{I_m^2R}{2}=\frac{I_mu_m}{2}$$

也就是说，纯电阻电路中正弦交流电的平均功率等于电流和电压的峰值乘积的一半．通常交流电器上标明的功率是指平均功率．

习题 5-6

1. 弹簧原长 0.30m，每压缩 0.01m 需力 2N，求把弹簧从 0.25m 压缩到 0.20m 所做的功．

2. 设把金属杆的长度从 a 拉长到 $a+x$ 时，所需的力等于 $\dfrac{k}{a}x$，其中 k 为常数，试求将金属杆由长度 a 拉长到 b 时所做的功．

3. 设一物体在某介质中按照公式 $s=t^2$ 做直线运动，其中 s 是在时间 t 内所经过的路程，又知介质的阻力与运动速度的平方成正比(比例系数为 k)，当物体由 $s=0$ 到 $s=a$ 时，求介质阻力所做的功．

4. 有一矩形闸门，它的尺寸如图 5-30 所示，求当水面超过门顶 1m 时，闸门上所受的水压力．

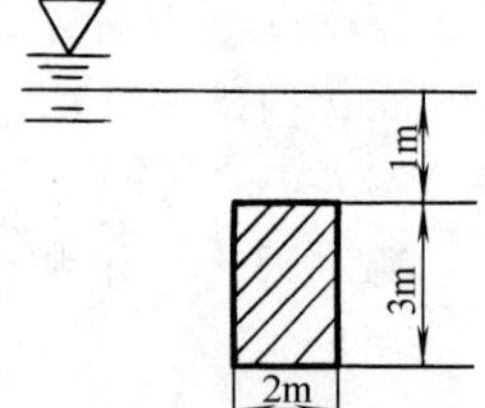

图 5-30

5. 边长为 am 的正方形薄片直立地沉没在水中，它的一顶点位于水平面而一条对角线与水平面平齐，求薄片一侧的压力．

6. 求函数 $2y=\sin x$ 在[0.2]上的平均值．

7. 一物体以速度 $v=3t^2+2t+1$(v 以 m/s 为单位，t 以 s 为单位)做直线运动，试计算该物体在 $t=0$ 到 $t=3$s 时间内的平均速度．

本章小结

本章主要讲述了定积分的定义、性质、计算方法和定积分在几何、物理上的应用．

一、定积分的定义

设函数 $f(x)$ 在区间 $[a,b]$ 上连续，任意用分点 $a=x_0<x_1<\cdots<x_{i-1}<x_i<\cdots<x_{n-1}<x_n=b$ 把区间 $[a,b]$ 分成 n 个小区间，在每个小区间 $[x_{i-1},x_i]$ 上任取一点 ξ_i 有相应的函数值 $f(\xi_i)$，作乘积 $f(\xi_i)\Delta x_i(i=1,2,\cdots,n)$，并求和 $I_n=\sum\limits_{i=1}^{n}f(\xi_i)\Delta x_i$(其中 Δx_i 是第 i 个小区间的长度)，记 $\lambda=$

$\max\limits_{1\leqslant i\leqslant n}\{\Delta x_i\}$，当 $\lambda\to 0$ 时，和式 I_n 的极限值叫作函数 $f(x)$ 在区间 $[a,b]$ 上定积分，记作 $\int_a^b f(x)\mathrm{d}x$，即

$$\int_a^b f(x)\mathrm{d}x = \lim_{\lambda\to 0}\sum_{i=1}^{n} f(\xi)\Delta x_i$$

其中，a 与 b 分别叫作积分下限与上限；区间 $[a,b]$ 叫作积分区间；函数 $f(x)$ 叫作被积函数；x 叫作积分变量；$f(x)\mathrm{d}x$ 叫作被积表达式.

对于任意的函数 $f(x)$，当它在闭区间 $[a,b]$ 上连续时则它在 $[a,b]$ 上可积. 定积分 $\int_a^b f(x)\mathrm{d}x$ 的值是一个确定的常数，它只与被积函数 $f(x)$ 和积分区间 $[a,b]$ 有关，而与积分变量用什么字母表示无关，也与分点 x_i 及 ξ_i 的选取无关. 定积分 $\int_a^b f(x)\mathrm{d}x$ 的几何意义是由曲线 $y=f(x)$ 和直线 $y=0$，$x=a$ 及 $x=b$ 围成的曲边梯形的面积，并且规定 x 轴以上的面积为正，x 轴以下面积为负. 如果曲线 $y=f(x)$ 使曲边梯形同时具有 x 轴以上和以下的面积，则定积分的值是它们面积的代数和.

二、定积分的性质

(1) $\int_a^b [f(x) \pm g(x)]\mathrm{d}x = \int_a^b f(x)\mathrm{d}x \pm \int_a^b g(x)\mathrm{d}x$

(2) $\int_a^b Af(x)\mathrm{d}x = A\int_a^b f(x)\mathrm{d}x$（$A$ 为常数）

(3) $\int_a^b f(x)\mathrm{d}x = -\int_b^a f(x)\mathrm{d}x$

(4) $\int_a^b f(x)\mathrm{d}x = \int_a^c f(x)\mathrm{d}x + \int_c^b f(x)\mathrm{d}x \quad (a\leqslant c\leqslant b)$

(5) $\int_a^b 1\mathrm{d}x = \int_a^b \mathrm{d}x = b-a$

三、牛顿-莱布尼茨公式

若函数 $f(x)$ 在闭区间 $[a,b]$ 上连续，$F(x)$ 是 $f(x)$ 的一个原函数，则

$$\int_a^b f(x)\mathrm{d}x = F(b) - F(a)$$

该公式称为定积分基本公式(也称为牛顿-莱布尼茨公式). 它揭示了定积分和不定积分的内在联系，提供了计算定积分有效而简便的方法.

四、定积分的计算方法

定积分的计算方法有换元积分和分部积分两种. 当函数 $f(x)$ 在 $[a,b]$ 上连续，函数 $x=\varphi(u)$ 在 $[\alpha,\beta]$ 上是单值的，并且有导数 $\varphi'(t)$，$\varphi(\alpha)=a$，$\varphi(\beta)=b$，且当 t 在 $[\alpha,\beta]$ 上变化时，相应的 x 值不超出 $[a,b]$ 范围，那么 $\int_a^b f(x)\mathrm{d}x=\int_\alpha^\beta f[\varphi(t)]\varphi'(t)\mathrm{d}t$，该法称为换元积分；如果函数 $u=u(x)$，$v=v(x)$ 在区间 $[a,b]$ 上具有连续的导数，那么 $\int_a^b u\mathrm{d}v = [uv]_a^b - \int_a^b v\mathrm{d}u$，该法称为分部积分.

五、广义积分

积分区间为无限区间，或被积函数在有限的积分区间上为无界函数，这两种积分问题都称为广义积分(或反常积分). 如果函数$f(x)$在区间$[a,+\infty)$内连续，b是区间$[a,+\infty)$内的任意数值，如果极限$\lim\limits_{b\to+\infty}\int_a^b f(x)\mathrm{d}x$存在，则称该极限值为$f(x)$在$[a,+\infty)$上的广义积分，记为$\int_a^{+\infty} f(x)\mathrm{d}x=\lim\limits_{b\to+\infty}\int_a^b f(x)\ \mathrm{d}x$. 若极限$\lim\limits_{b\to+\infty}\int_a^b f(x)\mathrm{d}x$存在，则称广义积分$\int_a^{+\infty} f(x)\mathrm{d}x$收敛；若该极限不存在，则称广义积分$\int_a^{+\infty} f(x)\mathrm{d}x$发散. 如果函数$f(x)$在区间$(a,b]$上连续，且$\lim\limits_{x\to a+0}f(x)=\infty$，取$\xi>0$，如果极限$\lim\limits_{\xi\to0^+}\int_{a+\xi}^b f(x)\mathrm{d}x$存在，则称该极限值为$f(x)$在$(a,b]$上的广义积分，记为$\int_a^b f(x)\mathrm{d}x=\lim\limits_{\xi\to0^+}\int_{a+\xi}^b f(x)\mathrm{d}x$. 如果极限$\lim\limits_{\xi\to0^+}\int_{a+\xi}^b f(x)\mathrm{d}x$存在，则称广义积分$\int_a^b f(x)\mathrm{d}x$收敛，若该极限不存在，则称广义积分$\int_a^b f(x)\mathrm{d}x$发散.

六、定积分的应用——微元法

微元法是定积分应用的最重要的方法，其基本思想是微积分思想的重要体现. 先将所要求的图形或物体无限细分，取其中一份求出其近似表达式，然后对该表达式在其范围上积分，最终求出其精确数值. 定积分的几何应用有求平面图形的面积和旋转体体积等. 如果平面图形由曲线$f(x)$，$g(x)$与直线$x=a$，$x=b$所围成，则该平面的面积为$S=\int_a^b[f(x)-g(x)]\mathrm{d}x$；如果平面图形由连续曲线$x=\varphi(y)$，$x=\psi(y)$($\varphi(y)\geqslant\psi(y)$)与直线$y=c$，$y=d$所围成的平面图形的面积为$S=\int_c^d[\varphi(y)-\psi(y)]\mathrm{d}y$；如果平面图形由极坐标曲线$r=\varphi_1(\theta)$，$r=r_2(\theta)$与极径$\theta=\alpha$，$\theta=\beta$围成(其中不包含极点)，则其面积为$S=\int_\alpha^\beta\frac{1}{2}[\varphi_1^2(\theta)-\varphi_2^2(\theta)]\mathrm{d}\theta$；如果平面图形由封闭曲线$r=r(\theta)$(其中包含极点)，则其面积为$S=\int_0^{2\pi}\frac{1}{2}[\varphi(\theta)]^2\mathrm{d}\theta$.

定积分的物理应用主要是求变力做功、液体的静压力等，没有固定的求解公式，求解的方法是运用微元法，求解过程为：无限细分—求微元—再积分.

复习题五

1. 填空题.

(1) 定积分的值与______无关，而只与______有关.

(2) 若函数$f(x)$在区间$[a,b]$上连续，$F(x)$是$f(x)$的一个原函数则$\int_a^b f(x)\mathrm{d}x=$________.

(3) $\int_{-3}^{3}\frac{x\cos x}{2x^4+x^2+1}\mathrm{d}x=$________.

(4) $\int_a^a f(x)\mathrm{d}x=$________.

(5) $\int_1^{e}\ln x\mathrm{d}x=$________.

(6) $\int_0^{+\infty}\frac{dx}{x^2+2x+5}=$________.

(7) 设在$[a,b]$上曲线$y=f(x)$位于曲线$y=g(x)$的上方，则由这两条曲线及直线$x=a$，$x=b$所围成平面图形的面积$S=$________.

(8) 已知函数$y=\cos x$，函数在区间$\left[0,\frac{\pi}{2}\right]$上的平均值=________.

(9) 已知$v(t)=t^2+1$，物体在时间间隔$[0,4]$上的位移$s=$________.

2. 选择题.

(1) 设$\int_0^1 x(a-x)dx=1$，则常数$a=$(　　).

A. $\frac{8}{3}$　　B. $\frac{1}{3}$　　C. $\frac{4}{3}$　　D. $\frac{2}{3}$

(2) 下列广义积分收敛的是(　　).

A. $\int_1^{+\infty}\frac{dx}{x^5}$　　B. $\int_1^{+\infty}\frac{dx}{\sqrt{x+1}}$　　C. $\int_1^{+\infty}\frac{dx}{x^3}$　　D. $\int_{-1}^{1}\frac{1}{x^2}dx$

(3) 由曲线$y=e^x$及直线$x=0$，$y=2$所围成的平面图形的面积$S=$(　　).

A. $\int_1^2\ln y dy$　　B. $\int_0^{e^2}e^x dx$　　C. $\int_1^{\ln 2}\ln y dy$　　D. $\int_0^2(2-e^x)dx$

(4) 由曲线$y=\sqrt{x}$及直线$x=1$，$x=3$围成的平面图形绕x轴旋转而成的旋转体的体积$V=$(　　)

A. 2π　　B. 4π　　C. 4　　D. 4.5π

(5) 若$f(x)$在$[-1,1]$上连续，其平均值为2，则$\int_{-1}^{1}f(x)dx=$(　　).

A. $\frac{1}{4}$　　B. -1　　C. 4　　D. -4

3. 求下列定积分.

(1) $\int_3^4\frac{x^2+x-6}{x-2}dx$　　(2) $\int_{-2}^{-1}\frac{1}{(11+5x)^3}dx$

(3) $\int_{\frac{\pi}{6}}^{\frac{\pi}{3}}\frac{\cos 2x}{\cos^2 x\sin^2 x}dx$　　(4) $\int_1^e\frac{1+\ln x}{x}dx$

(5) $\int_0^{\frac{\pi}{2}}\cos^3 x\sin 2x dx$　　(6) $\int_{-\frac{\pi}{4}}^{\frac{\pi}{4}}(\sin^2 x-\cos 4x)dx$

(7) $\int_0^{\pi}\sqrt{\sin x-\sin^3 x}dx$　　(8) $\int_0^{\frac{\pi}{2}}x\sin x dx$

(9) $\int_0^1 x^2\sqrt{1-x^2}dx$　　(10) $\int_0^1\frac{1}{1+e^x}dx$

(11) $\int_0^1\frac{x+\arctan x}{1+x^2}dx$　　(12) $\int_1^4\frac{\ln x}{\sqrt{x}}dx$

4. 计算下列广义积分.

(1) $\int_{-\infty}^{0}xe^x dx$　　(2) $\int_1^e\frac{dx}{x\sqrt{1-(\ln x)^2}}$

5. 求曲线$y=\sin x$和$y=\cos x$与直线$x=0$，$x=\frac{\pi}{2}$围成的平面图形的面积.

6. 求抛物线$y=-x^2+4x-3$与其在点$(0,-3)$和点$(3,0)$处的切线所围成的图形面积.

7. 在抛物线 $y^2=2(x-1)$ 上横坐标等于 3 处作一切线，试求由所作切线及 x 轴与抛物线围成的平面图形绕 x 轴旋转所成旋转体的体积.

8. 有圆锥形的贮水池深 2m，口径 6m，池内盛满水，问将水全部抽出应做功多少？

9. 水池的一壁为矩形，长 60m，高 5m，池中充满水，求作一水平直线把此壁分为上、下两部分，使所受压力相等.

10. 试求函数 $y=\sin^2 x$，在 $x=0$，$x=\pi$ 之间的平均值.

【数学小百科】

蝴蝶效应

美国气象学家爱德华·洛伦兹于 1963 年在一篇提交纽约科学院的论文中分析了如下效应：如果这个理论被证明正确，一只海鸥扇动翅膀足以永远改变天气变化. 在以后的演讲和论文中，他用了更加有诗意的蝴蝶. 对于这个效应最常见的阐述是：一只南美洲亚马孙河流域热带雨林中的蝴蝶，偶尔扇动几下翅膀，可以在两周以后引起美国得克萨斯州的一场龙卷风. 其原因就是蝴蝶扇动翅膀的运动，导致其身边的空气系统发生变化，并产生微弱的气流，而微弱的气流的产生又会引起四周空气或其他系统产生相应的变化，由此引起一个连锁反应，最终导致其他系统的极大变化. 洛伦兹将其称为“混沌学”. 当然，“蝴蝶效应”主要还是关于混沌学的一个比喻，即一个不起眼的小动作却能引起一连串的巨大反应. 这句话的来源，是这位气象学家设计了一个计算机程序，可以模拟气候的变化，并用图像来表示. 最后他发现，图像是混沌的，而且十分像一只张开双翅的蝴蝶，因而他形象地将这一图形以“蝴蝶扇动翅膀”的方式进行阐释，于是便有了上述的说法. 洛伦兹发现，由于误差会以指数形式增长，在这种情况下，一个微小的误差随着不断推移造成了巨大的后果. 他认为，在大气运动过程中，即使各种误差和不确定性很小，也有可能在过程中将结果积累起来，经过逐级放大，形成巨大的大气运动. 所以，长期的准确预测天气是不可能的. 于是，洛伦兹认定，他发现了新的现象：事物发展的结果，对初始条件具有极为敏感的依赖性. 他认定这是“对初始值的极端不稳定性”，即“混沌”的由来.

蝴蝶效应通常用于天气、股票市场等在一定时段难以预测的比较复杂的系统中. 如果起始的微小差异越来越大，最终就会形成巨大的破坏力. 这也就解释了为什么会有不可预测的自然灾害或者是股票市场的崩盘. 蝴蝶效应在社会学界用来说明：一个微小的机制，如果不加以及时地引导、调节，可能会给社会带来非常大的危害，戏称为“龙卷风”或“风暴”；同样微小的机制，只要正确指引，经过一段时间的努力，将有可能会产生轰动效应，或称为“革命”.

蝴蝶效应在心理学方面用来说明：事物发展的结果，对初始条件具有极为敏感的依赖性，初始条件的极小偏差，将会引起结果的极大差异. 当一个人小时候受到微小的心理刺激，长大后这个刺激会被放大. 美国电影《蝴蝶效应》中对此做了精彩诠释.

2003 年，美国发现一宗疑似疯牛病案例，就给刚刚复苏的美国经济带来一场破坏性很强的“飓风”. 扇动“蝴蝶翅膀”的，是那头倒霉的“疯牛”，受到冲击的，首先是总产值高达 1750 亿美元的美国牛肉产业和 140 万个工作岗位；而作为养牛业主要饲料来源的美国玉米和大豆业，也受到波及，其期货价格呈现下降趋势. 但最终推波助澜，将“疯牛病飓风”损失发挥到最大的，还是美国消费者对牛肉产品出现的信心下降. 在全球化的今天，这种恐慌情绪不仅造成了美国国内餐饮企业的萧条，甚至扩散到了全球，至少 11 个国家宣布紧急禁止美国牛肉进口，连远在大洋彼岸的很多亚洲国家的居民都对西式餐饮敬而远之. 这让人联想到后来的禽流感，也是最初在个别国家发现，但很快波及全球，就算在没有发现禽流感的地区或国家，人们也会“谈鸡色变”.

科学家给“混沌”下的定义是：混沌是指发生在确定性系统中的貌似随机的不规则运动，一个确定性理论描述的系统，其行为却表现为不确定性、不可重复、不可预测，这就是混沌现象. 进一步研究表明，混沌是非线性动力系统的固有特性，是非线性系统普遍存在的现象. 牛顿确定性理论能够完美处理的多为线性系统，而线性系统大多是由非线性系统简化来的. 因此，在现实生活和实际工程技术问题中，混沌是无处不在的. 从洛伦兹第一次发现混沌现象至今，关于混沌的研究一直是科学家、社会学家、人文学家所关注的. 研究混沌，其实就是发现无序中的有序，但今天的世界仍存在着太多的无法预测，而混沌这个话题也必将成为全人类性的问题. 在此，由于篇幅有限，我们只是做了极其肤浅的介绍和引入，希望有更多人能走进混沌之门，以更深入的眼光来审视这个世界.

第六章　常微分方程

函数是客观世界事物的内部联系在数量方面的反映. 当利用数学知识作为工具研究自然界各种现象及其规律时，往往不能直接得到反映这种规律的函数关系，但可以根据实际问题的意义及已知的公式或定律，建立含有自变量、未知函数及未知函数的导数(或微分)的关系式，这种关系式就是微分方程. 通过求解微分方程，便可得到所要寻找的函数关系. 本章将主要介绍微分方程的一些基本概念，讨论几种常见的简单微分方程的解法.

学习目标：

1. 掌握几种常见类型微分方程的解法.
2. 会用微分方程知识解决简单的实际问题.

第一节　微分方程的概念

一、微分方程的基本概念

首先通过具体例子来说明微分方程的基本概念.

例 1　求过(1,2)点，且在曲线上任一点 $M(x,y)$ 处的切线斜率等于 $2x$ 的曲线方程.

解　设所求曲线的方程为 $y=f(x)$. 根据导数的几何意义，可知所求曲线应满足方程

$$\frac{dy}{dx}=2x \tag{1}$$

由于曲线过点(1,2)，因此未知函数 $y=f(x)$ 还应满足条件

$$y\big|_{x=1}=2 \tag{2}$$

对式(1)两端积分，得

$$y=x^2+C \tag{3}$$

把式(2)代入式(3)，得 $C=1$，所以，所求曲线的方程是

$$y=x^2+1$$

例 2　质点以初速 v_0 铅直上抛，不计阻力，求质点的运动规律.

解　取坐标系，如图 6-1 所示. 设运动开始时($t=0$)质点位于 x_0，在时刻 t 质点位于 x. 变量 x 与 t 之间的函数关系 $x=x(t)$ 就是最后要求的运动规律.

根据导数的物理意义，未知函数 $x(t)$ 应满足关系式

$$\frac{d^2x}{dt^2}=-g \tag{4}$$

此外，$x(t)$ 还应满足条件

$$t=0\text{ 时，}x=x_0，\frac{dx}{dt}=v_0 \tag{5}$$

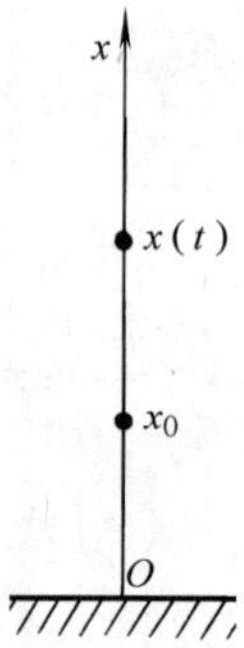

x
x(t)
x₀
O

图　6-1

式(4)两端对 t 积分，得

$$\frac{dx}{dt}=-gt+C_1 \tag{6}$$

再积分，得

$$x=-\frac{1}{2}gt^2+C_1t+C_2 \tag{7}$$

把条件(5)代入式(6)和式(7)，得 $C_1=v_0$，$C_2=x_0$，于是有

$$x=-\frac{1}{2}gt^2+v_0t+x_0 \tag{8}$$

上面两个例子中关系式(1)和关系式(4)都含有未知函数的导数，对于这类关系式，给出下面的定义：

定义　凡含有自变量、未知函数及其导数(或微分)的方程叫作**微分方程**.

需要指出的是：

(1) 在微分方程中，自变量和未知函数可以不出现，但未知函数的导数(或微分)一定要出现.

(2) 如果微分方程中的未知函数只含一个自变量，这种微分方程叫作**常微分方程**. 本章只讨论常微分方程，把它简称为“微分方程”或“方程”.

出现在微分方程中未知函数的最高阶导数的阶数，叫作微分方程的**阶**.

例如，方程(1)是一阶微分方程，方程(4)是二阶微分方程，方程 $x^2y'''+xy''-4y'=3x^4$ 是三阶微分方程，而方程 $y^{(4)}-4y'''+10y''-12y'+5y=\sin 2x$ 是四阶微分方程.

求函数 $f(x)$ 的原函数的问题，就是一阶微分方程 $y'=f(x)$. 这是最简单的一种微分方程，方程(1)就是这种方程. 一般地，一阶微分方程的形式为

$$y'=f(x,y) \quad 或 \quad F(x,y,y')=0$$

二阶微分方程的一般形式为

$$y''=f(x,y,y') \quad 或 \quad F(x,y,y',y'')=0$$

由前面的例子可见，在研究实际问题时，首先要建立微分方程，然后找出满足微分方程的函数. 就是说，找出这样的函数，把该函数代入微分方程式后，能使该方程变成恒等式，这样的函数叫作该微分方程的**解**. 求微分方程解的过程，叫作**解微分方程**.

例如，函数式(3)是方程(1)的解，函数式(7)、(8)都是方程(4)的解.

从例 1、例 2 可以看出，对于形如 $y^{(n)}=f(x)$ 的微分方程，只要积分 n 次，就可以得到它的解. 这类方程叫作**可直接积分方程**.

如果微分方程的解中含有任意常数，且独立的任意常数的个数与微分方程的阶数相同，这样的解叫作微分方程的**通解**.

例如，函数式(3)是方程(1)的通解，函数式(7)是方程(4)的通解.

例 1、例 2 表明，为了求出实际需要的完全确定的解，仅求出方程的通解是不够的，还应附加一定的条件，确定通解中的任意常数. 如例 1 中，通解 $y=x^2+C$ 由条件 $y|_{x=1}=2$ 求得 $C=1$. 定出通解中任意常数的附加条件叫作**初始条件**.

如果微分方程是一阶的，通常用来确定任意常数的初始条件是

$$y|_{x=x_0}=y_0$$

其中，x_0 和 y_0 都是给定的常数.

如果方程是二阶的，通常用来确定任意常数的条件是

$$y\big|_{x=x_0}=y_0,\ y'\big|_{x=x_0}=y_1$$

其中，x_0，y_0，y_1 也都是给定的常数．

在通解中，若使任意常数取某定值，或利用初始条件求出任意常数应取的值，所得的解叫作微分方程的**特解**．如函数式(8)是方程(4)的特解．

微分方程的解的图形称为微分方程的**积分曲线**．由于微分方程的通解中含有任意常数，当任意常数取不同的值时，就得到不同的积分曲线，所以通解的图形是一族积分曲线，称为微分方程的**积分曲线族**．例如在例 1 中，微分方程(1)的积分曲线族是三次抛物线族 $y=x^3+C$，而满足初始值条件式(2)的特解 $y=x^3+1$ 就是过点(1,2)的三次抛物线(图 6-2)．

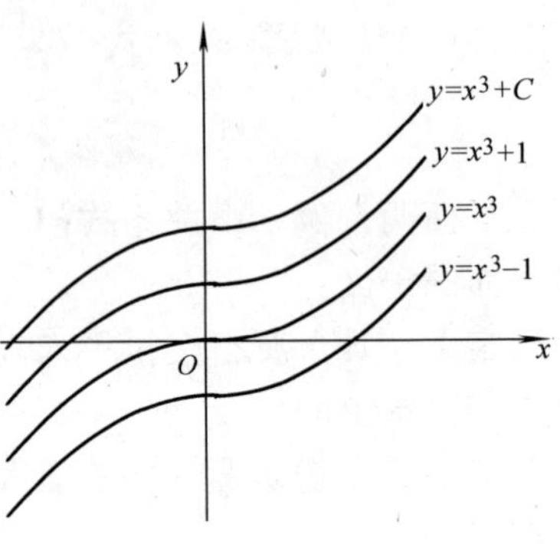

图 6-2

例 3 验证函数 $y=C_1e^{2x}+C_2e^{-2x}$（C_1,C_2 为任意常数）是二阶微分方程 $y''-4y=0$ 的通解，并求此微分方程满足初始条件 $y\big|_{x=0}=0$，$y'\big|_{x=0}=1$ 的特解．

解 要验证一个函数是否是一个微分方程的通解，只需将该函数及其导数代入微分方程中，看是否使方程成为恒等式，再看通解中所含独立的任意常数的个数是否与方程的阶数相同．

将函数 $y=C_1e^{2x}+C_2e^{-2x}$ 分别求一阶及二阶导数，得

$$y'=2C_1e^{2x}-2C_2e^{-2x} \tag{9}$$

$$y''=4C_1e^{2x}+4C_2e^{-2x} \tag{10}$$

把它们代入微分方程的左端，得

$$y''-4y=4C_1e^{2x}+4C_2e^{-2x}-4C_1e^{2x}-4C_2e^{-2x}=0$$

所以函数 $y=C_1e^{2x}+C_2e^{-2x}$ 是所给微分方程的解．又因为这个解中含有两个独立的任意常数，任意常数的个数与微分方程的阶数相同，所以它是该方程的通解．

要求微分方程满足所给初始条件的特解，只要把初始条件代入通解中，定出通解中的任意常数后，便可得到需求的特解．

把条件 $y\big|_{x=0}=0$ 及 $y'\big|_{x=0}=1$ 分别代入式(9)、式(10)中，得

$$\begin{cases}C_1+C_2=0\\2C_1-2C_2=1\end{cases}$$

解得 $C_1=\dfrac{1}{4}$，$C_2=-\dfrac{1}{4}$．于是所求微分方程满足初始条件的特解为

$$y=\frac{1}{4}(e^{2x}-e^{-2x})$$

二、变量可分离的微分方程

看下面的例子：

例 4 解微分方程 $y'=4xy^2$．

解 如果对方程两边直接求积分，可得

$$y=\int 4xy^2\,dx$$

上式右端中含有未知函数 y，因此，用直接积分法不能求出它的解．如果考虑将方程写成

$$\frac{\mathrm{d}y}{\mathrm{d}x}=4xy^2$$

并把变量 x 和 y “分离”，写成

$$\frac{1}{y^2}\mathrm{d}y=4x\mathrm{d}x$$

然后再对等式两端求积分得

$$\int\frac{1}{y^2}\mathrm{d}y=\int 4x\mathrm{d}x$$

$$-\frac{1}{y}=2x^2+C$$

即

$$y=-\frac{1}{2x^2+C}$$

其中，C 是任意常数．

可以验证，$y=-\frac{1}{2x^2+C}$就是所求方程的通解．

通过这个例子可以看到，在一个一阶微分方程中，如果能把两个变量分离，使方程的一端只包含其中一个变量及其微分，另一端只包含另一个变量及其微分，这时就可以通过两边积分的方法来求通解，这种求解的方法称为**分离变量法**，变量能分离的微分方程叫作**变量可分离的微分方程**．

变量可分离的微分方程的一般形式为

$$\frac{\mathrm{d}y}{\mathrm{d}x}=f(x)g(y)$$

其求解步骤为：

（1）分离变量　$$\frac{\mathrm{d}y}{g(y)}=f(x)\mathrm{d}x$$

（2）两边积分，得　$$\int\frac{\mathrm{d}y}{g(y)}=\int f(x)\mathrm{d}x$$

（3）求出积分，得通解　$$G(y)=F(x)+C$$

其中，$G(y)$，$F(x)$分别是$\frac{1}{g(y)}$，$f(x)$的一个原函数．

例 5　求微分方程$\frac{\mathrm{d}y}{\mathrm{d}x}=2xy$ 的通解．

解　将方程变量分离，得　$$\frac{\mathrm{d}y}{y}=2x\mathrm{d}x$$

两边积分，得

$$\int\frac{\mathrm{d}y}{y}=\int 2x\mathrm{d}x$$

即

$$\ln|y|=x^2+C_1 \tag{11}$$

从而

$$|y|=\mathrm{e}^{x^2+C_1}=\mathrm{e}^{C_1}\mathrm{e}^{x^2}$$

即

$$y=\pm\mathrm{e}^{C_1}\mathrm{e}^{x^2}$$

因为$\pm\mathrm{e}^{C_1}$仍是任意非零常数，令 $C=\pm\mathrm{e}^{C_1}$，又 $y=0$ 是方程的解，所以该方程的通解为

$$y=Ce^{x^2}$$

以后为了运算方便，可把式(11)中的 $\ln|y|$ 写成 $\ln y$，任意常数 C_1 写成 $\ln C$，最后得到的 C 仍是任意常数.

例 6 求微分方程 $xy^2\mathrm{d}x+(1+x^2)\mathrm{d}y=0$ 满足初始条件 $y|_{x=0}=1$ 的特解.

解 原方程可改写为
$$(1+x^2)\mathrm{d}y=-xy^2\mathrm{d}x$$

分离变量，得
$$\frac{\mathrm{d}y}{y^2}=-\frac{x}{1+x^2}\mathrm{d}x$$

两边积分，得
$$\int\frac{\mathrm{d}y}{y^2}=-\int\frac{x}{1+x^2}\mathrm{d}x$$

$$\frac{1}{y}=\frac{1}{2}\ln(1+x^2)+C$$

把初始条件 $y|_{x=0}=1$ 代入上式，求得 $C=1$. 于是，所求微分方程的特解为
$$\frac{1}{y}=\frac{1}{2}\ln(1+x^2)+1$$

即
$$y=\frac{2}{\ln(1+x^2)+2}$$

习题 6-1

1. 下列方程中哪些是微分方程？并说明它们的阶数.

(1) $\frac{\mathrm{d}^2y}{\mathrm{d}x^2}-y=2x$ (2) $y^2-3y+x=0$

(3) $x(y')^2+y=1$ (4) $(x^2+y^2)\mathrm{d}x-xy\mathrm{d}y=0$

2. 下列各微分方程后面所列出的函数是否为所给微分方程的解？如果是解，是通解还是特解？

(1) $y''+2y'+y=0$，$y=(C_1+C_2x)\mathrm{e}^{-x}$ （C_1, C_2 为任意常数）

(2) $(x+y)\mathrm{d}x+x\mathrm{d}y=0$，$y=\frac{C^2-x^2}{2x}$ （C 为任意常数）

(3) $(x-2y)y'=2x-y$，由 $x^2-xy+y^2=C$ 确定的隐函数 y （C 为任意常数）

3. 求下列微分方程的通解或特解.

(1) $\frac{\mathrm{d}y}{\mathrm{d}x}=\frac{1}{x}$ (2) $y'''=\mathrm{e}^x$

(3) $x\mathrm{d}y=(2-x)\mathrm{d}x$，$y|_{x=1}=1$ (4) $\frac{\mathrm{d}^2y}{\mathrm{d}x^2}=2\sin 3x$，$y|_{x=0}=0$ $y'|_{x=0}=1$

(5) $y'''=\mathrm{e}^{2x}$，$y|_{x=0}=\frac{1}{8}$，$y'|_{x=0}=0$，$y''|_{x=0}=\frac{1}{2}$

4. 求下列微分方程的通解或特解.

(1) $\frac{\mathrm{d}y}{\mathrm{d}x}=\mathrm{e}^{2x-y}$ (2) $y(1-x^2)\mathrm{d}y+x(1+y^2)\mathrm{d}x=0$

(3) $\sec^2x\cot y\mathrm{d}x-\csc^2y\tan x\mathrm{d}y=0$ (4) $y'-xy'=a(y^2+y')$

(5) $y'\sin x=y\ln y$，$y|_{x=\frac{\pi}{2}}=\mathrm{e}$ (6) $\sin y\cos x\mathrm{d}y-\cos y\sin x\mathrm{d}x=0$，$y|_{x=0}=\frac{\pi}{4}$

(7) $(1+\mathrm{e}^x)y\frac{\mathrm{d}y}{\mathrm{d}x}=\mathrm{e}^x$，$y|_{x=0}=1$

5. 写出下列条件确定的曲线所满足的微分方程.

(1) 曲线在点(x,y)处的切线斜率等于该点横坐标的平方；

(2) 曲线上点$P(x,y)$处的法线与x轴的交点为Q，而线段PQ被y轴平分；

(3) 已知曲线在任一点处的切线斜率等于这个点的纵坐标，且曲线通过点$(1,0)$.

第二节　一阶线性微分方程

在一阶微分方程中，如果未知函数和未知函数的导数都是一次的，这类方程称为**一阶线性微分方程**.

一阶线性微分方程的一般形式是

$$\frac{dy}{dx}+p(x)y=Q(x) \tag{1}$$

其中，$p(x)$，$Q(x)$都是x的已知连续函数，方程所含的未知函数y及其导数y'最高次幂是一次. 如果$Q(x)\neq 0$，则方程(1)称为**一阶非齐次线性微分方程**. 如果$Q(x)=0$，则方程(1)变成

$$\frac{dy}{dx}+p(x)y=0 \tag{2}$$

称为**一阶齐次线性微分方程**.

例如，下列微分方程

$$y'-3y=x+1 \tag{3}$$

$$2y'+(\sin x)y=\cos x \tag{4}$$

$$xy'-2x^2y=0 \tag{5}$$

都是一阶线性微分方程，其中(3)、(4)是非齐次的，(5)是齐次的. 但是，下列微分方程

$$y'-2y^3=1 \tag{6}$$

$$yy'+y=\sin x \tag{7}$$

$$y'-\ln y=0 \tag{8}$$

都不是一阶线性微分方程，因为(6)中含有y^3，它不是y的一次式；(7)中含有yy'项，它不是y或y'的一次式；(8)中含有$\ln y$项，它不是y的一次式.

一、一阶齐次线性微分方程的解法

先讨论齐次线性方程(2)的解法. 不难发现，齐次线性微分方程(2)是变量可分离的一阶微分方程. 分离变量，得

$$\frac{dy}{y}=-p(x)dx$$

两边积分，得

$$\int\frac{dy}{y}=\int -p(x)dx$$

$$\ln y=-\int p(x)dx+\ln C$$

于是

$$y=Ce^{-\int p(x)dx} \tag{9}$$

这就是方程(2)的通解.

这里，按不定积分的定义，在不定积分的记号内包含了积分常数，但上式已将不定积分

的积分常数先写了出来，这只是为了方便地写出这个齐次方程的求解公式. 因而，用上式进行具体运算时，其中的不定积分 $\int p(x)\mathrm{d}x$ 只表示了 $p(x)$ 的一个原函数 . 在以下的推导过程中，也作同样的规定.

二、一阶非齐次线性微分方程的解法

前面已经求得齐次线性微分方程(2)的通解为

$$y = C\mathrm{e}^{-\int p(x)\mathrm{d}x}$$

其中，C 为任意常数 . 现在设想非齐次线性微分方程(1)也有这种形式的解，但其中 C 不是常数，而是某个关于变量 x 的函数，即

$$y = C(x)\mathrm{e}^{-\int p(x)\mathrm{d}x} \tag{10}$$

然后再确定未知函数 $C(x)$.

对式(10)求导，得

$$\begin{aligned} y' &= C'(x)\mathrm{e}^{-\int p(x)\mathrm{d}x} + C(x)\left[\mathrm{e}^{-\int p(x)\mathrm{d}x}\right]' \\ &= C'(x)\mathrm{e}^{-\int p(x)\mathrm{d}x} - p(x)C(x)\mathrm{e}^{-\int p(x)\mathrm{d}x} \end{aligned}$$

代入方程(1)，得

$$C'(x)\mathrm{e}^{-\int p(x)\mathrm{d}x} = Q(x)$$

$$C'(x) = Q(x)\mathrm{e}^{\int p(x)\mathrm{d}x}$$

两边积分，得

$$C(x) = \int Q(x)\mathrm{e}^{\int p(x)\mathrm{d}x}\mathrm{d}x + C$$

将上式代入式(10)，得

$$y = \mathrm{e}^{-\int p(x)\mathrm{d}x}\left[\int Q(x)\mathrm{e}^{\int p(x)\mathrm{d}x}\mathrm{d}x + C\right] \tag{11}$$

这就是一阶非齐次线性微分方程(1)的通解，其中各个不定积分都只表示了对应的被积函数的一个原函数.

上述求非齐次微分方程通解的方法，是将对应的齐次方程的通解中的任意常数 C 换成一个特定函数 $C(x)$，然后求出非齐次线性微分方程的通解，这种方法叫作**常数变易法**.

公式(11)也可写成下面的形式

$$y = \mathrm{e}^{-\int p(x)\mathrm{d}x}\int Q(x)\mathrm{e}^{\int p(x)\mathrm{d}x}\mathrm{d}x + C\mathrm{e}^{-\int p(x)\mathrm{d}x} \tag{12}$$

式(12)中的右端第二项恰好是方程(1)所对应的齐次线性微分方程(2)的通解，而第一项可以看作是通解公式(11)中取 $C=0$ 得到的一个特解. 由此可知，一个非齐次线性微分方程的通解等于它的一个特解及与之对应的齐次线性微分方程的通解之和. 这个结论揭示了一阶线性非齐次微分方程的通解结构.

例 1 求微分方程$\dfrac{\mathrm{d}y}{\mathrm{d}x}+2xy=2x\mathrm{e}^{-x^2}$的通解.

解 直接利用通解公式(11)求解. 因为 $p(x)=2x$，$Q(x)=2x\mathrm{e}^{-x^2}$，代入公式(11)，得所求非齐次线性微分方程的通解为

$$y = e^{-\int 2x dx}\left[\int 2x e^{-x^2} e^{\int 2x dx} dx + C\right]$$

$$= e^{-x^2}\left[\int 2x e^{-x^2} e^{x^2} dx + C\right]$$

$$= e^{-x^2}\left(\int 2x dx + C\right)$$

$$= e^{-x^2}(x^2 + C)$$

注意，使用一阶非齐次线性微分方程的通解公式(11)时，必须首先把方程化为形式如式(1)的标准形式，再确定未知函数 y 的系数 $p(x)$ 及自由项 $Q(x)$.

例 2　求方程 $y'-\frac{2x}{x^2+1}y=2x$ 满足初始条件 $y|_{x=0}=0$ 的特解.

解　原方程对应的齐次线性微分方程是

$$y'-\frac{2x}{x^2+1}y=0$$

用变量分离法求得它的通解为　$y=C(x^2+1)$

用常数变易法，设原方程通解为　$y=C(x)(x^2+1)$

则　$y'=C'(x)(x^2+1)+2xC(x)$

将 y 和 y' 代入原方程，化简得

$$C'(x)=\frac{2x}{x^2+1}$$

两边积分，得　$C(x)=\ln(x^2+1)+C$

所以原方程的通解为

$$y=(x^2+1)[\ln(x^2+1)+C]$$

将初始条件 $y|_{x=0}=0$ 代入上式，求得 $C=0$，故所求微分方程的特解为

$$y=(x^2+1)\ln(x^2+1)$$

现将一阶微分方程的几种类型和解法进行归纳，见表 6-1.

表 6-1　一阶微分方程解法

方程类型		解法
变量可分离 $\frac{dy}{dx}=f(x)g(y)$		变量分离、两边积分
一阶线性方程	齐次 $\frac{dy}{dx}+p(x)y=0$	方法一：变量分离、两边积分 方法二：用公式 $y=Ce^{-\int p(x)dx}$
	非齐次 $\frac{dy}{dx}+p(x)y=Q(x)$	方法一：公式法 $y = e^{-\int p(x)dx}\left[\int Q(x)e^{\int p(x)dx}dx + C\right]$ 方法二：常数变易法

习题 6-2

1. 求下列微分方程的通解.

（1）$y'-3xy=2x$ （2）$y'-\frac{2y}{x}=x^2\sin 3x$

（3）$y'+\frac{2y}{x}=\frac{e^{-x^2}}{x}$ （4）$(x^2-1)y'+2xy-\cos x=0$

（5）$\frac{dy}{dx}=\frac{y}{x+y^2}$（提示：把 x 看成 y 的函数）

2. 求下列微分方程满足初始条件的特解.

（1）$y'+2y=e^{3x}$，$y\big|_{x=0}=0$

（2）$\frac{dy}{dx}-y\tan x=\sec x$，$y\big|_{x=0}=0$

（3）$y\ln y dx+(x-\ln y)dy=0$，$x\big|_{y=e}=\frac{1}{2}$

3. 有一条过原点的曲线，其上任一点 $M(x,y)$ 处的切线斜率等于 $2x+y$，求曲线的方程.

4. 设 $y=y_1(x)$ 与 $y=y_2(x)$ 是一阶线性非齐次微分方程 $y'+p(x)y=Q(x)$ 的两个不同的特解. 证明：$y=y_1(x)+y_2(x)$ 是线性齐次微分方程 $y'+p(x)y=0$ 的解.

5. 设 $y=y_1(x)$ 与 $y=y_2(x)$ 分别是线性非齐次方程 $y'+p(x)y=Q_1(x)$ 和 $y'+p(x)y=Q_2(x)$ 的两个不同的特解. 证明：$y=y_1(x)+y_2(x)$ 是线性非齐次方程

$$y'+p(x)y=Q_1(x)+Q_2(x)$$

的解.

第三节 齐次方程与高阶特殊类型微分方程

一、齐次方程

如果一阶微分方程可化成形式为

$$\frac{dy}{dx}=\varphi\left(\frac{y}{x}\right) \tag{1}$$

的方程，那么就称为**齐次方程**.

例如，$(xy-y^2)dx-(x^2-2xy)dy=0$ 是齐次方程，因为它可化为

$$\frac{dy}{dx}=\frac{xy-y^2}{x^2-2xy}=\frac{\frac{y}{x}-\left(\frac{y}{x}\right)^2}{1-2\left(\frac{y}{x}\right)}$$

齐次方程(1)中的变量 x 与 y 一般是不能分离的，如果引进新的未知函数 $u=\frac{y}{x}$，就可把方程(1)化为变量可分离的方程. 这是因为

$$y=xu,\ \frac{dy}{dx}=u+x\frac{du}{dx}$$

代入方程(1)，得
$$u+x\frac{\mathrm{d}u}{\mathrm{d}x}=\varphi(u)$$
即
$$x\frac{\mathrm{d}u}{\mathrm{d}x}=\varphi(u)-u$$
这是变量可分离的方程，变量分离得
$$\frac{\mathrm{d}u}{\varphi(u)-u}=\frac{\mathrm{d}x}{x}$$
两端积分，得
$$\int\frac{\mathrm{d}u}{\varphi(u)-u}=\int\frac{\mathrm{d}x}{x}$$
求出积分后，再用$\frac{y}{x}$代替 u，便得所给齐次方程的通解.

例 1　求解方程 $y^2+x^2\frac{\mathrm{d}y}{\mathrm{d}x}=xy\frac{\mathrm{d}y}{\mathrm{d}x}$.

解　原方程可写成
$$\frac{\mathrm{d}y}{\mathrm{d}x}=\frac{y^2}{xy-x^2}=\frac{\left(\frac{y}{x}\right)^2}{\frac{y}{x}-1}$$
这是齐次方程，令$\frac{y}{x}=u$，则
$$y=xu,\ \frac{\mathrm{d}y}{\mathrm{d}x}=u+x\frac{\mathrm{d}u}{\mathrm{d}x}$$
代入上列方程，得
$$u+x\frac{\mathrm{d}u}{\mathrm{d}x}=\frac{u^2}{u-1}$$
即
$$x\frac{\mathrm{d}u}{\mathrm{d}x}=\frac{u^2}{u-1}-u=\frac{u}{u-1}$$
变量分离，得
$$\left(1-\frac{1}{u}\right)\mathrm{d}u=\frac{1}{x}\mathrm{d}x$$
两边积分，得
$$u-\ln u=\ln x+\ln C$$
或写成
$$u=\ln(Cxu)$$
以 $u=\frac{y}{x}$代入，得
$$\frac{y}{x}=\ln Cy$$
即
$$Cy=\mathrm{e}^{\frac{y}{x}}$$

对于齐次方程，可通过变量代换 $y=xu$，把它化为变量可分离的方程，然后变量分离，经积分求得通解. 变量代换的方法是解微分方程最常用的方法. 这就是说，求解一个不能变量分离的微分方程，常要考虑寻求适当的变量代换(因变量的变量代换或自变量的变量代换)，使它化为变量可分离的方程.

例 2 求解微分方程$\frac{dy}{dx}=\frac{1}{x+y}$.

解 令 $x+y=u$，则 $y=u-x$，$\frac{dy}{dx}=\frac{du}{dx}-1$. 于是

$$\frac{du}{dx}-1=\frac{1}{u}$$

即

$$\frac{du}{dx}=\frac{1}{u}+1=\frac{1+u}{u}$$

变量分离，得

$$\frac{u}{u+1}du=dx$$

积分得

$$u-\ln(u+1)=x+C$$

以 $u=x+y$ 代回，得

$$y-\ln(x+y+1)=C \quad 或 \quad x=C_1e^y-y-1\ (C_1=e^{-C})$$

二、特殊类型高阶微分方程

二阶及二阶以上的微分方程统称为**高阶微分方程**. 本节将介绍两种特殊类型的高阶微分方程，它们可以通过积分或变量代换，降为较低阶的微分方程来求解. 这种求解方法也称为**降阶法**.

1. $y^{(n)}=f(x)$型

微分方程

$$y^{(n)}=f(x) \tag{2}$$

的右端只含有自变量 x，由于 $y^{(n)}=\frac{d}{dx}(y^{(n-1)})$，所以方程(2)可改写为

$$\frac{d}{dx}(y^{(n-1)})=f(x) \quad 或 \quad d(y^{(n-1)})=f(x)dx$$

将上式两端分别积分一次，便得一个$(n-1)$阶微分方程

$$y^{(n-1)}=\int f(x)dx+C_1$$

再积分一次，便得到一个$(n-2)$阶微分方程

$$y^{(n-2)}=\int\left[\int f(x)dx+C_1\right]dx+C_2$$

依次积分 n 次，即可得到方程(2)含有 n 个任意常数的通解.

例 3 求微分方程 $y'''=2x+\sin x$ 的通解.

解 对所给方程依次积分三次，得

$$y''=\int(2x+\sin x)dx=x^2-\cos x+C_1'$$

$$y'=\int(x^2-\cos x+C_1')dx=\frac{1}{3}x^3-\sin x+C_1'x+C_2$$

$$y=\int\left(\frac{1}{3}x^3-\sin x+C_1'x+C_2\right)dx+C_3$$

记$\frac{C_1'}{2}=C_1$，即得所给微分方程的通解为

$$y=\frac{1}{12}x^4+\cos x+C_1x^2+C_2x+C_3$$

其中，C_1，C_2，C_3 都是任意常数.

2. $y''=f(x,y')$ 型

微分方程

$$y''=f(x,y') \tag{3}$$

的右端不显含未知函数 y，在这种情形中，可通过变量代换，把方程(3)降为一阶微分方程求解.

令 $y'=p$，则 $y''=\frac{dp}{dx}$. 代入方程(3)，得

$$\frac{dp}{dx}=f(x,p)$$

这是关于变量 x 和 p 的一阶微分方程，若能求出其通解，设为 $p=\varphi(x,C_1)$，即有

$$\frac{dy}{dx}=\varphi(x,C_1) \quad 或 \quad dy=\varphi(x,C_1)dx$$

两端积分，便得所给微分方程(3)的通解为

$$y=\int\varphi(x,C_1)dx+C_2$$

例 4　求微分方程 $y''-\frac{1}{x}y'=xe^{-x}$ 的通解.

解　所给方程中不含未知函数 y，可设 $y'=p$，则 $y''=\frac{dp}{dx}$，代入原方程后，得

$$\frac{dp}{dx}-\frac{1}{x}p=xe^{-x}$$

这是一阶线性非齐次方程，利用其通解公式，可得

$$\begin{aligned}p&=e^{-\int(\frac{-1}{x})dx}\left[\int xe^{-x}e^{\int(-\frac{1}{x})dx}dx+C'_1\right]\\&=e^{\ln x}\left[\int xe^{-x}e^{-\ln x}dx+C'_1\right]\\&=x\left(\int e^{-x}dx+C'_1\right)\\&=x(-e^{-x}+C'_1)\end{aligned}$$

于是有

$$\frac{dy}{dx}=x(-e^{-x}+C'_1)$$

再积分一次，便得原方程的通解为

$$\begin{aligned}y&=\int x(-e^{-x}+C'_1)dx=\int(-xe^{-x}+C'_1x)dx\\&=(x+1)e^{-x}+\frac{C'_1}{2}x^2+C_2\\&=(x+1)e^{-x}+C_1x^2+C_2 \qquad \left(C_1=\frac{C'_1}{2}\right)\end{aligned}$$

例 5 求微分方程 $y''=\frac{2x}{1+x^2}y'$满足初始条件：$y\mid_{x=0}=1$，$y'\mid_{x=0}=3$ 的特解.

解 所给方程中不含未知数 y，可设 $y'=p$，则 $y''=\frac{dp}{dx}$，代入原方程得

$$\frac{dp}{dx}=\frac{2x}{1+x^2}p$$

这是可变量分离的一阶微分方程，变量分离得

$$\frac{dp}{p}=\frac{2x}{1+x^2}dx$$

两端积分，得
$$\ln p=\ln(1+x^2)+\ln C_1$$
化简，得
$$p=C_1(1+x^2)$$
即
$$y'=C_1(1+x^2)$$
代入初始条件：$y'\mid_{x=0}=p\mid_{x=0}=3$，得 $C_1=3$. 故得

$$y'=3(1+x^2)$$

这是一阶微分方程，再积分，得

$$y=3\int(1+x^2)dx=3x+x^3+C_2$$

再以初始条件：$y\mid_{x=0}=1$ 代入得 $C_2=1$. 于是，所求特解为

$$y=x^3+3x+1$$

习题 6-3

1. 求下列齐次方程的通解或满足初始条件的特解.

(1) $xy'-y-\sqrt{y^2-x^2}=0$　　(2) $(x^3+y^3)dx-3xy^2dy=0$

(3) $(1+2e^{\frac{x}{y}})dx+2e^{\frac{x}{y}}(1-\frac{x}{y})dy=0$　　(4) $(y^2-3x^2)dy+2xydx=0$，$y\mid_{x=0}=1$

(5) $(x^2+2xy-y^2)dx+(y^2+2xy-x^2)dy=0$，$y\mid_{x=1}=1$

2. 验证形如 $yf(xy)dx+xg(xy)dy=0$ 的微分方程，可经变量代换 $v=xy$ 化为变量可分离的微分方程，并求其通解.

3. 用适当的变量代换将下列方程化为变量可分离的微分方程，然后求出通解.

(1) $y'=(x+y)^2$　　(2) $y'=\frac{1}{x-y}+1$

(3) $xy'+y=y(\ln x+\ln y)$　　(4) $y(xy+1)dx+x(1+xy+x^2y^2)dy=0$

4. 求下列微分方程的通解或满足初始条件的特解.

(1) $y'''=2x-\cos x$　　(2) $y''-\frac{1}{x}y'=xe^x$

(3) $y'''=\ln x$，$y(1)=0$，$y'(1)=-\frac{3}{4}$，$y''(1)=-1$

(4) $y''-a(y')^2=0$ ($a>0$ 为常数)，$y\mid_{x=0}=0$，$y'\mid_{x=0}=-1$

第四节 二阶常系数齐次线性微分方程

微分方程

$$y''+py'+qy=0 \tag{1}$$

称为**二阶常系数齐次线性微分方程**. 其中，p，q 为常数.

为了求二阶常系数齐次线性微分方程的解，先讨论如下定理.

定理 如果函数 y_1 与 y_2 是方程(1)的两个解，那么

$$y=C_1y_1+C_2y_2 \tag{2}$$

也是方程(1) 的解. 其中，C_1 与 C_2 是任意常数.

证 将式(2)代入方程(1)的左边，得

$$\begin{aligned}&(C_1y_1+C_2y_2)''+p(C_1y_1+C_2y_2)'+q(C_1y_1+C_2y_2)\\&=C_1[y_1''+py_1'+qy_1]+C_2[y_2''+py_2'+qy_2]\end{aligned}$$

由于 y_1 和 y_2 是方程(1)的解，即

$$y_1''+py_1'+qy_1=0,\quad y_2''+py_2'+qy_2=0$$

因此

$$(C_1y_1+C_2y_2)''+p(C_1y_1+C_2y_2)'+q(C_1y_1+C_2y_2)=0$$

所以式(2)是方程(1)的解.

这个定理表明常系数齐次线性微分方程的解具有叠加性.

由此定理可知，如果能找到方程(1)的两个解 $y_1(x)$ 及 $y_2(x)$，且$\dfrac{y_1(x)}{y_2(x)}\neq$常数，那么 $y=C_1y_1(x)+C_2y_2(x)$就是含有两个任意常数的解，因而就是方程(1)的通解.

注意：如果$\dfrac{y_1(x)}{y_2(x)}\equiv C$（$C$ 为常数），即 $y_1(x)\equiv Cy_2(x)$，那么

$$C_1y_1(x)+C_2y_2(x)=C_1C\,y_2(x)+C_2y_2(x)=(C_1C+C_2)y_2(x)=C_3y_2(x)$$

此时这个解实际上只含一个任意常数，因而就不是二阶方程式(1)的通解.

下面，讨论如何求方程(1)的两个特解.

当 r 为常数时，指数函数 $y=e^{rx}$和它的各阶导数都只相差一个常数因子，由于指数函数有这样的特点，因此用函数 $y=e^{rx}$来尝试，看能否通过适当地选取常数 r，使 $y=e^{rx}$满足方程(1).

对 $y=e^{rx}$求导，得

$$y'=re^{rx},\ y''=r^2e^{rx}$$

把 y，y'，y''代入方程(1)，得

$$(r^2+pr+q)e^{rx}=0$$

由于 $e^{rx}\neq0$，所以

$$r^2+pr+q=0 \tag{3}$$

由此可见，只要常数 r 满足方程(3)，函数 $y=e^{rx}$就是方程(1)的解，代数方程(3)称为微分方程(1)的**特征方程**.

特征方程(3)的根称为**特征根**，可以用公式

$$r_{1,2}=\frac{1}{2}(-p\pm\sqrt{p^2-4q})$$

求出. 特征根有三种不同的情形:

(1) 当 $p^2-4q>0$ 时, r_1, r_2 是两个不相等的实根

$$r_1=\frac{1}{2}(-p+\sqrt{p^2-4q}),\ r_2=\frac{1}{2}(-p-\sqrt{p^2-4q})$$

(2) 当 $p^2-4q=0$ 时, r_1, r_2 是两个相等的实根 $r_1=r_2=-\frac{p}{2}$;

(3) 当 $p^2-4q<0$ 时, r_1, r_2 是一对共轭复根

$$r_1=\alpha+\mathrm{i}\beta,\ r_2=\alpha-\mathrm{i}\beta$$

其中, $\alpha=-\frac{p}{2}$, $\beta=\frac{1}{2}\sqrt{4q-p^2}$.

相应地, 微分方程(1)的通解也就有三种不同的情形:

(1) 特征方程有两个不相等的实根 $r_1\neq r_2$,
则方程(1)的通解为

$$y=C_1\mathrm{e}^{r_1x}+C_2\mathrm{e}^{r_2x} \tag{4}$$

(2) 特征方程有两个相等的实根 $r_1=r_2$,
则方程(1)的通解为

$$y=C_1\mathrm{e}^{r_1x}+C_2x\mathrm{e}^{r_1x}=(C_1+C_2x)\mathrm{e}^{r_1x} \tag{5}$$

(3) 特征根是一对共轭复数根

$$r_1=\alpha+\mathrm{i}\beta,\ r_2=\alpha-\mathrm{i}\beta\ (\alpha,\beta \text{ 是实数,且 } \beta\neq0)$$

则方程(1)的通解为

$$y=\mathrm{e}^{\alpha x}(C_1\cos\beta x+C_2\sin\beta x) \tag{6}$$

例 1 求微分方程 $y''+y'-6y=0$ 的通解.

解 所给微分方程的特征方程为

$$r^2+r-6=0$$

即
$$(r+3)(r-2)=0$$

特征根为
$$r_1=-3,\ r_2=2\ (r_1\neq r_2)$$

根据式(4), 方程的通解为

$$r=C_1\mathrm{e}^{-3x}+C_2\mathrm{e}^{2x}$$

例 2 求微分方程 $4\frac{\mathrm{d}^2s}{\mathrm{d}t^2}-4\frac{\mathrm{d}s}{\mathrm{d}t}+s=0$ 满足初始条件: $s\big|_{t=0}=1$, $\frac{\mathrm{d}s}{\mathrm{d}t}\Big|_{t=0}=2$ 的特解.

解 将所给方程两边同除以 4, 即得二阶常系数线性齐次方程的标准形式

$$s''-s'+\frac{1}{4}s=0$$

它的特征方程为

$$r^2-r+\frac{1}{4}=0,\ \text{即}\ \left(r-\frac{1}{2}\right)^2=0$$

因为特征方程有两个相等的实根 $r_1=r_2=\frac{1}{2}$，根据式(5)得所给微分方程的通解为

$$s=(C_1+C_2t)e^{\frac{t}{2}}$$

为了求特解，将上式对 t 求导，得

$$\frac{ds}{dt}=\frac{1}{2}(C_1+C_2t)e^{\frac{1}{2}t}+C_2e^{\frac{1}{2}t}$$

将初始条件：$s\big|_{t=0}=1$，$\frac{ds}{dt}\big|_{t=0}=2$ 分别代入上面两式，得

$$C_1=1,\ C_2=\frac{3}{2}$$

故得所给微分方程满足初始条件的特解为

$$s=\left(1+\frac{3}{2}t\right)e^{\frac{t}{2}}$$

例 3　求微分方程 $y''-2y'+5y=0$ 的通解.

解　所给微分方程的特征方程为

$$r^2-2r+5=0$$

特征根为

$$r_1=1+2i,\ r_2=1-2i$$

根据式(6)，得方程的通解为

$$y=e^x(C_1\cos 2x+C_2\sin 2x)$$

综上所述，求二阶常系数线性齐次方程(1)的通解步骤如下：

(1) 写出特征方程，并求出特征方程的两个根；

(2) 根据两个特征根的不同情况，按公式(4)、(5)或(6)写出微分方程的通解. 见表 6-2.

表 6-2　特征根和通解

特征方程 $r^2+pr+q=0$ 的两个根 r_1，r_2	微分方程 $y''+py'+qy=0$ 的通解
两个不相等的实根 $r_1\neq r_2$	$y=C_1e^{r_1x}+C_2e^{r_2x}$
两个相等的实根 $r_1=r_2$	$y=(C_1+C_2x)e^{r_1x}$
一对共轭复根 $r_{1,2}=\alpha\pm i\beta$ ($\beta>0$)	$y=e^{\alpha x}(C_1\cos\beta x+C_2\sin\beta x)$

习题　6-4

1. 求下列微分方程的通解.

(1) $y''+y'-2y=0$　　(2) $y''+3y'=0$

(3) $y''-10y'+25y=0$　　(4) $y''+6y'+13y=0$

(5) $\frac{d^2s}{dt^2}+w^2s=0$（常数 $w>0$）　　(6) $4\frac{d^2x}{dt^2}-20\frac{dx}{dt}+25x=0$

2. 求下列微分方程满足所给初始条件的特解.

(1) $y''-4y'+3y=0$，$y\big|_{x=0}=6$，$y'\big|_{x=0}=10$

(2) $4y''+4y'+y=0$，$y\big|_{x=0}=2$，$y'\big|_{x=0}=0$

（3） $y''-4y'+13y=0$，$y\big|_{x=0}=0$，$y'\big|_{x=0}=3$

3. 已知二阶常系数齐次线性微分方程的一个特解为 $y=e^{nx}$，对应的特征方程判别式等于0，求此微分方程满足初始条件 $y\big|_{x=0}=1$，$y'\big|_{x=0}=1$ 的特解.

第五节　二阶常系数非齐次线性微分方程

二阶常系数非齐次线性微分方程的一般形式是

$$y''+py'+qy=f(x) \tag{1}$$

其中，p，q 为常数，而方程

$$y''+py'+qy=0 \tag{2}$$

称为非齐次线性微分方程(1)所对应的齐次线性微分方程.

为求解方程(1)，下面先讨论它的解的性质.

定理1　设 $y=y_1(x)$ 是方程(1)的解，$y=\bar{y}(x)$ 是方程(2)的解，则

$$y=y_1(x)+\bar{y}(x)$$

仍是方程(1)的解.

根据这一定理，如果求出方程(1)的一个特解 $y_1(x)$，再求出方程(2)的通解

$$\bar{y}(x)=C_1y_2(x)+C_2y_3(x)$$

那么

$$y=\bar{y}(x)+y_1(x)=C_1y_2(x)+C_2y_3(x)+y_1(x)$$

即为方程(1)的通解.

定理2　设 $y_1(x)$ 和 $y_2(x)$ 分别是二阶常系数非齐次线性微分方程

$$y''+py'+qy=f_1(x) \quad \text{和} \quad y''+py'+qy=f_2(x)$$

的特解，则 $y=y_1(x)+y_2(x)$ 是微分方程

$$y''+py'+qy=f_1(x)+f_2(x) \tag{3}$$

的特解. 其中，p，q 为常数.

前面已经讨论了求齐次线性微分方程 $y''+py'+qy=0$ 的通解的方法，因此在这里只要讨论如何求非齐次线性微分方程(1)的一个特解就可以了. 对于这个问题，只对 $f(x)$ 取以下三种常见形式进行讨论.

1. $f(x)=P_n(x)$（其中 $P_n(x)$ 是 x 的一个 n 次多项式）

这时，方程(1)成为

$$y''+py'+qy=P_n(x) \tag{4}$$

因为一个多项式的导数仍是多项式，而且次数比原来降低一次，因此，当 $q\neq0$ 时，方程(4)的特解 y_1 仍是一个 n 次多项式，记为 $Q_n(x)$；当 $q=0$ 而 $p\neq0$ 时，y_1' 应是一个 n 次多项式，也就是说，y_1 应是一个 $n+1$ 次多项式 $Q_{n+1}(x)$；类似地，当 $p=q=0$ 时，y_1 是一个 $n+2$ 次多项式. 下面通过例题具体说明方程(4)的特解 $\bar{y}$ 的求法.

例1　求微分方程 $y''-2y'=3x+1$ 的通解.

解　所给方程对应的齐次线性微分方程 $y''-2y'=0$ 的特征方程为 $r^2-2r=0$，特征根为 $r_1=2$，$r_2=0$，于是，微分方程 $y''-2y'=0$ 的通解为

$$Y=C_1\mathrm{e}^{2x}+C_2$$

因为原方程中 $P_n(x)=3x+1$ 是一个一次多项式，而且 $q=0$，$p=-2\neq 0$，所以特解应是一个二次多项式，因此设特解为

$$y_1=Ax^2+Bx+C$$

代入原方程，得

$$2A-2(2Ax+B)=3x+1$$

即

$$-4Ax+(2A-2B)=3x+1$$

比较两边的系数，得

$$\begin{cases}-4A=3\\2A-2B=1\end{cases}$$

解得 $A=-\dfrac{3}{4}$，$B=-\dfrac{5}{4}$. 这里 C 的值可以任意选取，为简单起见，可取 $C=0$，因此得到原方程的一个特解为

$$y_1=-\frac{3}{4}x^2-\frac{5}{4}x$$

于是得到原方程的通解为

$$y=C_1\mathrm{e}^{2x}+C_2-\frac{3}{4}x^2-\frac{5}{4}x$$

2. $\boldsymbol{f(x)=P_n(x)\mathrm{e}^{\lambda x}}$（其中 $P_n(x)$ 是一个 n 次多项式，λ 为常数）

这时，方程(1)成为

$$y''+py'+qy=P_n(x)\mathrm{e}^{\lambda x} \tag{5}$$

因为方程(5)的右端是一个 n 次多项式与一个指数函数 $\mathrm{e}^{\lambda x}$ 的乘积，与方程(4)一样，可以推测方程(5)的一个特解是某个多项式 $Q_m(x)$ 与指数函数 $\mathrm{e}^{\lambda x}$ 的乘积. 为此，设 $y_1=Q_m(x)\mathrm{e}^{\lambda x}$，将 y_1 求导，代入方程(5)，得

$$[Q_m''(x)\mathrm{e}^{\lambda x}+2\lambda Q_m'\mathrm{e}^{\lambda x}+\lambda^2Q_m(x)\mathrm{e}^{\lambda x}]+p[Q_m'(x)\mathrm{e}^{\lambda x}+\lambda Q_m(x)\mathrm{e}^{\lambda x}]+qQ_m(x)\mathrm{e}^{\lambda x}=P_n(x)\mathrm{e}^{\lambda x}$$

整理，得

$$Q_m''(x)+(2\lambda+p)Q_m'(x)+(\lambda^2+p\lambda+q)Q_m(x)=P_n(x)$$

这是一个以 $Q_m(x)$ 为未知函数的二阶常系数线性微分方程，非齐次项 $P_n(x)$ 是一个 n 次多项式.

当 $\lambda^2+p\lambda+q\neq 0$ 时（即 λ 不是方程(5)的对应的齐次微分方程的特征方程的根时），$Q_m(x)$ 应是一个 n 次多项式，即 $m=n$.

当 $\lambda^2+p\lambda+q=0$ 且 $2\lambda+p\neq 0$ 时（即 λ 是特征方程的根，但不是重根时），$Q_m(x)$ 应是一个 $n+1$ 次多项式，常数项可以为零.

当 $\lambda^2+p\lambda+q=0$ 且 $2\lambda+p=0$ 时（即 λ 是特征方程的重根时），$Q_m(x)$ 应是一个 $n+2$ 次多项式，一次项系数与常数项均可以为零.

综合上述方程(5)的特解具有形式

$$y_1=x^kQ_m(x)\mathrm{e}^{\lambda x}$$

其中，$Q_m(x)$ 是一个与 $P_n(x)$ 有相同次数的多项式；k 是一个整数，并具有以下特点：

1）当 λ 不是特征根时，$k=0$；

2）当 λ 是特征根，但不是重根时，$k=1$；

3）当 λ 是特征根，且为重根时，$k=2$.

例 2 求微分方程 $y''-2y'-3y=3x+1$ 的一个特解.

解 非齐次项 $3x+1=(3x+1)e^{0x}$ 属 $P_m(x)e^{\lambda x}$ 型($m=1,\lambda=0$).
特征方程为 $r^2-2r-3=0$，由于 $\lambda=0$ 不是特征根，所以应设特解为

$$y_1=Q_1(x)e^{0x}=b_0x+b_1$$

把它代入所给的方程，得

$$-2b_0-3(b_0x+b_1)=3x+1$$

比较两端同次幂的系数，得

$$\begin{cases}-3b_0=3\\-2b_0-3b_1=1\end{cases}$$

由此求得 $b_0=-1$，$b_1=\frac{1}{3}$. 于是求得一个特解为

$$y_1=-x+\frac{1}{3}$$

例 3 求微分方程 $y''-5y'+6y=xe^{2x}$ 的通解.

解 先求对应的齐次方程的通解 $y=\bar{y}(x)$，由 $r^2-5r+6=0$，得 $r_1=2$，$r_2=3$，于是

$$\bar{y}(x)=C_1e^{2x}+C_2e^{3x}$$

$f(x)=xe^{2x}$ 属 $P_m(x)e^{\lambda x}$ 型，$m=1$，$\lambda=2$ 为特征方程的根但非重根，所以应设特解

$$y_1=x(b_0x+b_1)e^{2x}$$

求导，得

$$y_1'=[2b_0x^2+(2b_0+2b_1)x+b_1]e^{2x}$$

$$y_1''=[4b_0x^2+(8b_0+4b_1)x+2b_0+4b_1]e^{2x}$$

代入所给方程，并约去 e^{2x}，得

$$4b_0x^2+(8b_0+4b_1)x+2b_0+4b_1-5[2b_0x^2+(2b_0+2b_1)x+b_1]+6(b_0x^2+b_1x)=x$$

即

$$-2b_0x+2b_0-b_1=x$$

比较同次幂系数，得

$$\begin{cases}-2b_0=1\\2b_0-b_1=0\end{cases}$$

求得 $b_0=-\frac{1}{2}$，$b_1=-1$. 于是

$$y_1=-x\left(\frac{1}{2}x+1\right)e^{2x}$$

从而所求通解为

$$y=\bar{y}+y_1=C_1e^{2x}+C_2e^{3x}-x\left(\frac{1}{2}x+1\right)e^{2x}$$

$$=\left(C_1-x-\frac{1}{2}x^2\right)e^{2x}+C_2e^{3x}$$

3. $f(x)=a\cos\omega x+b\sin\omega x$（其中 a,b,ω 是常数）

这时，方程(1)成为

$$y''+py'+qy=a\cos\omega x+b\sin\omega x \tag{6}$$

这种类型的三角函数的导数，仍属同一类型，因此，方程(6)的特解 y_1 也应属于同一类型，可以证明方程(6)的特解的形式为

$$y_1=x^k(A\cos\omega x+B\sin\omega x)$$

其中，A 和 B 是待定常数；k 是一个整数，且

1）当$\pm\omega\mathrm{i}$ 不是特征根时，$k=0$；

2）当$\pm\omega\mathrm{i}$ 是特征根时，$k=1$.

注意：当二阶常系数线性微分方程的特征方程有复数根时，决不会出现重根，所以在这里与情形(2)不一样，k 不可能等于 2.

例 4　求微分方程 $y''+2y'-3y=4\sin x$ 的一个特解．

解　因为 $\omega=1$，而 $\omega\mathrm{i}=\mathrm{i}$ 不是特征方程 $r^2+2r-3=0$ 的根，所以 $k=0$. 因此可设微分方程的特解为

$$y_1=A\cos x+B\sin x$$

求导数，得

$$y_1'=B\cos x-A\sin x$$

$$y_1''=-A\cos x-B\sin x$$

代入原方程，得

$$(-4A+2B)\cos x+(-2A-4B)\sin x=4\sin x$$

比较上式两边同类项的系数，得

$$\begin{cases}-4A+2B=0\\-2A-4B=4\end{cases}$$

解得 $A=-\dfrac{2}{5}$，$B=-\dfrac{4}{5}$. 于是，原方程的特解为

$$y_1=-\frac{2}{5}\cos x-\frac{4}{5}\sin x$$

例 5　求微分方程 $y''-2y'+y=\dfrac{1}{2}\mathrm{e}^x+\sin x$ 的一个特解．

解　根据定理 2 可知，只需分别求出下面的两个方程

$$y_1''-2y_1'+y_1=\frac{1}{2}\mathrm{e}^x \tag{7}$$

$$y_2''-2y_2'+y_2=\sin x \tag{8}$$

的两个特解 y_1 和 y_2，那么 $y=y_1+y_2$ 就是所给方程的一个特解．

可求得方程(7)的一个特解为 $y_1=\dfrac{1}{4}x^2\mathrm{e}^x$，方程(8)的一个特解为 $y_2=\dfrac{1}{2}\cos x$，因此，所给方程的一个特解为

$$y=y_1+y_2=\frac{1}{4}x^2\mathrm{e}^x+\frac{1}{2}\cos x$$

根据以上的讨论，现将二阶常系数非齐次线性微分方程 $y''+py'+qy=f(x)$ 的特解形式进行归纳，见表 6-3.

表 6-3 $y''+py'+qy=f(x)$ 的特解

$f(x)$ 的形式	特解 y 的形式
$f(x)=P_n(x)$	当 $q\neq0$ 时，$y=Q_n(x)$ 当 $q=0$ 而 $p\neq0$ 时，$y=Q_{n+1}(x)$ 当 $q=p=0$ 时，$y=Q_{n+2}(x)$
$f(x)=P_n(x)e^{\lambda x}$	$y=x^kQ_m(x)e^{\lambda x}$ 当 λ 不是特征根时，$k=0$ 当 λ 是特征根，但不是重根时，$k=1$ 当 λ 是特征根，且为重根时，$k=2$
$f(x)=a\cos\omega x+b\sin\omega x$	$y=x^k(A\cos\omega x+B\sin\omega x)$ 当 $\pm\omega i$ 不是特征根时，$k=0$ 当 $\pm\omega i$ 是特征根时，$k=1$

习题 6-5

1. 求下列微分方程的一个特解.

(1) $y''+2y'+5y=5x+2$

(2) $2y''+y'-y=2e^x$

(3) $y''+3y=2\sin x$

(4) $y''-3y'+2y=3xe^{2x}$

(5) $y''-5y'+6y=7$

2. 求下列微分方程的通解.

(1) $y''-2y'-3y=3x+1$

(2) $\dfrac{d^2x}{dt^2}-6\dfrac{dx}{dt}+13x=39$

(3) $\dfrac{d^2s}{dt^2}+3\dfrac{ds}{dt}+2s=\dfrac{t}{2}$

(4) $y''-y'+\dfrac{1}{4}y=5e^{\frac{x}{2}}$

(5) $\dfrac{d^2x}{dt^2}=4\sin2t$

(6) $y''+y=x^2+\cos x$

3. 求下列微分方程满足初始条件的特解.

(1) $y''+y'-2y=2x$，$y\big|_{x=0}=0$，$y'\big|_{x=0}=3$

(2) $4y''+16y'+15y=4e^{-\frac{3}{2}x}$，$y\big|_{x=0}=3$，$y'\big|_{x=0}=5.5$

(3) $y''-y=4xe^x$，$y\big|_{x=0}=0$，$y'\big|_{x=0}=1$

(4) $y''+y=\sin x$，$y\big|_{x=\frac{\pi}{2}}=0$，$y'\big|_{x=\frac{\pi}{2}}=0$

本章小结

一、微分方程的一般概念

含有未知函数的导数或微分的方程称为微分方程. 其中，未知函数为一元函数的微分方程称为常微分方程. 二阶及其以下的常微分方程的一般形式是

$$F(x,y,y',y'')=0$$

其中 x 为自变量，$y=y(x)$ 是未知函数.

方程中含有的未知函数导数的最高阶数，叫作微分方程的阶. 满足微分方程的函数，即把这个函数代入微分方程能使方程成为恒等式的函数称为该微分方程的解. 微分方程的解可

以含有也可以不含有任意常数. 含有相互独立的任意常数，且任意常数的个数与微分方程的阶数相等的解称为微分方程的通解(一般解). 这里所说的相互独立的任意常数，是指它们不能通过合并而使得通解中的任意常数的个数减少.

许多实际问题都要求寻找满足某些附加条件的解，此时，这类附加条件就可以用来确定通解中的任意常数，这类附加条件称为初始条件，也称为定解条件. 由定解条件确定了通解中任意常数的值所得到的解叫作特解. 求微分方程满足初始条件的特解这样一个问题称为微分方程初值问题.

微分方程的解的图形是一条曲线，称为微分方程的积分曲线.

二、一阶微分方程

1. 可分离变量的微分方程：$f(x)\mathrm{d}x=g(y)\mathrm{d}y$

解法：(分离变量法)

(1) 分离变量，即化为$f(x)\mathrm{d}x=g(y)\mathrm{d}y$；

(2) 等式两端同时取不定积分，得 $F_2(y)=F_1(x)+C$，其中 $F_1(x)$与$F_2(y)$分别是$f(x)$与 $g(y)$的原函数.

2. 一阶线性微分方程：$\frac{\mathrm{d}y}{\mathrm{d}x}+p(x)y=Q(x)$

解法：

(1) 当 $Q(x)$恒为 0 时，方程称为一阶齐次线性微分方程，它是可分离变量的方程；

(2) 当 $Q(x)$不恒为 0 时，方程称为一阶非齐次线性微分方程，用常数变易法得通解公式

$$\begin{aligned} y &= \mathrm{e}^{-\int p(x)\mathrm{d}x}\left(\int Q(x)\mathrm{e}^{\int p(x)\mathrm{d}x}\mathrm{d}x + C\right) \\ &= \mathrm{e}^{-\int p(x)\mathrm{d}x}\int Q(x)\mathrm{e}^{\int p(x)\mathrm{d}x}\mathrm{d}x + C\mathrm{e}^{-\int p(x)\mathrm{d}x} \end{aligned}$$

3. 齐次方程：$\frac{\mathrm{d}y}{\mathrm{d}x}=\varphi\left(\frac{y}{x}\right)$

解法：

(1) 令 $u=\frac{y}{x}$，$\frac{\mathrm{d}y}{\mathrm{d}x}=u+x\frac{\mathrm{d}u}{\mathrm{d}x}$，代入方程得 $u+x\frac{\mathrm{d}u}{\mathrm{d}x}=\varphi(u)$，得

$$\frac{\mathrm{d}u}{\varphi(u)-u}=\frac{\mathrm{d}x}{x}$$

(2) 两端积分，得

$$\int\frac{\mathrm{d}u}{\varphi(u)-u}=\int\frac{\mathrm{d}x}{x}$$

(3) 求出积分后，再用$\frac{y}{x}$代替 u，便得所给齐次方程的通解.

三、高阶微分方程

1. $y^{(n)}=f(x)$型的微分方程

特征：方程右端只含有自变量 x.

解法：将 $y^{(n-1)}$看成新的未知函数，则方程是一个关于 $y^{(n-1)}$的一阶微分方程. 两边积

分，得到一个 $n-1$ 阶微分方程

$$y^{(n-1)}=\int f(x)\,\mathrm{d}x+C_1$$

依次进行 n 次积分，可得方程的通解.

2. $y''=f(x,y')$ 型的微分方程

特征：方程右端不显含未知函数 y.

解法：

（1）作变换 $y'=\dfrac{\mathrm{d}y}{\mathrm{d}x}=p$，则 $y''=\dfrac{\mathrm{d}p}{\mathrm{d}x}=p'$，从而将二阶微分方程化为一阶微分方程

$$p'=f(x,p)$$

（2）求解一阶微分方程 $p'=f(x,p)$，得通解 $p=\varphi(x,C_1)$；

（3）二阶微分方程的通解为

$$y=\int\varphi(x,C_1)\,\mathrm{d}x+C_2$$

3. 二阶常系数齐次线性微分方程：$y''+py'+qy=0$

解法：

（1）列特征方程，并求其特征根；

（2）根据其特征根的情况，得方程的通解(见表 6-2).

4. 二阶常系数非齐次线性微分方程：$y''+py'+qy=f(x)$

解法：

（1）求其所对应的二阶常系数齐次线性微分方程：$y''+py'+qy=0$ 的通解；

（2）根据 $f(x)$ 形式设定不同的特解形式(见表 6-3)，并求出特解；

（3）所得通解和特解之和即为二阶常系数非齐次线性微分方程 $y''+py'+qy=f(x)$ 的通解.

复习题六

1. 指出下列常微分方程所属的类型(①变量可分离的微分方程；②一阶齐次线性微分方程；③一阶非齐次线性微分方程).

（1）$x+y'=0$　　（2）$\dfrac{\mathrm{d}y}{\mathrm{d}x}=10^{x+y}$

（3）$(1-x^2)y'+xy=0$　　（4）$(x+1)(y^2+1)\mathrm{d}x+x^2y^2\mathrm{d}y=0$

（5）$(x+y)\mathrm{d}x+x\mathrm{d}y=0$　　（6）$x^2y'-y=x^2\mathrm{e}^{x-\frac{1}{x}}$

2. 选择题.

（1）方程 $y'-2y=0$ 的通解是(　　).

A. $y=C\sin2x$　　B. $y=C\mathrm{e}^{-2x}$　　C. $y=C\mathrm{e}^{2x}$　　D. $y=C\mathrm{e}^{x}$

（2）方程 $(1-x)y-xy'=0$ 的通解是(　　).

A. $y=C\sqrt{1-x^2}$　　B. $y=\dfrac{C}{\sqrt{1-x^2}}$　　C. $y=Cx\mathrm{e}^{-x}$　　D. $y=-\dfrac{1}{2}x^3+Cx$

（3）以 e^x 和 $\mathrm{e}^x\sin x$ 为特解的二阶常系数齐次线性微分方程是(　　).

A. $y''-2y'+y=0$　　B. $y''-2y'+2y=4$

C. $y''+y=0$　　D. 无这样的方程

(4) 方程 $y''+2y'+y=\mathrm{e}^{-x}$ 的一个特解具有形式(　　).

A. $y=a\mathrm{e}^{-x}$　　B. $y=ax\mathrm{e}^{-x}$

C. $y=ax^2\mathrm{e}^{-x}$　　D. $y=(ax+b)\mathrm{e}^{-x}$

(5) 方程 $y''+2y'+5y=\sin 2x$ 的一个特解具有形式(　　).

A. $y=x(a\sin 2x)$　　B. $y=a\sin 2x$

C. $y=x(a\sin 2x+b\cos 2x)$　　D. $y=a\sin 2x+b\cos 2x$

(6) 方程 $y''-6y'+9y=x^2\mathrm{e}^{3x}$ 的一个特解具有形式(　　).

A. $y=ax^2\mathrm{e}^{3x}$　　B. $y=(ax^2+bx+c)\mathrm{e}^{3x}$

C. $y=x(ax^2+bx+c)\mathrm{e}^{3x}$　　D. $y=x^2(ax^2+bx+c)\mathrm{e}^{3x}$

(7) 方程 $y''+2y'+5y=\mathrm{e}^{-x}+\sin 2x$ 的一个特解具有形式(　　).

A. $y=a\mathrm{e}^{-x}+b\sin 2x$　　B. $y=a\mathrm{e}^{-x}+b\sin 2x+c\cos 2x$

C. $y=x(a\mathrm{e}^{-x}+b\sin 2x)$　　D. $y=x^2(a\mathrm{e}^{-x}+b\sin 2x+c\cos 2x)$

(8) 若函数 $\bar{y}=-\frac{t}{4}\cos 2t$ 是方程 $\frac{\mathrm{d}^2y}{\mathrm{d}t^2}+4y=\sin 2t$ 的一个特解，则该方程的通解是(　　).

A. $y=C_1\sin 2t+C_2\cos 2t-\frac{t}{4}\cos 2t$　　B. $y=C_1\sin 2t-\frac{t}{4}\cos 2t$

C. $y=(C_1+C_2t)\mathrm{e}^{-2t}-\frac{t}{4}\cos 2t$　　D. $y=C_1\mathrm{e}^{2t}+C_2\mathrm{e}^{-2t}-\frac{t}{4}\cos 2t$

3. 求下列微分方程的通解.

(1) $\mathrm{e}^t\left(s-\frac{\mathrm{d}s}{\mathrm{d}t}\right)=1$　　(2) $y'+y=\cos x$

(3) $y'-ay=\mathrm{e}^{mx}\ (m\neq a)$　　(4) $y''-y'=x^2$

(5) $y''+4y'+3y=2\sin x$　　(6) $y''+k^2y=2k\sin kx\ (k\neq 0)$

4. 求下列微分方程满足初始条件的特解.

(1) $y'-\frac{xy}{1+x^2}=1+x$，$y\big|_{x=0}=1$

(2) $y'=3x^2y+x^5+x^2$，$y\big|_{x=0}=1$

5. 求下列微分方程的通解.

(1) $y''-8y'+16y=x+\mathrm{e}^{4x}$　　(2) $y''+y=\cos x\cos 2x$

6. 如图 6-3 所示，一直径为 0.5m 的圆柱形浮筒，质量 $m=195\text{kg}$，垂直放置于水中，先将圆筒稍向下压，然后突然放开，于是浮筒在水中上下振动，求浮筒振动的周期.(提示:不计浮筒在运动时受到的阻力,设浮筒在水下部分的高度为 x,浮筒受到两个力的作用,即重力和浮力).

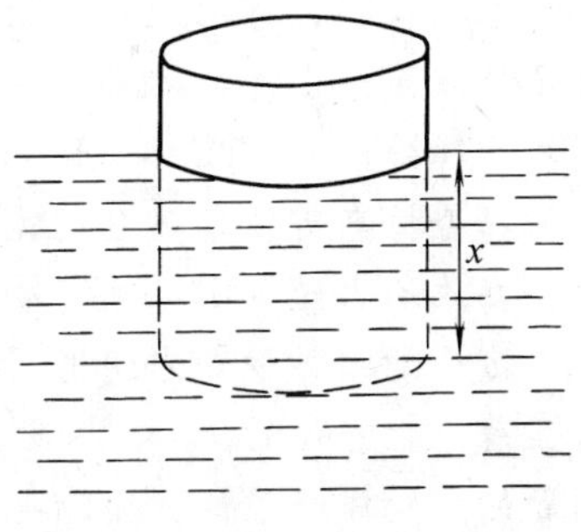

图　6-3

【数学小百科】

法国数学家拉普拉斯

皮埃尔·西蒙·拉普拉斯(1749—1827)，法国数学家、天文学家，法国科学院院士. 他是天体力学的主要奠基人，天体演化学的创立者之一，还是分析概率论的创始人，因此可以说是应用数学的先驱. 拉普拉斯曾任巴黎军事学院数学教授，1795 年任巴黎综合工科学校教授，后又在高等师范学校任教授. 1799 年他还担任过法国经度局局长，并在拿破仑政府中担任过 6 个星期的内政部长. 1816 年拉普拉斯被选为法兰西学院院士，1817 年任该院院长. 拉普拉斯在研究天体问题的过程中，创造和发展了许多数学的方法，以他的名字命名的拉普拉斯变换、拉普拉斯定理和拉普拉斯方程，在科学技术的各个领域有着广泛的应用.

拉普拉斯生于法国诺曼底，父亲是一个农场主. 他从青年时期就显示出卓越的数学才能，18 岁时决定离家赴巴黎从事数学工作，于是带着一封推荐信去找当时法国著名的学者达朗贝尔，但被后者拒绝接见. 拉普拉斯于是寄去一篇力学方面的论文给达朗贝尔. 这篇论文出色至极，以至达朗贝尔忽然高兴得要当他的教父，并使拉普拉斯被推荐到军事学校教书. 此后，他同拉瓦锡在一起工作了一个时期，共同测定了许多物质的比热. 1780 年，他们两人证明了将一种化合物分解为其组成元素所需的热量就等于这些元素形成该化合物时所放出的热量. 这可以看作是热化学的开端，而且，它也是继布拉克关于潜热的研究工作之后向能量守恒定律迈进的又一个里程碑.

拉普拉斯把注意力主要集中在天体力学的研究上面. 他把牛顿的万有引力定律应用到整个太阳系，1773 年解决了一个当时著名的难题：解释木星轨道为什么在不断地收缩，而同时土星的轨道又在不断地膨胀. 拉普拉斯用数学方法证明行星平均运动的不变性，即行星的轨道大小只有周期性变化，并证明为偏心率和倾角的 3 次幂，这就是著名的拉普拉斯定理. 此后他开始了太阳系稳定性问题的研究. 1784—1785 年，他求得天体对其外任一质点的引力分量可以用一个势函数来表示，这个势函数满足一个偏微分方程，即著名的拉普拉斯方程. 1796 年他的著作《宇宙体系论》问世，书中提出了对后来有重大影响的关于行星起源的星云假说. 在这部书中，他独立于康德，提出了第一个科学的太阳系起源理论——星云说. 康德的星云说是从哲学角度提出的，而拉普拉斯则从数学、力学角度充实了星云说，因此，人们常把他们两人的星云说称为“康德-拉普拉斯星云说”.

他在数学，特别是概率论方面，也有很大贡献. 他发表的天文学、数学和物理学的论文有 270 多篇，专著合计有 4000 多页，其中最有代表性的专著有《天体力学》（15 卷 16 册，1799—1825）、《宇宙体系论》(1796) 和《概率分析理论》(1812)

拉普拉斯曾任拿破仑的老师，所以和拿破仑结下不解之缘. 拉普拉斯在数学上是个大师，在政治上是个小人物、墙头草，总是效忠于得势的一边，被人看不起，拿破仑曾讥笑他把无穷小量精神带到内阁里. 但在席卷法国的政治变动中，包括拿破仑的兴起和衰落，并没有显著地打断他的工作. 尽管他是个曾染指政治的人，但他的威望以及他将数学应用于军事问题的才能保护了他，同时也归功于他显示出的一种并不值得佩服的在政治态度方面见风使舵的能力.

拉普拉斯和当时的拉格朗日、勒让德并称为法国的“*3L*”，被视为 19 世纪初数学界的巨擘泰斗.

第七章　拉普拉斯变换

在工程计算中常常会碰到一些复杂的计算问题，对这些问题的求解往往采取变换的方法，将一个复杂的数学问题变为一个较为简单的数学问题，求解以后再转化为原问题的解(图 7-1).

拉普拉斯变换就是为了解决工程计算问题而发明的一种“运算法”（算子法）. 这种方法的基本思想就是通过积分运算，把一种函数变成另一种函数，从而使运算变得更加简捷方便. 法国数学家拉普拉斯(*P. S. Laplace*)最早研究了这一方法，并在数学理论上使它逐步完善，所以人们把这一方法取名为拉普拉斯变换. 拉普拉斯变换在电学、力学等众多的工程与科学领域中得到广泛应用，尤其是在电路理论的研究中，在相当长的时期内，人们几乎无法把电路理论与拉普拉斯变换分开来讨论.

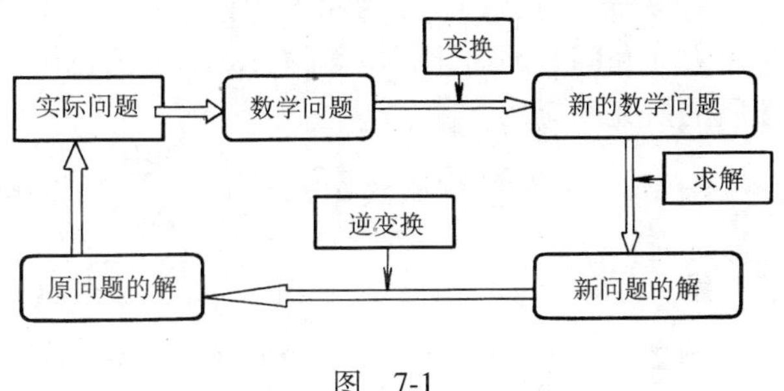

图　7-1

近年来，拉普拉斯变换的传统重要地位正逐渐让位给一些在此基础上发展起来的新方法，但在某些问题上，拉普拉斯变换仍然起着非常重要的作用.

学习目标：

1. 理解拉氏变换的概念和性质.
2. 掌握简单函数的拉氏变换及拉氏逆变换的求法.
3. 了解拉氏变换的一些简单应用.

第一节　拉普拉斯变换的基本概念

在初等数学中，通过取对数，可以把乘除运算转化为加减运算，把乘方开方运算转化为乘除运算. 拉普拉斯变换类似于对数运算，也是一种把复杂运算转化为简单运算的手段.

一、拉普拉斯变换的定义

定义 1　设函数 $f(t)$ 在区间 $[0,+\infty)$ 上有定义，如果广义积分 $\int_0^{+\infty} f(t)\mathrm{e}^{-st}\mathrm{d}t$ 在 s 的某一区域内收敛，则由此积分确定一个以参变量 s 为自变量的函数，记作 $F(s)$，即

$$F(s)=\int_0^{+\infty} f(t)\mathrm{e}^{-st}\mathrm{d}t \tag{7-1}$$

称式(7-1)为函数 $f(t)$ 的**拉普拉斯变换式**(简称为**拉氏变换式**)，记为

$$L[f(t)]=F(s)$$

函数 $F(s)$ 称为函数 $f(t)$ 的**拉普拉斯变换**(简称为**拉氏变换**,或称为**象函数**).

若 $F(s)$ 是 $f(t)$ 的拉氏变换，则称 $f(t)$ 为 $F(s)$ 的**拉普拉斯逆变换**(简称为**拉氏逆变换**,或

称为**象原函数**)，记作 $L^{-1}[F(s)]$，即

$$f(t)=L^{-1}[F(s)] \tag{7-2}$$

在许多有关物理与无线电技术的问题里，一般总是把所研究的问题的初始时间定为 $t=0$，当 $t<0$ 时无意义或不需要考虑. 因此，在拉普拉斯变换的定义当中，只要求 $f(t)$ 在区间 $[0,+\infty)$ 上有定义. 为了研究的方便，假定在区间 $(-\infty,0)$ 上，$f(t)\equiv 0$.

从式(7-1)可以看出，拉普拉斯变换是将给定的函数通过广义积分转换成一个新的函数，它是一种积分变换. 一般说来，在科学技术中遇到的函数，其拉氏变换总是存在的.

应该指出的是，在较为深入的讨论中，拉氏变换中的参变量 s 是在复数范围内取值的. 为了方便和问题的简化，本教材把 s 的取值范围限制在实数范围内，这并不影响对拉氏变换性质的研究和应用.

例 1 求单位阶梯函数 $u(t)=\begin{cases}0 & t<0\\ 1 & t\geqslant 0\end{cases}$ 的拉氏变换.

解 $L[u(t)]=\int_0^{+\infty}u(t)e^{-st}dt=\int_0^{+\infty}1\cdot e^{-st}dt=-\frac{1}{s}e^{-st}\Big|_0^{+\infty}=\frac{1}{s}\quad(s>0)$

例 2 求指数函数 $f(t)=e^{kt}\ (t\geqslant 0,k\in\mathbf{R})$ 的拉氏变换.

解 $L[e^{kt}]=\int_0^{+\infty}e^{kt}e^{-st}dt=\int_0^{+\infty}e^{-(s-k)t}dt=-\frac{1}{s-k}e^{-(s-k)t}\Big|_0^{+\infty}=\frac{1}{s-k}\quad(s>k)$

例 3 求余弦函数 $f(t)=\cos kt\ (k\in\mathbf{R})$ 的拉氏变换.

解 $L[\cos kt]=\int_0^{+\infty}\cos kt e^{-st}dt=\frac{e^{-st}}{s^2+k^2}(k\sin kt-s\cos kt)\Big|_0^{+\infty}=\frac{s}{s^2+k^2}\quad(s>0)$

类似地，可以得到 $L[\sin kt]=\frac{k}{s^2+k^2}\quad(s>0)$

例 4 求幂函数 $f(t)=t^n\ (n\in\mathbf{N})$ 的拉氏变换.

解 $L[t^n]=\int_0^{+\infty}t^n e^{-st}dt=-\frac{t^n}{s}e^{-st}\Big|_0^{+\infty}+\frac{n}{s}\int_0^{+\infty}t^{n-1}e^{-st}dt$

$$=\frac{n}{s}\int_0^{+\infty}t^{n-1}e^{-st}dt=\frac{n}{s}L[t^{n-1}]$$

由此可知 $L[t^{n-1}]=\frac{n-1}{s}L[t^{n-2}],L[t^{n-2}]=\frac{n-2}{s}L[t^{n-3}],\cdots$

所以
$$L[t^n]=\frac{n(n-1)(n-2)\cdots 2}{s^{n-1}}\cdot\frac{1}{s^2}=\frac{n!}{s^{n+1}}$$

二、单位脉冲函数及其拉氏变换

在许多实际问题中，常会遇到在极短时间内集中作用的量. 例如，打桩机在打桩时，质量为 m 的锤以速度 v_0 撞击钢筋混凝土桩，在很短的时间 $(0,\tau)$ (τ 为一很小的正数)内，锤的速度由 v_0 变为 0，由物理学的动量定律可知桩所受到的冲击力为

$$F=\frac{mv_0}{\tau}$$

由上式可以看出，作用时间越短，冲击力就越大. 若把冲击力 F 看作时间 t 的函数，可以近似表示为

$$F_\tau(t)=\begin{cases}0 & t<0\\ \frac{mv_0}{\tau} & 0\leqslant t\leqslant\tau\\ 0 & t>\tau\end{cases}$$

当τ趋近于零时，若$t\neq0$，则$F_\tau(t)$的值将趋近于零；若$t=0$，则$F_\tau(t)$的值将趋近于无穷大，即

$$\lim_{\tau\to0}F_\tau(t)=\begin{cases}0 & t\neq0\\ \infty & t=0\end{cases}$$

由于函数$F_\tau(t)$的极限$\lim\limits_{\tau\to0}F_\tau(t)$不能用已学过的普通函数来表示，对于类似的式子有如下定义.

定义 2　设$\delta_\tau(t)=\begin{cases}0 & t<0\\ \dfrac{1}{\tau} & 0\leqslant t\leqslant\tau\\ 0 & t>\tau\end{cases}$，当$\tau\to0$时，$\delta_\tau(t)$的极限$\delta(t)=\lim\limits_{\tau\to0}\delta_\tau(t)$称为**狄拉克函数**(或**单位脉冲函数**)，简称为**$\boldsymbol{\delta}$-函数**，如图 7-2 所示.

当$t\neq0$时，$\delta(t)$的值为 0；当$t=0$时，$\delta(t)$的值为无穷大(图 7-3)，即

$$\delta(t)=\begin{cases}0 & t\neq0\\ \infty & t=0\end{cases}$$

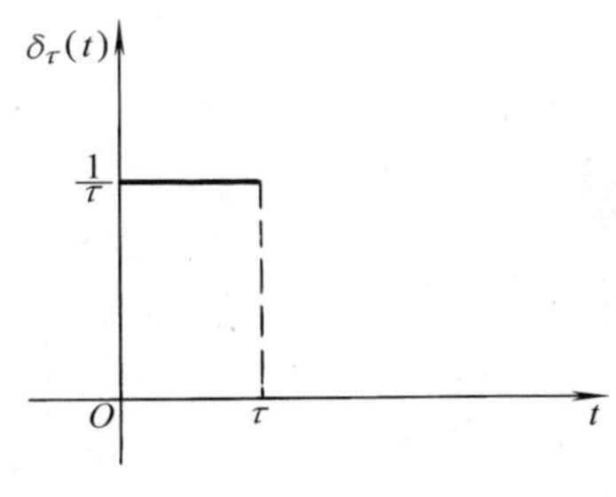

图　7-2

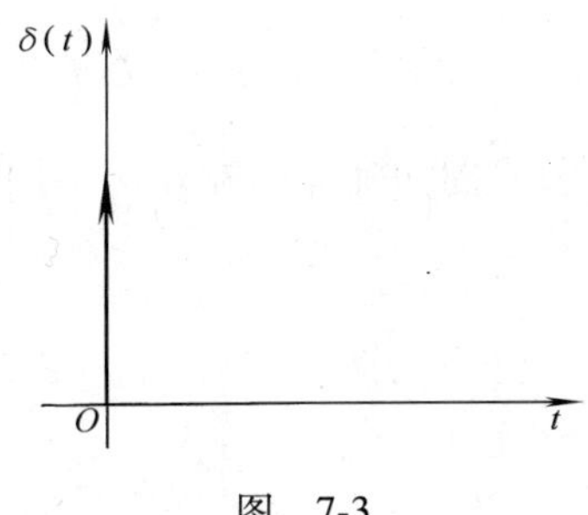

图　7-3

因为
$$\int_{-\infty}^{+\infty}\delta_\tau(t)\,\mathrm{d}t=\int_{-\infty}^{0}\delta_\tau(t)\,\mathrm{d}t+\int_{0}^{+\infty}\delta_t(t)\,\mathrm{d}t=\int_0^\tau\frac{1}{\tau}\mathrm{d}t=1$$

所以规定
$$\int_{-\infty}^{+\infty}\delta(t)\,\mathrm{d}t=1$$

狄拉克函数$\delta(t)$具有以下性质：

(1) 如果$g(t)$是定义在$(-\infty,+\infty)$上的连续函数，则$g(t)\delta(t)$在$(-\infty,+\infty)$上的积分等于函数$g(t)$在$t=0$处的函数值，即

$$\int_{-\infty}^{+\infty}g(t)\delta(t)\,\mathrm{d}t=g(0)$$

从而不难得出$\int_{-\infty}^{+\infty}g(t)\delta(t-t_0)\,\mathrm{d}t=g(t_0)$.

(2) 由于$\delta(-t)=\delta(t)$，因此$\delta(t)$是偶函数.

(3) $\delta(t)$函数是单位函数$u(t)$的导函数.

这是因为$\int_0^t\delta(\tau)\,\mathrm{d}\tau=\lim\limits_{\tau\to0}\int_0^t\delta_\tau(t)\,\mathrm{d}t=\lim\limits_{\tau\to0}\begin{cases}0 & t<0\\ \dfrac{t}{\tau} & 0\leqslant t<\tau\\ 1 & t\geqslant\tau\end{cases}=\begin{cases}0 & t<0\\ 1 & t\geqslant0\end{cases}$

由于
$$L[\delta(t)]=\int_0^{+\infty}\delta(t)\mathrm{e}^{-st}\mathrm{d}t=\int_{-\infty}^{+\infty}\delta(t)\mathrm{e}^{-st}\mathrm{d}t=\mathrm{e}^{-st}\Big|_{t=0}=1$$

所以单位脉冲函数的拉氏变换 $L[\delta(t)]=1$.

三、周期函数的拉氏变换

设 $f(t)$ 是一个周期为 T 的周期函数，则有 $f(t)=f(t+kT)$（k 为整数），由拉氏变换的定义有：

$$\begin{aligned}L[f(t)]&=\int_0^{+\infty}f(t)\mathrm{e}^{-st}\mathrm{d}t\\&=\int_0^{T}f(t)\mathrm{e}^{-st}\mathrm{d}t+\int_T^{2T}f(t)\mathrm{e}^{-st}\mathrm{d}t+\cdots+\int_{kT}^{(k+1)T}f(t)\mathrm{e}^{-st}\mathrm{d}t+\cdots\\&=\sum_{k=0}^{+\infty}\int_{kT}^{(k+1)T}f(t)\mathrm{e}^{-st}\mathrm{d}t\xlongequal{\text{令 } t=\tau+kT}\sum_{k=0}^{+\infty}\int_0^{T}f(\tau+kT)\mathrm{e}^{-s(\tau+kT)}\mathrm{d}\tau\\&=\sum_{k=0}^{+\infty}\mathrm{e}^{-skT}\int_0^{T}f(\tau)\mathrm{e}^{-s\tau}\mathrm{d}\tau=\int_0^{T}f(\tau)\mathrm{e}^{-s\tau}\mathrm{d}\tau\sum_{k=0}^{+\infty}(\mathrm{e}^{-sT})^k\\&=\frac{1}{1-\mathrm{e}^{-sT}}\int_0^{T}f(\tau)\mathrm{e}^{-s\tau}\mathrm{d}\tau\ (t>0,|\mathrm{e}^{-sT}|<1)\end{aligned}$$

所以周期函数的拉氏变换式为

$$L[f(t)]=\frac{1}{1-\mathrm{e}^{-sT}}\int_0^{T}f(t)\mathrm{e}^{-st}\mathrm{d}t \tag{7-3}$$

例 5 矩形周期脉冲函数在一个周期内的函数表达式为

$$f(t)=\begin{cases}E & 0\leqslant t\leqslant\dfrac{T}{2}\\0 & \dfrac{T}{2}<t\leqslant T\end{cases}$$

求其拉氏变换.

解 由公式(7-3)

$$\begin{aligned}L[f(t)]&=\frac{1}{1-\mathrm{e}^{-sT}}\int_0^{T}f(t)\mathrm{e}^{-st}\mathrm{d}t=\frac{E}{1-\mathrm{e}^{-sT}}\int_0^{\frac{T}{2}}\mathrm{e}^{-st}\mathrm{d}t=\frac{E}{1-\mathrm{e}^{-sT}}\left(-\frac{1}{s}\right)\mathrm{e}^{-st}\Big|_0^{\frac{T}{2}}\\&=\frac{E}{s(1+\mathrm{e}^{-s\frac{T}{2}})}\end{aligned}$$

四、常用函数的拉氏变换

常用函数的拉氏变换，见表 7-1. 以后在求一些函数的拉氏变换时，只要查表就可求出，不需要再计算那些复杂的广义积分了.

表 7-1 常用函数的拉氏变换表

序号	$f(t)$	$F(s)$	序号	$f(t)$	$F(s)$
1	$\delta(t)$	1	5	e^{kt}	$\dfrac{1}{s-k}$
2	$u(t)$	$\dfrac{1}{s}$	6	$1-\mathrm{e}^{-kt}$	$\dfrac{k}{s(s+k)}$
3	t	$\dfrac{1}{s^2}$	7	$t\mathrm{e}^{kt}$	$\dfrac{1}{(s-k)^2}$
4	$t^n\ (n\in\mathbf{N})$	$\dfrac{n!}{s^{n+1}}$	8	$t^n\mathrm{e}^{kt}\ (n\in\mathbf{N})$	$\dfrac{n!}{(s-k)^{n+1}}$

（续）

序号	$f(t)$	$F(s)$	序号	$f(t)$	$F(s)$
9	$\sin\omega t$	$\dfrac{\omega}{s^2+\omega^2}$	16	$e^{-at}\sin\omega t$	$\dfrac{\omega}{(s+a)^2+\omega^2}$
10	$\cos\omega t$	$\dfrac{s}{s^2+\omega^2}$	17	$e^{-at}\cos\omega t$	$\dfrac{s+a}{(s+a)^2+\omega^2}$
11	$\sin(\omega t+\varphi)$	$\dfrac{s\sin\varphi+\omega\cos\varphi}{s^2+\omega^2}$	18	$\dfrac{1}{\omega}(1-\cos\omega t)$	$\dfrac{1}{s(s^2+\omega^2)}$
12	$\cos(\omega t+\varphi)$	$\dfrac{s\cos\varphi-\omega\sin\varphi}{s^2+\omega^2}$	19	$e^{at}-e^{bt}$	$\dfrac{a-b}{(s-a)(s-b)}$
13	$t\sin\omega t$	$\dfrac{2\omega s}{(s^2+\omega^2)^2}$	20	$2\sqrt{\dfrac{t}{\pi}}$	$\dfrac{1}{s\sqrt{s}}$
14	$\sin\omega t-\omega t\cos\omega t$	$\dfrac{2\omega^3}{(s^2+\omega^2)^2}$	21	$\dfrac{1}{\sqrt{\pi t}}$	$\dfrac{1}{\sqrt{s}}$
15	$t\cos\omega t$	$\dfrac{s^2-\omega^2}{(s^2+\omega^2)^2}$			

习题　7-1

1. 求下列函数的拉氏变换式，并用查表方法验证结果.

（1）$f(t)=\cos\dfrac{t}{3}$　　（2）$f(t)=e^{-2t}$

（3）$f(t)=t^3$　　（4）$f(t)=\sin^2\dfrac{t}{2}$

2. 求函数 $f(t)=\begin{cases}3 & 0\leqslant t<2\\ -1 & 2\leqslant t<4\\ 0 & t\geqslant 4\end{cases}$ 的拉氏变换式.

3. 设 $f(t)$ 是以 2π 为周期的函数，且在一个周期内的函数表达式为

$$f(t)=\begin{cases}\sin t & 0<t\leqslant\pi\\ 0 & \pi<t\leqslant 2\pi\end{cases}$$

求它的拉氏变换式.

4. 一周期函数如图 7-4 所示，求其拉氏变换式.

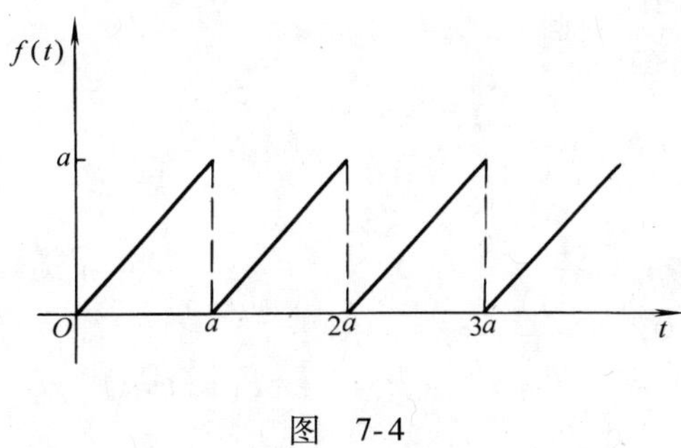

图　7-4

第二节　拉普拉斯变换的性质

为了更快更方便地求函数的拉氏变换，研究和掌握拉氏变换的性质是十分必要的. 在以

下的叙述中所涉及的函数假定其拉氏变换都存在.

性质 1(线性性质) 若 a_1, a_2 是常数, 且 $L[f_1(t)]=F_1(s)$, $L[f_2(t)]=F_2(s)$, 则有

$$L[a_1f_1(t)+a_2f_2(t)]=a_1F_1(s)+a_2F_2(s) \tag{7-4}$$

证 由拉氏变换的定义得

$$\begin{aligned}L[a_1f_1(t)+a_2f_2(t)]&=\int_0^{+\infty}[a_1f_1(t)+a_2f_2(t)]\mathrm{e}^{-st}\mathrm{d}t\\&=\int_0^{+\infty}a_1f_1(t)\mathrm{e}^{-st}\mathrm{d}t+\int_0^{+\infty}a_2f_2(t)\mathrm{e}^{-st}\mathrm{d}t\\&=a_1L[f_1(t)]+a_2L[f_2(t)]\\&=a_1F_1(s)+a_2F_2(s)\end{aligned}$$

例 1 求函数 $f(t)=\dfrac{1}{3}(t^2-\mathrm{e}^{-3t})$ 的拉氏变换.

解 由于 $L[t^2]=\dfrac{2}{s^3}$, $L[\mathrm{e}^{-3t}]=\dfrac{1}{s+3}$, 所以

$$\begin{aligned}L[f(t)]&=L\left[\frac{1}{3}(t^2-\mathrm{e}^{-3t})\right]=\frac{1}{3}\{L[t^2]-L[\mathrm{e}^{-3t}]\}=\frac{1}{3}\left[\frac{2}{s^3}-\frac{1}{s+3}\right]\\&=\frac{2s+6-s^3}{3s^3(s+3)}\end{aligned}$$

性质 2(延迟性质) 若 $L[f(t)]=F(s)$, 则对于任一非负实数 τ, 有

$$L[f(t-\tau)]=\mathrm{e}^{-\tau s}F(s) \tag{7-5}$$

证 由拉氏变换定义有

$$\begin{aligned}L[f(t-\tau)]&=\int_0^{+\infty}f(t-\tau)\mathrm{e}^{-st}\mathrm{d}t=\int_0^{\tau}f(t-\tau)\mathrm{e}^{-st}\mathrm{d}t+\int_{\tau}^{+\infty}f(t-\tau)\mathrm{e}^{-st}\mathrm{d}t\\&\xlongequal{\text{令 } u=t-\tau}\int_0^{+\infty}f(u)\mathrm{e}^{-s(u+\tau)}\mathrm{d}u=\mathrm{e}^{-\tau s}\int_0^{+\infty}f(u)\mathrm{e}^{-su}\mathrm{d}u\\&=\mathrm{e}^{-\tau s}F(s)\end{aligned}$$

例 2 求矩形单位脉冲函数 $u_{ab}(t)=\begin{cases}1 & a\leqslant t\leqslant b\\0 & t<a \text{ 或 } t>b\end{cases}$ $(b>a>0)$ 的拉氏变换式.

解 因为 $u(t)=\begin{cases}0 & t<0\\1 & t\geqslant 0\end{cases}$, 所以

$$u(t-a)=\begin{cases}0 & t<a\\1 & t\geqslant a\end{cases},\quad u(t-b)=\begin{cases}0 & t<b\\1 & t\geqslant b\end{cases}$$

由延迟性质可知

$$L[u(t-a)]=\frac{1}{s}\mathrm{e}^{-as},\quad L[u(t-b)]=\frac{1}{s}\mathrm{e}^{-bs}$$

所以

$$\begin{aligned}L[u_{ab}(t)]&=L[u(t-a)-u(t-b)]=L[u(t-a)]-L[u(t-b)]\\&=\frac{1}{s}(\mathrm{e}^{-as}-\mathrm{e}^{-bs})\end{aligned}$$

例 3 如图 7-5 所示, 求定义在 $(0,+\infty)$ 上的阶梯函数的拉氏变换.

解 将阶梯函数 $f(t)$ 表示成为

$$f(t)=c[u(t)+u(t-a)+u(t-2a)+\cdots]$$

$$L[f(t)]=cL[u(t)+u(t-a)+u(t-2a)+\cdots]$$

$$=c\left(\frac{1}{s}+\frac{1}{s}e^{-as}+\frac{1}{s}e^{-2as}+\cdots\right)$$

$$=\frac{c}{s(1-e^{-as})}\ (a>0,s>0)$$

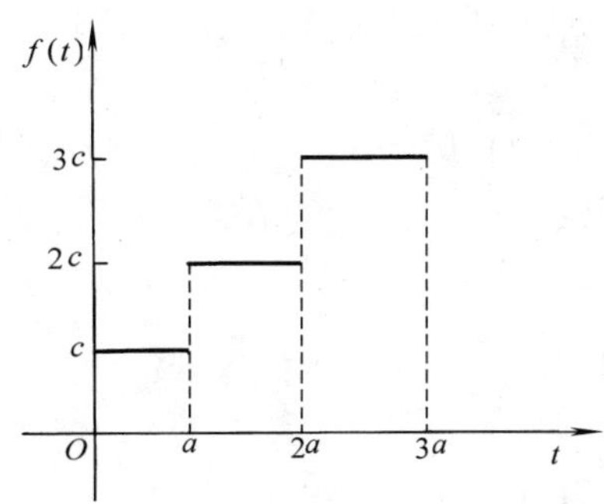

图　7-5

性质 3（位移性质）　设 $L[f(t)]=F(s)$，则有

$$L[e^{kt}f(t)]=F(s-k) \tag{7-6}$$

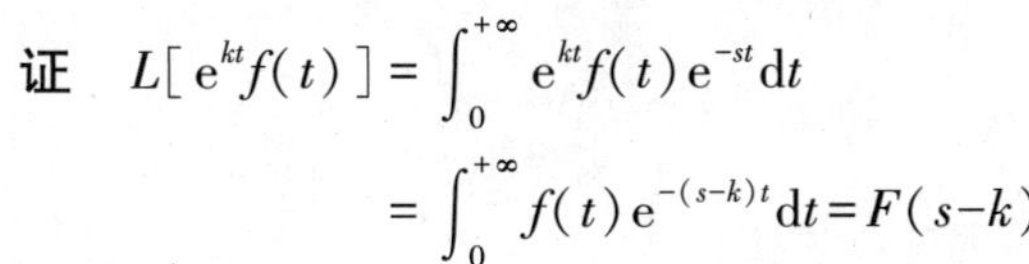

证　$L[e^{kt}f(t)]=\int_0^{+\infty} e^{kt}f(t)e^{-st}dt$

$$=\int_0^{+\infty} f(t)e^{-(s-k)t}dt=F(s-k)$$

这说明象原函数 $f(t)$ 乘以 e^{kt} 的拉氏变换相当于其象函数 $F(s)$ 作位移 k.

例 4　求下列函数的拉氏变换式.

（1）$f(t)=e^{at}t^n$　　　（2）$f(t)=e^{4t}\sin 5t$

解　（1）因为 $L[t^n]=\frac{n!}{s^{n+1}}$，所以由位移性质有

$$L[e^{at}t^n]=\frac{n!}{(s-a)^{n+1}}$$

（2）因为 $L[\sin 5t]=\frac{5}{s^2+25}$，所以由位移性质有

$$L[e^{4t}\sin 5t]=\frac{5}{(s-4)^2+25}$$

性质 4（微分性质）　设 $L[f(t)]=F(s)$，且 $f(t)$ 在区间 $[0,+\infty)$ 上连续，$f'(t)$ 分段连续，则

$$L[f'(t)]=sF(s)-f(0) \tag{7-7}$$

这个性质可以推广到有限整数 n 的情况.

推论　设 $L[f(t)]=F(s)$，则有

$$L[f^{(n)}(t)]=s^nF(s)-s^{n-1}f(0)-s^{n-2}f'(0)-\cdots-f^{(n-1)}(0) \tag{7-8}$$

特别地，当 $f(0)=f'(0)=f''(0)=\cdots=f^{(n-1)}(0)=0$ 时，有

$$L[f^{(n)}(t)]=s^nF(s) \tag{7-9}$$

通过这一性质可将微分运算化为代数运算，从而为求解微分方程提供了一种简便的方法.

例 5　利用拉氏变换的微分性质求下列函数的拉氏变换式.

（1）$f(t)=\sin\omega t$　　　（2）$f(t)=t^n$

解　（1）因为 $f(0)=0$，$f'(0)=\omega$，$f''(t)=-\omega^2\sin\omega t$，所以

$$L[f''(t)]=L[-\omega^2\sin\omega t]=-\omega^2L[\sin\omega t]$$

由微分性质可知，

$$L[f''(t)]=s^2F(s)-sf(0)-f'(0)=s^2L[\sin\omega t]-\omega$$

所以

$$-\omega^2L[\sin\omega t]=s^2L[\sin\omega t]-\omega$$

可得
$$L[\sin\omega t]=\frac{\omega}{s^2+\omega^2}$$

(2) 因为$f(0)=f'(0)=f''(0)=\cdots=f^{(n-1)}(0)=0$, $f^{(n)}(t)=n!$

所以
$$\begin{aligned}L[f^{(n)}(t)]&=s^nF(s)-s^{n-1}f(0)-s^{n-2}f'(0)-\cdots-f^{(n-1)}(0)\\&=s^nL[t^n]\end{aligned}$$

即
$$L[f^{(n)}(t)]=L[n!]=\frac{n!}{s}=s^nL[t^n]$$

所以
$$L[t^n]=\frac{n!}{s^{n+1}}$$

性质 5(**积分性质**) 设$L[f(t)]=F(s)(s\neq 0)$, 则有
$$L\left[\int_0^t f(t)\mathrm{d}t\right]=\frac{1}{s}F(s) \tag{7-10}$$

证 设$\int_0^t f(t)\mathrm{d}t=\varphi(t)$, 则$\varphi'(t)=f(t)$, $\varphi(0)=0$.

因为
$$L[\varphi'(t)]=sL[\varphi(t)]-\varphi(0)\text{ 即 }L[f(t)]=sL\left[\int_0^t f(t)\mathrm{d}t\right]$$

所以
$$L\left[\int_0^t f(t)\mathrm{d}t\right]=\frac{1}{s}L[f(t)]=\frac{1}{s}F(s)$$

和微分性质一样, 积分性质也可以推广到有限重积分的情况. 例如
$$L\left[\int_0^t \mathrm{d}t\int_0^t f(t)\mathrm{d}t\right]=\frac{1}{s^2}F(s)$$
$$L\left[\int_0^t \mathrm{d}t\int_0^t \mathrm{d}t\int_0^t f(t)\mathrm{d}t\right]=\frac{1}{s^3}F(s)$$

例 6 利用积分性质求下列函数的拉氏变换式.

(1) $f(t)=\sin 2t$ (2) $f(t)=t^3$

解 (1) 因为$L[\cos 2t]=\frac{s}{s^2+4}$, $\sin 2t=2\int_0^t\cos 2t\mathrm{d}t$, 所以
$$L[\sin 2t]=L\left[2\int_0^t\cos 2t\mathrm{d}t\right]=2\cdot\frac{1}{s}\cdot\frac{s}{s^2+4}=\frac{2}{s^2+4}$$

(2) 因为$L[1]=\frac{1}{s}$, $L[t]=L\left[\int_0^t 1\cdot\mathrm{d}t\right]=\frac{1}{s}L[1]=\frac{1}{s^2}$
$$L[t^2]=2L\left[\int_0^t t\mathrm{d}t\right]=2\cdot\frac{1}{s}\cdot\frac{1}{s^2}=\frac{2!}{s^3}$$

所以
$$L[t^3]=3L\left[\int_0^t t^2\mathrm{d}t\right]=3\frac{1}{s}\cdot\frac{2!}{s^3}=\frac{3!}{s^4}$$

性质 6(**相似性质**) 设$L[f(t)]=F(s)$, 则当$a>0$时, 有
$$L[f(at)]=\frac{1}{a}F\left(\frac{s}{a}\right) \tag{7-11}$$

证 $L[f(at)]=\int_0^{+\infty}f(at)\mathrm{e}^{-st}\mathrm{d}t\xlongequal{\text{令 }at=u}\int_0^{+\infty}f(u)\mathrm{e}^{-\frac{s}{a}u}\frac{1}{a}\mathrm{d}u=\frac{1}{a}F\left(\frac{s}{a}\right)$

这说明象原函数的自变量扩大a倍, 而象函数的自变量反而缩小同样的倍数.

例 7 用相似性质求$f(t)=\sin kt$的拉氏变换式.

解　因为$f(t)=\sin t$的拉氏变换式为$L[\sin t]=\dfrac{1}{s^2+1}$，所以由相似性有

$$L[\sin kt]=\frac{1}{k}\frac{1}{\left(\frac{s}{k}\right)^2+1}=\frac{k}{s^2+k^2}$$

性质7(象函数的微分性质)　设$L[f(t)]=F(s)$，则

$$L[t^n f(t)]=(-1)^n F^{(n)}(s)\quad 或\quad F^{(n)}(s)=L[(-t)^n f(t)] \tag{7-12}$$

性质8(象函数的积分性质)　设$L[f(t)]=F(s)$，$\lim\limits_{t\to 0}\dfrac{f(t)}{t}$存在，则

$$L\left[\frac{f(t)}{t}\right]=\int_s^{+\infty}F(s)\mathrm{d}s \tag{7-13}$$

例8　求$L[t\cos kt]$.

解　$L[t\cos kt]=-\{L[\cos kt]\}'=-\left(\dfrac{s}{s^2+k^2}\right)'=\dfrac{s^2-k^2}{(s^2+k^2)^2}$

例9　求函数$f(t)=\dfrac{\sin t}{t}$的拉氏变换式，并求广义积分$\displaystyle\int_0^{+\infty}\frac{\sin t}{t}\mathrm{d}t$.

解　因为$L[\sin t]=\dfrac{1}{s^2+1}$，且$\lim\limits_{t\to 0}\dfrac{\sin t}{t}=1$，由象函数的积分性质有

$$L\left[\frac{\sin t}{t}\right]=\int_s^{+\infty}\frac{1}{s^2+1}\mathrm{d}s=\arctan s\Big|_0^{+\infty}=\frac{\pi}{2}-\arctan s$$

由拉氏变换定义，有

$$\int_0^{+\infty}\frac{\sin t}{t}\mathrm{e}^{-st}\mathrm{d}t=\frac{\pi}{2}-\arctan s$$

当$s=0$时，有

$$\int_0^{+\infty}\frac{\sin t}{t}\mathrm{d}t=\frac{\pi}{2}$$

为使用方便，将拉氏变换的性质列成表，见表7-2.

表7-2　拉普拉斯变换性质一览表

	设$L[f(t)]=F(s)$
1	$L[a_1f_1(t)+a_2f_2(t)]=a_1F_1(s)+a_2F_2(s)$
2	$L[f(t-\tau)]=\mathrm{e}^{-\tau s}F(s)$
3	$L[\mathrm{e}^{kt}f(t)]=F(s-k)$
4	$L[f'(t)]=sF(s)-f(0)$ $L[f^{(n)}(t)]=s^nF(s)-s^{n-1}f(0)-s^{n-2}f'(0)-\cdots-f^{(n-1)}(0)$
5	$L\left[\int_0^t f(t)\mathrm{d}t\right]=\dfrac{1}{s}F(s)$
6	$L[f(at)]=\dfrac{1}{a}F\left(\dfrac{s}{a}\right)$
7	$L[t^nf(t)]=(-1)^nF^{(n)}(s)$或$F^{(n)}(s)=L[(-t)^nf(t)]$
8	$L\left[\dfrac{f(t)}{t}\right]=\int_s^{+\infty}F(s)\mathrm{d}s$

习题 7-2

1. 求下列函数的拉氏变换.

(1) $f(t)=t^3+2t-2$ (2) $f(t)=1-te^t$

(3) $f(t)=(t-1)^2e^t$ (4) $f(t)=\frac{t}{2a}\sin at$

(5) $f(t)=t\cos 3t$ (6) $f(t)=4\sin 2t-3\cos t$

(7) $f(t)=e^{-3t}\sin 5t$ (8) $f(t)=e^{-2t}\cos 3t$

(9) $f(t)=t^n e^{at}$ (10) $f(t)=\sin(\omega t+\varphi)$

(11) $f(t)=u(3t-4)$ (12) $f(t)=\cos^2 t$

(13) $f(t)=\begin{cases}-1 & 0\leqslant t<4\\ 1 & t\geqslant 4\end{cases}$ (14) $f(t)=\begin{cases}\cos t & 0\leqslant t<\pi\\ t & t\geqslant \pi\end{cases}$

2. 利用象函数的性质计算下列函数的拉氏变换.

(1) $f(t)=t\cos kt$ (2) $f(t)=t^2\sin kt$

(3) $f(t)=\frac{e^{3t}-e^{2t}}{t}$ (4) $f(t)=\frac{\sin 2t}{t}$

第三节 拉普拉斯逆变换

前面已经研究了如何把一个已知函数变换为它相应的象函数，也就是如何求一个函数的拉普拉斯变换，为解决复杂工程计算打下了基础. 这一节将重点研究如何把一个象函数变换为它的象原函数，也就是已知一个函数的拉普拉斯变换，如何求它的逆变换. 这里主要介绍两种常用的方法.

一、查表法

对于一些较简单的拉普拉斯变换，可以通过查拉普拉斯变换表来直接求出它的逆变换. 在利用拉氏变换表求逆变换时，除了套用公式以外，往往还要结合使用拉氏变换的性质.

例 1 求下列函数的拉普拉斯逆变换.

(1) $F(s)=\frac{1}{s^4}$ (2) $F(s)=\frac{2s+3}{s^2+9}$

解 (1) 因为

$$L[t^3]=\frac{3!}{s^4}$$

所以

$$L^{-1}[F(s)]=L^{-1}\left[\frac{1}{3!}\cdot\frac{3!}{s^4}\right]=\frac{1}{3!}t^3$$

(2) 因为

$$F(s)=\frac{2s+3}{s^2+9}=\frac{2s}{s^2+9}+\frac{3}{s^2+9}$$

所以

$$L^{-1}[F(s)]=L^{-1}\left[\frac{2s}{s^2+9}+\frac{3}{s^2+9}\right]=2\cos 3t+\sin 3t$$

二、部分分式法

在运用拉氏变换解决工程技术中的应用问题时，常遇到以有理分式形式出现的象函数. 对于这类题型常采用部分分式方法将有理分式分解为较简单的分式之和，再求象原函数. 解决问题的关键是如何将 $F(s)$ 分解，以下分几种情况举例说明.

1. $F(s)$分母能因式分解的一般情况

例 2　求 $F(s)=\dfrac{s}{s^2+8s+15}$的逆变换.

解　因为分母能因式分解，所以可以将一个分式拆成两个分式

$$F(s)=\frac{s}{s^2+8s+15}=\frac{s}{(s+3)(s+5)}=\frac{A}{s+3}+\frac{B}{s+5}$$

其中，A，B 为待定系数. 通分后去分母得

$$s=A(s+5)+B(s+3)\quad 即\quad s=(A+B)s+(5A+3B)$$

有$\begin{cases}A+B=1\\5A+3B=0\end{cases}$，解得 $A=-\dfrac{3}{2}$，$B=\dfrac{5}{2}$. 从而

$$\begin{aligned}f(t)=L^{-1}[F(s)]&=L^{-1}\left[\frac{-\frac{3}{2}}{s+3}+\frac{\frac{5}{2}}{s+5}\right]\\&=-\frac{3}{2}L^{-1}\left[\frac{1}{s+3}\right]+\frac{5}{2}L^{-1}\left[\frac{1}{s+5}\right]=-\frac{3}{2}\mathrm{e}^{-3t}+\frac{5}{2}\mathrm{e}^{-5t}\end{aligned}$$

2. $F(s)$分母不能因式分解的情况

例 3　求 $F(s)=\dfrac{4}{s^2+4s+7}$的逆变换.

解　分母不能因式分解，但可凑完全平方

$$F(s)=\frac{4}{s^2+4s+7}=\frac{4}{(s+2)^2+3}$$

所以

$$\begin{aligned}L^{-1}[F(s)]&=4L^{-1}\left[\frac{1}{(s+2)^2+(\sqrt{3})^2}\right]=\frac{4}{\sqrt{3}}L^{-1}\left[\frac{\sqrt{3}}{(s+2)^2+(\sqrt{3})^2}\right]\\&=\frac{4}{\sqrt{3}}\mathrm{e}^{-2t}\sin\sqrt{3}t\end{aligned}$$

3. $F(s)$不能一次分解成部分分式的情况

例 4　求 $F(s)=\dfrac{s^2}{(s+2)(s^2+2s+2)}$的逆变换.

解　利用有理分式分解成部分分式之和，设

$$F(s)=\frac{s^2}{(s+2)(s^2+2s+2)}=\frac{A}{s+2}+\frac{Bs+C}{s^2+2s+2}$$

其中，A，B，C 为待定系数(每个分式分母次数比分子高一次). 由待定系数法确定

$$A=2,\ B=-1,\ C=-2$$

于是

$$\begin{aligned}F(s)&=\frac{2}{s+2}+\frac{-s-2}{s^2+2s+2}\\&=\frac{2}{s+2}-\frac{(s+1)+1}{(s+1)^2+1}\\&=\frac{2}{s+2}-\frac{s+1}{(s+1)^2+1}-\frac{1}{(s+1)^2+1}\end{aligned}$$

所以

$$f(t)=L^{-1}[F(s)]=2L^{-1}\left[\frac{1}{s+2}\right]-L^{-1}\left[\frac{s+1}{(s+1)^2+1}\right]-L^{-1}\left[\frac{1}{(s+1)^2+1}\right]$$

$$=2e^{-2t}-e^{-t}\cos t-e^{-t}\sin t$$

4. $F(s)$含有多重因子的情况

例 5 求 $F(s)=\dfrac{s^2+2}{s^3+6s^2+9s}$的逆变换.

解 $F(s)=\dfrac{s^2+2}{s(s+3)^2}$含有多重因子，在分解成几个分式时，使每个多重因子上式的分子为常数即可，设

$$F(s)=\frac{A}{s}+\frac{B}{s+3}+\frac{C}{(s+3)^2}$$

由待定系数法求得 $A=\dfrac{2}{9}$，$B=\dfrac{7}{9}$，$C=-\dfrac{11}{3}$. 所以

$$f(t)=L^{-1}[F(s)]=\frac{2}{9}L^{-1}\left[\frac{1}{s}\right]+\frac{7}{9}L^{-1}\left[\frac{1}{s+3}\right]-\frac{11}{3}L^{-1}\left[\frac{1}{(s+3)^2}\right]$$

$$=\frac{2}{9}+\frac{7}{9}e^{-3t}-\frac{11}{3}te^{-3t}$$

习题 7-3

求下列函数的拉氏逆变换.

(1) $F(s)=\dfrac{3}{s+2}$　　(2) $F(s)=\dfrac{s}{s-2}$

(3) $F(s)=\dfrac{s}{(s^2+4)^2}$　　(4) $F(s)=\dfrac{2s}{s^2+16}$

(5) $F(s)=\dfrac{1}{4s^2+9}$　　(6) $F(s)=\dfrac{s}{(s-a)(s-b)}$

(7) $F(s)=\dfrac{s+c}{(s+a)(s+b)}$　　(8) $F(s)=\dfrac{1}{s(s+a)(s+b)}$

(9) $F(s)=\dfrac{1}{s^2(s^2+a^2)}$　　(10) $F(s)=\dfrac{1}{s^2(s^2-1)}$

(11) $F(s)=\dfrac{s^2+2s-1}{s(s-1)^2}$　　(12) $F(s)=\dfrac{4}{s^2+4s+10}$

(13) $F(s)=\dfrac{1}{s^4+5s^2+4}$　　(14) $F(s)=\dfrac{s+1}{9s^2+6s+5}$

第四节　拉普拉斯变换的应用

拉普拉斯变换是一种计算方法，学习它的目的在于应用这种计算方法解决工程计算问题. 本节主要讲述如何应用拉氏变换求解线性微分方程和建立线性系统的传递函数的问题.

一、微分方程的拉氏变换解法

用拉氏变换解微分方程的方法是先对微分方程的各项取拉氏变换，把微分方程化为容易求解的象函数的代数方程，根据这个代数方程求出象函数，再取拉氏逆变换求出原微分方程的解. 这里仅讨论用拉氏变换解常微分方程的问题.

例 1　求方程 $y''-3y'+2y=2e^{3t}$满足初始条件$y'|_{t=0}=y|_{t=0}=0$ 的解.

解　设 $L[y(t)]=Y(s)$，对方程两端取拉氏变换，并代入初始条件，得

$$s^2Y(s)-3sY(s)+2Y(s)=\frac{2}{s-3}$$

从而求出象函数

$$Y(s)=\frac{2}{(s-3)(s^2-3s+2)}$$

将其分解成部分分式，有

$$Y(s)=\frac{1}{s-1}-\frac{2}{s-2}+\frac{1}{s-3}$$

对其取拉氏逆变换，得

$$y(t)=e^t-2e^{2t}+e^{3t}$$

例 2　解微分方程

$$\begin{cases}y'+y=u(t-b)\\ y|_{t=0}=y_0\end{cases}$$

解　设 $L[y(t)]=Y(s)$，对方程两端取拉氏变换，并代入初始条件，得

$$sY(s)-y_0+Y(s)=\frac{1}{s}e^{-bs}$$

解得

$$Y(s)=\frac{1}{s(s+1)}e^{-bs}+\frac{y_0}{s+1}=e^{-bs}\left(\frac{1}{s}-\frac{1}{s+1}\right)+\frac{y_0}{s+1}$$

对象函数 $y(s)$取拉氏逆变换，得

$$\begin{aligned}y(t)&=u(t-b)-u(t-b)e^{-(t-b)}+y_0u(t)e^{-t}\\&=\begin{cases}0 & t<0\\ y_0e^{-t} & 0\leqslant t<b\\ 1-e^{-(t-b)}+y_0e^{-t} & t\geqslant b\end{cases}\end{aligned}$$

例 3　解微分方程组

$$\begin{cases}2x''-x'+9x-y''-y'-3y=0\\ 2x''+x'+7x-y''+y'-5y=0\end{cases}，初始条件为\begin{cases}x(0)=x'(0)=1\\ y(0)=y'(0)=0\end{cases}$$

解　设 $L[x(t)]=X(s)$，$L[y(t)]=Y(s)$，对方程组取拉氏变换，并代入初始条件，得

$$\begin{cases}2s^2X(s)-sX(s)+9X(s)-s^2Y(s)-sY(s)-3Y(s)=2s+1\\ 2s^2X(s)+sX(s)+7X(s)-s^2Y(s)+sY(s)-5Y(s)=2s+3\end{cases}$$

即

$$\begin{cases}(2s^2-s+9)X(s)-(s^2+s+3)Y(s)=2s+1\\ (2s^2+s+7)X(s)-(s^2-s+5)Y(s)=2s+3\end{cases}$$

解这个方程组，得

$$\begin{cases}X(s)=\dfrac{3s^2+2}{3(s-1)(s^2+4)}\\ Y(s)=\dfrac{10}{3(s-1)(s^2+4)}\end{cases}$$

将其分成部分分式，得

$$\begin{cases}X(s)=\dfrac{1}{3}\left(\dfrac{1}{s-1}+\dfrac{2s}{s^2+4}+\dfrac{2}{s^2+4}\right)\\ Y(s)=\dfrac{1}{3}\left(\dfrac{2}{s-1}-\dfrac{2s}{s^2+4}-\dfrac{2}{s^2+4}\right)\end{cases}$$

取拉氏逆变换，得原方程的解

$$\begin{cases} x(t)=\dfrac{1}{3}(\mathrm{e}^t+2\cos 2t+\sin 2t) \\ y(t)=\dfrac{1}{3}(2\mathrm{e}^t-2\cos 2t-\sin 2t) \end{cases}$$

例 4 如图 7-6 所示，小车的质量为 m，弹簧的劲度系数为 k，假定车轮与地面的接触是光滑的，当一单位脉冲力作用到小车上以后，小车由静止开始振动，求小车的振动方程.

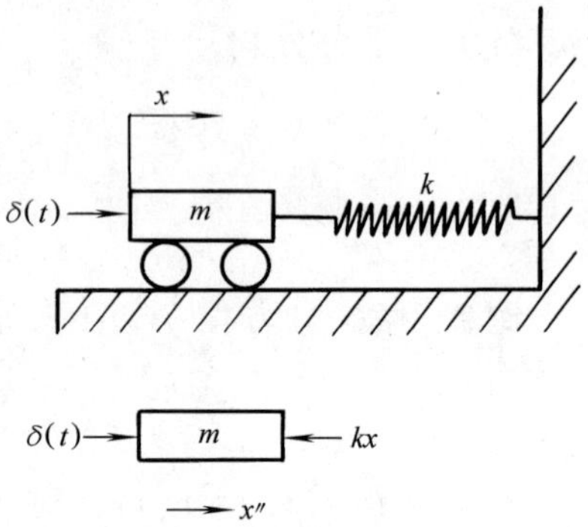

解 设坐标轴 x 的方向与单位脉冲力 $\delta(t)$ 作用的方向相同，小车在 x 方向上的受力情况如图 7-6 所示. 设小车的振动方程为 $x=x(t)$，由牛顿第二运动定律 $\sum F=ma$ 得运动微分方程

$$\delta(t)-kx=mx''$$

即
$$mx''+kx=\delta(t)$$

图 7-6

由小车的初始情况可知方程有初始条件 $x(0)=0$. 设 $L[x(t)]=X(s)$，对方程取拉氏变换

$$ms^2X(s)+kX(s)=1$$

解得

$$X(s)=\frac{1}{ms^2+k}=\frac{1}{m\left(s^2+\dfrac{k}{m}\right)}$$

对象函数取拉氏逆变换，得小车的振动方程

$$x(t)=\frac{1}{\sqrt{mk}}\sin\sqrt{\frac{k}{m}}t$$

例 5 如图 7-7 所示，在 $t=0$ 时接通电路，求输出信号 $u_C(t)$.

解 根据基尔霍夫定律可知，任一闭合电路上的电压降之和等于电动势

$$u_R(t)+u_C(t)=E$$

由
$$u_C(t)=\frac{1}{C}\int_{-\infty}^{t}i(t)\,\mathrm{d}t$$

可知
$$i(t)=C\frac{\mathrm{d}u_C(t)}{\mathrm{d}t}$$

图 7-7

$$u_R(t)=Ri(t)=RC\frac{\mathrm{d}u_C(t)}{\mathrm{d}t}$$

从而得微分方程
$$RC\frac{\mathrm{d}u_C(t)}{\mathrm{d}t}+u_C(t)=E$$

并有初始条件
$$u_C(0)=0$$

设 $L[u_C(t)]=F(s)$，对方程两边取拉氏变换，得

$$RCsF(s)+F(s)=\frac{E}{s}$$

解得

$$F(s)=\frac{E}{s(RCs+1)}=E\left(\frac{1}{s}-\frac{1}{s+\frac{1}{RC}}\right)$$

取拉氏逆变换，得

$$u_C(t)=L^{-1}[F(s)]=E(1-\mathrm{e}^{-\frac{t}{RC}})\quad(t\geqslant 0)$$

二、线性系统的传递函数

在研究工程实际问题时，常把对一个系统输入（或施加）一个作用，称为**激励**，而把系统经作用后产生的结果或效应称为**响应**. 例如，在电学中对一电路的输入信号叫作对这个电路的激励，而电路的输出信号叫作这个电路的响应；在力学中对一构件施加力叫作对这个构件的激励，加力后构件产生的应力、应变叫作这个构件的响应.

如果一个系统的激励和响应构成的数学模型经拉氏变换后成线性关系，这样的系统称为**线性系统**. 如上面例 4 中的弹簧小车系统和例 5 中的 RC 电路都是线性系统. 在大部分情况下，线性系统往往可以用一个线性微分方程表示（或描述）. 在分析和研究线性系统时，通常对系统的激励和响应有着浓厚的兴趣，而对系统内部的结构并不感兴趣. 事实上，计算一个电路系统时，只要能计算出输入和输出信号的物理量，就已经满足了计算的目的和要求，至于其中的结构情况则是另一个领域的工程技术人员的事情. 因此，我们关心的只是系统的激励和响应之间的关系，而不是系统内部的物理结构. 为此，引入传递函数的概念.

设有一个线性系统，它的激励为 $X(t)$，响应为 $Y(t)$，由于它们的关系经拉氏变换后成线性关系，则有象函数方程

$$Y(s)=W(s)X(s)+G(s)$$

其中，$Y(s)=L[Y(t)],X(s)=L[X(t)]$；$G(s)$是由初始条件决定的，当初始条件全为零时，$G(s)=0$；$W(s)$叫作系统的**传递函数**，它表达了系统的特性，与初始条件无关. 当已知传递函数和激励时就可由此求出系统的响应. 但在不同的系统中，相同的激励也可能会产生不同和响应.

特别地，当系统的初始条件全为零时，即 $G(s)=0$ 时有传递函数

$$W(s)=\frac{Y(s)}{X(s)}$$

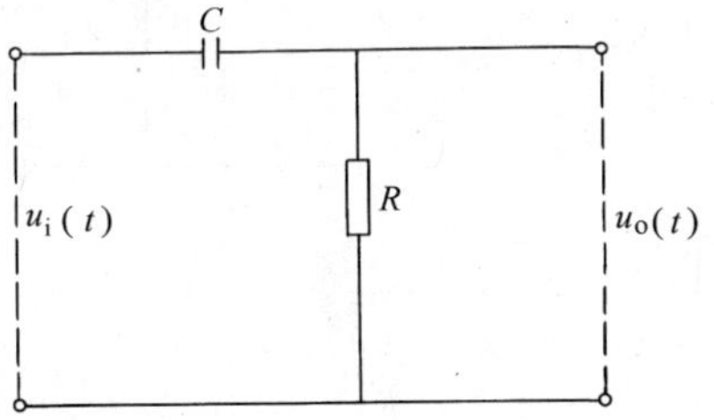

例 6　如图 7-8 所示，在 RC 电路中，$u_i(t)$ 和 $u_o(t)$ 分别为电路的输入和输出电压，设 $t=0$ 时电路没有电流通过，求它的传递函数.

图　7-8

解　由电工学知识可得如下方程组

$$\begin{cases}u_i(t)=Ri(t)+\dfrac{1}{C}\displaystyle\int_0^t i(t)\,\mathrm{d}t\\ u_o(t)=Ri(t)\end{cases}$$

设
$$L[u_i(t)]=U_i(s),\ L[u_o(t)]=U_o(s),\ L[i(t)]=I(s)$$

对上式两边取拉氏变换，得

$$\begin{cases}U_i(s)=RI(s)+\dfrac{1}{Cs}I(s)\\ U_o(s)=RI(s)\end{cases}$$

两式相比，有
$$\frac{U_o(s)}{U_i(s)}=\frac{RI(s)}{RI(s)+\frac{1}{Cs}I(s)}=\frac{RCs}{RCs+1}$$

若令 $T_0=RC$，则有
$$\frac{U_o(s)}{U_i(s)}=\frac{T_0s}{T_0s+1}=W(s)$$

这就是以上系统的传递函数.

例 7 例 6 中，如果输入电压为
$$u_i(t)=\begin{cases}1 & 0\leqslant t\leqslant\tau\\0 & t>\tau\end{cases}$$

求输出电压 $u_o(t)$.

解 将输入电压改写为
$$u_i(t)=u(t)-u(t-\tau)$$

则它的拉氏变换为
$$u_i(s)=L[u_i(t)]=L[u(t)-u(t-\tau)]=\frac{1}{s}-\frac{e^{-\tau s}}{s}=\frac{1}{s}(1-e^{-\tau s})$$

则有
$$u_o(s)=W(s)u_i(s)=\frac{T_0s}{1+T_0s}\frac{1}{s}(1-e^{-\tau s})=\frac{1}{s+\frac{1}{T_0}}(1-e^{-\tau s})$$

取逆变换，得输出电压为
$$u_o(t)=e^{-\frac{t}{T_0}}-u(t-\tau)e^{-\frac{t-\tau}{T_0}}$$

输入、输出电压与时间的关系分别如图 7-9a、b 所示.

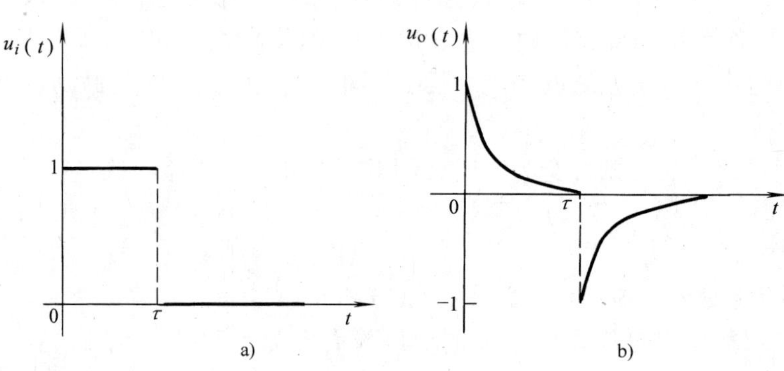

图 7-9

习题 7-4

用拉氏变换求下列微分方程的解.

（1）$i'+5i=10e^{-3t}$，$i(0)=0$

（2）$y''+4y'+3y=e^{-t}$，$y(0)=y'(0)=1$

（3）$y''+\omega^2y=0$，$y(0)=0$，$y'(0)=\omega$

（4）$y''+3y'+2y=u(t-1)$，$y(0)=0$，$y'(0)=1$

（5）$y''-y=4\sin t+5\cos 2t$，$y(0)=-1$，$y'(0)=-2$

（6）$y''-2y'+2y=2e^t\cos t$，$y(0)=y'(0)=0$

（7）$y'''+y'=e^{2t}$，$y(0)=y'(0)=y''(0)=0$

（8）$y''+16y=32t$，$y(0)=3$，$y'(0)=-2$

本 章 小 结

一、拉氏变换的基本概念

设函数$f(t)$当$t\geqslant 0$时有定义，并且积分$\int_0^{+\infty} f(t)e^{-st}dt$(严格地说$s$是一复参量)在$s$的某一区域内收敛，则将函数

$$F(s)=\int_0^{+\infty} f(t)e^{-st}dt$$

称为$f(t)$的拉氏变换(象函数)，称$f(t)$为$F(s)$的拉氏逆变换(象原函数).

二、几个常用函数的拉氏变换公式

$L[u(t)]=\frac{1}{s}$　　$L[\delta(t)]=1$

$L[e^{kt}]=\frac{1}{s-k}$　　$L[t^n]=\frac{n!}{s^{n+1}}\quad(n\in\mathbf{N})$

$L[\sin kt]=\frac{k}{s^2+k^2}$　　$L[\cos kt]=\frac{s}{s^2+k^2}$

三、拉氏变换的基本性质

性　质	设$L[f(t)]=F(s)$
（1）线性性质	$L[af_1(t)+bf_2(t)]=aF_1(s)+bF_2(s)$
（2）延迟性质	$L[f(t-\tau)]=e^{-\tau s}F(s)$
（3）位移性质	$L[e^{kt}f(t)]=F(s-k)$
（4）微分性质	$L[f'(t)]=sF(s)-f(0)$ $L[f^{(n)}(t)]=s^nF(s)-s^{n-1}f(0)-\cdots-f^{(n-1)}(0)$
（5）积分性质	$L[\int_0^t f(t)dt]=\frac{1}{s}F(s)$
（6）相似性质	$L[f(at)]=\frac{1}{a}F\left(\frac{s}{a}\right)$
（7）象函数的微分性质	$F^{(n)}(s)=L[(-t)^nf(t)]$
（8）象函数的积分性质	$L\left[\frac{f(t)}{t}\right]=\int_s^{+\infty}F(s)ds$

四、拉氏逆变换的方法

（1）公式法：部分简单函数可以直接通过查表或结合拉氏逆变换性质求得.

（2）部分分式法：将$F(s)$分解成若干个简单分式之和，利用拉氏变换性质逐个求出象原函数.

五、用拉氏变换解微分方程的主要步骤

（1）对关于 y 的微分方程（连同初始条件）进行拉氏变换，得到象函数的代数方程；

（2）解象函数的代数方程，得象函数 $Y(s)$；

（3）对象函数 $Y(s)$ 作拉氏逆变换，得微分方程的解 $y(t)$.

复习题七

1. 选择题.

（1）拉普拉斯变换 $L[f(t)]=\int_0^{+\infty}f(t)\mathrm{e}^{-st}\mathrm{d}t$ 中的 $f(t)$ 的自变量的范围是（　　）.

A. $(0,+\infty)$　　B. $[0,+\infty)$　　C. $(-\infty,+\infty)$　　D. $(-\infty,0)$

（2）拉普拉斯变换 $F(s)=\int_0^{+\infty}f(t)\mathrm{e}^{-st}\mathrm{d}t$ 中的参数 s 是（　　）.

A. 实变数　　B. 虚变数　　C. 复变数　　D. 有理数

（3）若 $L[f(t)]=F(s)$，则 $L[\mathrm{e}^{-at}f(t)]=$（　　）.

A. $F(s-a)$　　B. $F(s+a)$　　C. $F(s)\mathrm{e}^{-as}$　　D. $\frac{1}{s}F(s+a)$

（4）若 $t\geqslant0$ 时函数 $f(t)$ 有拉氏变换 $L[f(t)]=1$，则（　　）.

A. $f(t)=u(t)$　　B. $f(t)=t$　　C. $f(t)=\delta(t)$　　D. $f(t)=1$

（5）若 $L[f(t)]=F(s)$，则 $L[f(t+a)]=$（　　）.

A. $\mathrm{e}^{-as}F(s)$　　B. $\mathrm{e}^{as}F(s)$　　C. $\mathrm{e}^{-as}F(s-a)$　　D. $\mathrm{e}^{as}F(s+a)$

（6）若 $L[f(t)]=F(s)$，则 $L\left[\frac{1}{t}f(t)\right]=$（　　）.

A. $-F'(s)$　　B. $\frac{1}{s}F(s)$　　C. $\int_s^{+\infty}F(s)\mathrm{d}s$　　D. $\int_0^s F(s)\mathrm{d}s$

（7）若 $L[f(t)]=F(s)$，则 $L[f'(t)]=$（　　）.

A. $F'(s)$　　B. $sF(s)$　　C. $sF'(s)$　　D. $sF(s)-f(0)$

（8）若 $L[f(t)]=F(s)$，则 $L\left[\int_0^t f(t)\mathrm{d}t\right]=$（　　）.

A. $\frac{1}{s}F(s)$　　B. $\int_s^{+\infty}F(s)\mathrm{d}s$　　C. $\int_0^s F(s)\mathrm{d}s$　　D. $\mathrm{e}^{-s}F(s)$

（9）若 $L[f(t)]=F(s)$，则当 $a>0$ 时，$L[f(at)]=$（　　）.

A. $\frac{1}{a}F(s)$　　B. $\frac{1}{a}F\left(\frac{s}{a}\right)$　　C. $aF\left(\frac{s}{a}\right)$　　D. $F(s-a)$

（10）若 $L[f(t)]=F(s)$，且 $f(0)=f'(0)=0$，则 $L[f''(t)]=$（　　）.

A. $sF'(s)$　　B. $F''(s)$　　C. $s^2F(s)$　　D. $s^2F'(s)$

2. 求下列函数的拉氏变换.

（1）$f(t)=\mathrm{e}^{4t}\cos3t\cos4t$　　（2）$f(t)=t^2\cos2t$

（3）$f(t)=\frac{1-\mathrm{e}^t}{t}$　　（4）$f(t)=t\mathrm{e}^t\sin t$

（5）$f(t)=\sin^2 2t$　　（6）$f(t)=\sin^3 t$

（7）$f(t)=\begin{cases}0 & 0\leqslant t<2\\ 1 & 2\leqslant t<4\\ 0 & t\geqslant4\end{cases}$

（8）$f(t)$ 以 2π 为周期，且 $f(t)=\begin{cases}\sin t & 0\leqslant t<\pi\\ 0 & \pi\leqslant t<2\pi\end{cases}$

3. 求下列函数的拉氏逆变换.

（1）$\dfrac{3s+9}{s^2+2s+10}$　　（2）$\dfrac{2e^{-s}-e^{-2s}}{s}$

（3）$\dfrac{s^2+2}{s^3+6s^2+9s}$　　（4）$\dfrac{s^2+4}{s^3+2s^2+2s}$

4. 解下列微分方程或方程组.

（1）$y''(t)+4y'(t)+4y(t)=6e^{-2t}$，$y(0)=-2$，$y'(0)=8$

（2）$y'''(t)+y'(t)=t+1$，$y''(0)=y'(0)=y(0)=0$

【数学小百科】

数学王子——高斯

约翰·卡尔·弗里德里希·高斯(1777—1855)，德国著名数学家、物理学家、天文学家、大地测量学家. 他是近代数学奠基者之一，被认为是历史上最重要的数学家之一，并享有“数学王子”之称，和阿基米德、牛顿并列为世界三大数学家. 高斯一生成就极为丰硕，以他名字命名的成果达 110 个，属数学家中之最. 他对数论、代数、统计、分析、微分几何、大地测量学、地球物理学、力学、静电学、天文学、矩阵理论和光学皆有贡献.

高斯是一对贫穷夫妇的唯一儿子，他母亲是一个贫穷石匠的女儿，父亲曾做过园丁、工头、商人的助手和一个小保险公司的评估师. 高斯 3 岁时，便能够纠正他父亲的借债账目中的错误. 高斯 7 岁那年开始上学，10 岁的时候进入了学习数学的班级，数学教师是布特纳，他对高斯的成长也起了一定作用. 一天，老师布置了一道题，1+2+3+…+100 等于多少. 高斯很快就算出了答案，但起初布特纳并不相信他算出了正确答案：“你一定是算错了，回去再算算.”高斯说他是这样算的：1+100=101，2+99=101，…1 加到 100 有 50 组这样的数，所以答案是 50×101=5050. 布特纳对他刮目相看. 他特意从汉堡买了最好的算术书送给高斯，说：“你已经超过了我，我没有什么东西可以教你了.”接着，高斯与布特纳的助手巴特尔斯建立了真诚的友谊，直到巴特尔斯逝世. 他们一起学习，互相帮助，高斯由此开始了真正的数学研究. 1792 年高斯进入布伦兹维克的卡罗琳学院继续学习. 1795 年，卡尔·威廉·斐迪南公爵又为他支付各种费用，送他入德国著名的哥丁根大学. 1796 年高斯 19 岁时，发现了正十七边形的尺规作图法，解决了自欧几里得以来悬而未决的一个难题. 同年，他发表并证明了二次互反律. 这是他的得意杰作，一生曾用八种方法证明，称之为“黄金律”. 1799 年，高斯完成了博士论文，获黑尔姆施泰特大学的博士学位. 公爵为高斯支付了长篇博士论文的印刷费用，并送给他一幢公寓；又为他印刷了《算术研究》，使该书得以在 1801 年问世；还负担了高斯的所有生活费用. 所有这一切，令高斯十分感动. 他在博士论文和《算术研究》中，写下了情真意切的献词：“献给大公”“你的仁慈，将我从所有烦恼中解放出来，使我能从事这种独特的研究.”1833 年高斯从他的天文台拉了一条电线，跨过许多人家的屋顶，一直到韦伯的实验室，以伏特电池为电源，构造了世界上第一台电报机.

高斯对自己的工作态度是精益求精，非常严格地要求自己的研究成果. 他自己曾说：“宁可发表少，但发表的东西是成熟的成果.”他的数学研究几乎遍及所有领域，在数论、代数学、非欧几何、复变函数和微分几何等方面都做出了开创性的贡献. 他还把数学应用于天文学、大地测量学和磁学的研究，发明了最小二乘法原理. 高斯一生共发表 155 篇论文. 高斯对代数学的重要贡献是证明了代数基本定理，他的存在性证明开创了数学研究的新途径. 事实上在高斯之前有许多数学家认为已给出了这个结果的证明，可是没有一个证明是严密的. 高斯把前人证明的缺失一一指出来，然后提出自己的见解，一生中他一共给出了四个不同的证明. 高斯在 1816 年左右就得到非欧几何的原理. 他还深入研究复变函数，建立了一些基本概念并发现了著名的柯西积分定理. 此外，他还发现椭圆函数的双周期性，但这些工作在他生前都没发表出来.

在物理学方面高斯最引人注目的成就是在 1833 年和物理学家韦伯发明了有线电报，这使高斯的声望超出了学术圈而进入公众社会. 除此以外，高斯在力学、测地学、水工学、电动学、磁学和光学等方面均有杰出的贡献.

高斯开辟了许多新的数学领域，从最抽象的代数数论到内蕴几何学，都留下了他的足迹. 从研究风格、方法乃至所取得的具体成就方面，他都是 18、19 世纪之交的中坚人物.

如果我们把 18 世纪的数学家想象为一系列的高山峻岭，那么最后一个令人肃然起敬的巅峰就是高斯；如果把 19 世纪的数学家想象为一条条江河，那么其源头就是高斯. 天才、早熟、高产、创造力不衰……人类智力领域的几乎所有褒奖之词，对于高斯都不过分.

爱因斯坦曾评论说：“高斯对于近代物理学的发展，尤其是对于相对论的数学基础所做的贡献(指曲面论)，其重要性是超越一切，无与伦比的.”

第八章　线 性 代 数

线性代数是数学的一个重要分支，是现代科学研究的一个重要工具. 本章主要介绍行列式、矩阵，并用它们讨论线性方程组的解.

学习目标：

1. 理解行列式的性质，掌握行列式的计算方法.
2. 理解矩阵的相关概念，掌握矩阵的各种运算和初等变换，并用初等变换求矩阵的秩和逆矩阵.
3. 掌握用克莱姆法则、高斯消去法、初等变换、逆矩阵解线性方程组的方法.

第一节　行　列　式

行列式是研究线性代数的一个重要工具，它是为求解线性方程组而引入的.

一、二阶和三阶行列式

1. 定义

定义 1　符号$\begin{vmatrix} a_{11} & a_{12} \\ a_{21} & a_{22} \end{vmatrix}$称为**二阶行列式**. 它由两行两列 2^2 个数组成，它代表一个算式

$$\begin{vmatrix} a_{11} & a_{12} \\ a_{21} & a_{22} \end{vmatrix} = a_{11}a_{22} - a_{12}a_{21}$$

其中，$a_{ij}(i,j=1,2)$称为行列式的**元素**，第一个下标 i 表示第 i 行，第二个下标 j 表示第 j 列. a_{ij}就表示第 i 行第 j 列相交处的那个元素.

定义 2　符号

$$\begin{vmatrix} a_{11} & a_{12} & a_{13} \\ a_{21} & a_{22} & a_{23} \\ a_{31} & a_{32} & a_{33} \end{vmatrix}$$

称为**三阶行列式**，它由 3^2 个数组成，也代表一个算式，即

$$\begin{vmatrix} a_{11} & a_{12} & a_{13} \\ a_{21} & a_{22} & a_{23} \\ a_{31} & a_{32} & a_{33} \end{vmatrix} = a_{11}a_{22}a_{33} + a_{12}a_{23}a_{31} + a_{13}a_{21}a_{32} - a_{13}a_{22}a_{31} - a_{11}a_{23}a_{32} - a_{12}a_{21}a_{33}$$

2. 计算

二、三阶行列式常用对角线法计算，如图 8-1 所示. 实对角线为主对角线，元素之积为正；虚对角线为副对角线，元素之积为负，把这些积相加就是行列式的值.

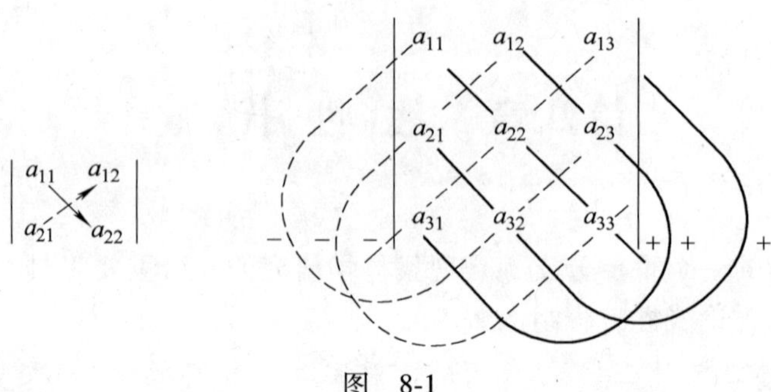

图 8-1

例 计算下列行列式.

(1) $\begin{vmatrix} \cos^2\alpha & \sin^2\alpha \\ \sin^2\alpha & \cos^2\alpha \end{vmatrix}$　　(2) $\begin{vmatrix} 2 & -3 & 1 \\ 1 & 1 & 1 \\ 3 & 1 & -2 \end{vmatrix}$

解 (1) $\begin{vmatrix} \cos^2\alpha & \sin^2\alpha \\ \sin^2\alpha & \cos^2\alpha \end{vmatrix} = \cos^4\alpha - \sin^4\alpha = (\cos^2\alpha - \sin^2\alpha)(\cos^2\alpha + \sin^2\alpha)$

$= \cos 2\alpha$

(2) $\begin{vmatrix} 2 & -3 & 1 \\ 1 & 1 & 1 \\ 3 & 1 & -2 \end{vmatrix} = 2\times1\times(-2)+(-3)\times1\times3+1\times1\times1-1\times1\times3-$

$2\times1\times1-(-3)\times1\times(-2) = -23$

二、n 阶行列式

定义 3 n 阶行列式由 n^2 个元素构成，记为

$$\begin{vmatrix} a_{11} & a_{12} & \cdots & a_{1n} \\ a_{21} & a_{22} & \cdots & a_{2n} \\ \vdots & \vdots & & \vdots \\ a_{n1} & a_{n2} & \cdots & a_{nn} \end{vmatrix}$$

其中，a_{ij} $(i,j=1,2,\cdots,n)$ 称为行列式第 i 行第 j 列的元素.

特殊地

$$\begin{vmatrix} a_{11} & 0 & \cdots & 0 \\ 0 & a_{22} & \cdots & 0 \\ \vdots & \vdots & & \vdots \\ 0 & 0 & \cdots & a_{nn} \end{vmatrix}$$

称为**主对角行列式**.

$$\begin{vmatrix} a_{11} & a_{12} & \cdots & a_{1n} \\ 0 & a_{22} & \cdots & a_{2n} \\ \vdots & \vdots & & \vdots \\ 0 & 0 & \cdots & a_{nn} \end{vmatrix}$$

称为**上三角行列式**.

$$\begin{vmatrix} a_{11} & 0 & \cdots & 0 \\ a_{21} & a_{22} & \cdots & 0 \\ \vdots & \vdots & & \vdots \\ a_{n1} & a_{n2} & \cdots & a_{nn} \end{vmatrix}$$

称为**下三角行列式**.

这三个行列式的值都为 $a_{11}a_{22}\cdots a_{nn}$.

习题　8-1

1. 计算下列行列式.

(1) $\begin{vmatrix} 3 & 2 \\ -1 & 4 \end{vmatrix}$　(2) $\begin{vmatrix} a+b & -(a-b) \\ a-b & a+b \end{vmatrix}$　(3) $\begin{vmatrix} 2 & 3 & 5 \\ 3 & -1 & 1 \\ 4 & -2 & -5 \end{vmatrix}$

(4) $\begin{vmatrix} 0 & a & b \\ a & 0 & c \\ b & c & 0 \end{vmatrix}$　(5) $\begin{vmatrix} 6 & 19 & -23 \\ 0 & 7 & 35 \\ 0 & 0 & 5 \end{vmatrix}$

2. 解方程

$$\begin{vmatrix} x-1 & 0 & 1 \\ 0 & x-2 & 0 \\ 1 & 0 & x-1 \end{vmatrix}=0$$

第二节　行列式的性质

定义 1　将行列式 D 的行与相应的列互换后得到的新行列式，称为 D 的**转置行列式**，记为 D^{T}.

即若 $D=\begin{vmatrix} a_{11} & a_{12} & a_{13} \\ a_{21} & a_{22} & a_{23} \\ a_{31} & a_{32} & a_{33} \end{vmatrix}$，则 $D^{\mathrm{T}}=\begin{vmatrix} a_{11} & a_{21} & a_{31} \\ a_{12} & a_{22} & a_{32} \\ a_{13} & a_{23} & a_{33} \end{vmatrix}$.

行列式具有如下性质：

性质 1　行列式转置后，其值不变，即 $D=D^{\mathrm{T}}$.

性质 2　互换行列式中的任意两行(列)，行列式仅改变符号.

性质 3　如果行列式中有两行(列)的对应元素相同，则此行列式等于零.

性质 4　如果行列式中有一行(列)元素全为零，则此行列式等于零.

性质 5　把行列式的某一行(列)的每一个元素同乘以数 k，等于以数 k 乘该行列式，即

$$\begin{vmatrix} a_{11} & a_{12} & a_{13} \\ ka_{21} & ka_{22} & ka_{23} \\ a_{31} & a_{32} & a_{33} \end{vmatrix}=k\begin{vmatrix} a_{11} & a_{12} & a_{13} \\ a_{21} & a_{22} & a_{23} \\ a_{31} & a_{32} & a_{33} \end{vmatrix}$$

推论 1　如果行列式某行(列)的所有元素有公因子，则公因子可以提到行列式外面.

推论 2　如果行列式有两行(列)的对应元素成比例，则行列式等于零.

性质 6　如果行列式中的某一行(列)所有元素都是两个数的和，则此行列式等于两个行列式的和，而且这两个行列式除了这一行(列)以外，其余的元素与原行列式的对应元素相同，即

$$\begin{vmatrix} a_{11} & a_{12} & a_{13} \\ a_{21}+b_{21} & a_{22}+b_{22} & a_{23}+b_{23} \\ a_{31} & a_{32} & a_{33} \end{vmatrix}=\begin{vmatrix} a_{11} & a_{12} & a_{13} \\ a_{21} & a_{22} & a_{23} \\ a_{31} & a_{32} & a_{33} \end{vmatrix}+\begin{vmatrix} a_{11} & a_{12} & a_{13} \\ b_{21} & b_{22} & b_{23} \\ a_{31} & a_{32} & a_{33} \end{vmatrix}$$

性质 7 以数 k 乘行列式的某一行(列)的所有元素，然后加到另一行(列)的对应元素上，行列式的值不变，即

$$\begin{vmatrix} a_{11} & a_{12} & a_{13} \\ a_{21} & a_{22} & a_{23} \\ a_{31} & a_{32} & a_{33} \end{vmatrix} = \begin{vmatrix} a_{11} & a_{12} & a_{13} \\ ka_{11}+a_{21} & ka_{12}+a_{22} & ka_{13}+a_{23} \\ a_{31} & a_{32} & a_{33} \end{vmatrix}$$

规定：

1) $r_i \leftrightarrow r_j (c_i \leftrightarrow c_j)$表示第 i 行(列)与第 j 行(列)交换位置.

2) $r_j + kr_i (c_j + kc_i)$表示第 i 行(列)的元素乘以数 k 加到第 j 行(列)上.

为了介绍行列式的展开，先引入余子式和代数余子式的概念.

定义 2 在 n 阶行列式中划去元素 a_{ij}所在的第 i 行和第 j 列的元素，剩下的元素按原次序构成的 $n-1$ 阶行列式称为 a_{ij}的**余子式**，记作 M_{ij}. a_{ij}的余子式乘以$(-1)^{i+j}$称为 a_{ij}的**代数余子式**，记作 A_{ij}，即 $A_{ij}=(-1)^{i+j}M_{ij}$.

例如，三阶行列式$\begin{vmatrix} a_{11} & a_{12} & a_{13} \\ a_{21} & a_{22} & a_{23} \\ a_{31} & a_{32} & a_{33} \end{vmatrix}$中元素 a_{23}的代数余子式是

$$A_{23}=(-1)^{2+3}M_{23}=-\begin{vmatrix} a_{11} & a_{12} \\ a_{31} & a_{32} \end{vmatrix}$$

定理 行列式 D 等于它的任一行(列)的各元素与对应的代数余子式的乘积之和，即

$$D=a_{i1}A_{i1}+a_{i2}A_{i2}+\cdots+a_{in}A_{in}=\sum_{j=1}^{n} a_{ij}A_{ij}$$

或

$$D=a_{1j}A_{1j}+a_{2j}A_{2j}+\cdots+a_{nj}A_{nj}=\sum_{i=1}^{n} a_{ij}A_{ij} \tag{8-1}$$

$$(i=1,2,\cdots,n;\ j=1,2,\cdots,n)$$

这样，就可以通过计算 n 个 $n-1$ 阶行列式来计算 n 阶行列式.

例 1 将行列式$\begin{vmatrix} 2 & 3 & -1 \\ 1 & -4 & 1 \\ 5 & -2 & 3 \end{vmatrix}$分别按第一行和第三列展开.

解 按第一行展开得

$$\begin{vmatrix} 2 & 3 & -1 \\ 1 & -4 & 1 \\ 5 & -2 & 3 \end{vmatrix} = 2\times(-1)^{1+1}\begin{vmatrix} -4 & 1 \\ -2 & 3 \end{vmatrix} + 3\times(-1)^{1+2}\begin{vmatrix} 1 & 1 \\ 5 & 3 \end{vmatrix} +$$

$$(-1)\times(-1)^{1+3}\begin{vmatrix} 1 & -4 \\ 5 & -2 \end{vmatrix} = -32$$

按第三列展开得

$$\begin{vmatrix} 2 & 3 & -1 \\ 1 & -4 & 1 \\ 5 & -2 & 3 \end{vmatrix} = (-1)\times(-1)^{1+3}\begin{vmatrix} 1 & -4 \\ 5 & -2 \end{vmatrix} + 1\times(-1)^{2+3}\begin{vmatrix} 2 & 3 \\ 5 & -2 \end{vmatrix} +$$

$$3\times(-1)^{3+3}\begin{vmatrix} 2 & 3 \\ 1 & -4 \end{vmatrix} = -32$$

从例 1 可以看到行列式按不同行或不同列展开计算的结果相等.

推论　行列式的某一行(列)的元素与另一行(列)对应元素的代数余子式乘积之和等于零，即

$$\begin{gathered}a_{i1}A_{j1}+a_{i2}A_{j2}+\cdots+a_{in}A_{jn}=0\ (i\neq j)\\ a_{1i}A_{1j}+a_{2i}A_{2j}+\cdots+a_{ni}A_{nj}=0\ (i\neq j)\\ (i=1,2,\cdots,n;\ j=1,2,\cdots,n)\end{gathered}\tag{8-2}$$

把式(8-1)和式(8-2)结合起来可写成

$$\sum_{k=1}^{n}a_{ik}A_{jk}=\sum_{k=1}^{n}a_{ki}A_{kj}=\begin{cases}D & i=j\\0 & i\neq j\end{cases}$$

把定理和行列式的性质结合起来，可以使行列式的计算大为简化. 计算行列式时，常常利用行列式的性质使某一行(列)的元素出现尽可能多的零，这种运算叫作化零运算.

例 2　计算下列行列式.

(1) $\begin{vmatrix}3&1&1\\297&101&99\\5&-3&2\end{vmatrix}$　　(2) $\begin{vmatrix}1&2&0&1\\1&3&5&0\\0&1&5&6\\1&2&3&4\end{vmatrix}$

解　(1) $$\begin{vmatrix}3&1&1\\297&101&99\\5&-3&2\end{vmatrix}=\begin{vmatrix}3&1&1\\300-3&100+1&100-1\\5&-3&2\end{vmatrix}$$

$$=\begin{vmatrix}3&1&1\\300&100&100\\5&-3&2\end{vmatrix}+\begin{vmatrix}3&1&1\\-3&1&-1\\5&-3&2\end{vmatrix}$$

$$=100\begin{vmatrix}3&1&1\\3&1&1\\5&-3&2\end{vmatrix}+\begin{vmatrix}3&1&1\\-3&1&-1\\5&-3&2\end{vmatrix}=\begin{vmatrix}3&1&1\\-3&1&-1\\5&-3&2\end{vmatrix}$$

$$\xlongequal{r_2+r_1}\begin{vmatrix}3&1&1\\0&2&0\\5&-3&2\end{vmatrix}=2\times(-1)^{2+2}\begin{vmatrix}3&1\\5&2\end{vmatrix}=2$$

(2) $$\begin{vmatrix}1&2&0&1\\1&3&5&0\\0&1&5&6\\1&2&3&4\end{vmatrix}\xlongequal[r_4-r_1]{r_2-r_1}\begin{vmatrix}1&2&0&1\\0&1&5&-1\\0&1&5&6\\0&0&3&3\end{vmatrix}\xlongequal{r_3-r_2}\begin{vmatrix}1&2&0&1\\0&1&5&-1\\0&0&0&7\\0&0&3&3\end{vmatrix}$$

$$\xlongequal{r_3\leftrightarrow r_4}-\begin{vmatrix}1&2&0&1\\0&1&5&-1\\0&0&3&3\\0&0&0&7\end{vmatrix}=-21$$

例 3 解方程

$$\begin{vmatrix} 1 & 1 & 1 & 1 \\ 1 & x & 2 & 2 \\ 2 & 2 & x & 3 \\ 3 & 3 & 3 & x \end{vmatrix}=0$$

解 因为

$$\begin{vmatrix} 1 & 1 & 1 & 1 \\ 1 & x & 2 & 2 \\ 2 & 2 & x & 3 \\ 3 & 3 & 3 & x \end{vmatrix} \xlongequal[r_4-3r_1]{\substack{r_2-r_1 \\ r_3-2r_1}} \begin{vmatrix} 1 & 1 & 1 & 1 \\ 0 & x-1 & 1 & 1 \\ 0 & 0 & x-2 & 1 \\ 0 & 0 & 0 & x-3 \end{vmatrix}=(x-1)(x-2)(x-3)=0$$

所以方程的解为 $x_1=1$，$x_2=2$，$x_3=3$.

习题 8-2

1. 计算下列行列式.

(1) $\begin{vmatrix} 3 & 6 & 2 \\ 2 & 3 & 6 \\ 6 & 2 & 3 \end{vmatrix}$ (2) $\begin{vmatrix} 1 & 1 & 1 \\ 1 & 1+a & 1 \\ 1 & 1 & 1+b \end{vmatrix}$ (3) $\begin{vmatrix} 5 & 0 & 4 & 2 \\ 1 & 1 & 2 & 1 \\ 4 & 1 & 2 & 0 \\ 1 & 1 & 1 & 1 \end{vmatrix}$ (4) $\begin{vmatrix} 0 & x & y & z \\ x & 0 & z & y \\ y & z & 0 & x \\ z & y & x & 0 \end{vmatrix}$

2. 证明下列等式.

(1) $\begin{vmatrix} a & b & c \\ x & y & z \\ h & q & r \end{vmatrix}=\begin{vmatrix} y & b & q \\ x & a & h \\ z & c & r \end{vmatrix}$ (2) $\begin{vmatrix} b & a & a \\ a & b & a \\ a & a & b \end{vmatrix}=(2a+b)(b-a)^2$

(3) $\begin{vmatrix} \cos\alpha & \sin\alpha & 0 & 0 \\ -\sin\alpha & \cos\alpha & 0 & 0 \\ 0 & 0 & \cos\alpha & \sin\alpha \\ 0 & 0 & -\sin\alpha & \cos\alpha \end{vmatrix}=1$

3. 解下列方程.

(1) $\begin{vmatrix} 2+x & x & x \\ x & 3+x & x \\ x & x & 4+x \end{vmatrix}=0$ (2) $\begin{vmatrix} 0 & 1 & x & 1 \\ 1 & 0 & 1 & x \\ x & 1 & 0 & 1 \\ 1 & x & 1 & 0 \end{vmatrix}=0$

第三节 克莱姆法则

含有 n 个未知量的 n 个方程构成的线性方程组为

$$\begin{cases} a_{11}x_1+a_{12}x_2+\cdots+a_{1n}x_n=b_1 \\ a_{21}x_1+a_{22}x_2+\cdots+a_{2n}x_n=b_2 \\ \quad\vdots \\ a_{n1}x_1+a_{n2}x_2+\cdots+a_{nn}x_n=b_n \end{cases} \tag{8-3}$$

将线性方程组系数组成的行列式记为 D，即

$$D=\begin{vmatrix} a_{11} & a_{12} & \cdots & a_{1n} \\ a_{21} & a_{22} & \cdots & a_{2n} \\ \vdots & \vdots & & \vdots \\ a_{n1} & a_{n2} & \cdots & a_{nn} \end{vmatrix}$$

用常数项 $b_1,b_2,\cdots,b_n$ 代替 D 中的第 j 列，组成的行列式记为 D_j，即

$$D_j=\begin{vmatrix} a_{11} & \cdots & a_{1,j-1} & b_1 & a_{1,j+1} & \cdots & a_{1n} \\ a_{21} & \cdots & a_{2,j-1} & b_2 & a_{2,j+1} & \cdots & a_{2n} \\ \vdots & & \vdots & \vdots & \vdots & & \vdots \\ a_{n1} & \cdots & a_{n,j-1} & b_n & a_{n,j+1} & \cdots & a_{nn} \end{vmatrix} \quad (j=1,2,\cdots,n)$$

定理(克莱姆法则) 若线性方程组(8-3)的系数行列式 $D\neq 0$，则该线性方程组存在唯一解

$$x_1=\frac{D_1}{D},x_2=\frac{D_2}{D},\cdots,x_n=\frac{D_n}{D}$$

即

$$x_j=\frac{D_j}{D} \quad (j=1,2,\cdots,n)$$

例 1 解线性方程组

$$\begin{cases} x_1+x_2+2x_3+3x_4=1 \\ 3x_1-x_2-x_3-2x_4=-4 \\ 2x_1+3x_2-x_3-x_4=-6 \\ x_1+2x_2+3x_3-x_4=-4 \end{cases}$$

解 因为

$$D=\begin{vmatrix} 1 & 1 & 2 & 3 \\ 3 & -1 & -1 & -2 \\ 2 & 3 & -1 & -1 \\ 1 & 2 & 3 & -1 \end{vmatrix}=-153\neq 0$$

$$D_1=\begin{vmatrix} 1 & 1 & 2 & 3 \\ -4 & -1 & -1 & -2 \\ -6 & 3 & -1 & -1 \\ -4 & 2 & 3 & -1 \end{vmatrix}=153 \qquad D_2=\begin{vmatrix} 1 & 1 & 2 & 3 \\ 3 & -4 & -1 & -2 \\ 2 & -6 & -1 & -1 \\ 1 & -4 & 3 & -1 \end{vmatrix}=153$$

$$D_3=\begin{vmatrix} 1 & 1 & 1 & 3 \\ 3 & -1 & -4 & -2 \\ 2 & 3 & -6 & -1 \\ 1 & 2 & -4 & -1 \end{vmatrix}=0 \qquad D_4=\begin{vmatrix} 1 & 1 & 2 & 1 \\ 3 & -1 & -1 & -4 \\ 2 & 3 & -1 & -6 \\ 1 & 2 & 3 & -4 \end{vmatrix}=-153$$

所以线性方程组的解为

$$x_1=\frac{D_1}{D}=-1,\ x_2=\frac{D_2}{D}=-1,\ x_3=\frac{D_3}{D}=0,\ x_4=\frac{D_4}{D}=1$$

克莱姆法则揭示了线性方程组的解与它的系数和常数项之间的关系，用克莱姆法则解 n 元线性方程组时有两个前提条件：

1）方程个数与未知数个数相等；

2）系数行列式 D 不等于零.

如果方程组(8-3)的常数项全都为零，即

$$\begin{cases} a_{11}x_1+a_{12}x_2+\cdots+a_{1n}x_n=0 \\ a_{21}x_1+a_{22}x_2+\cdots+a_{2n}x_n=0 \\ \quad\vdots \\ a_{n1}x_1+a_{n2}x_2+\cdots+a_{nn}x_n=0 \end{cases} \tag{8-4}$$

则方程组(8-4)称为**齐次线性方程组**，否则称为**非齐次线性方程组**.

推论　如果齐次线性方程组(8-4)的系数行列式 D 不等于零，则它只有零解，即只有解 $x_1=x_2=\cdots=x_n=0$.

证　因为 $D\neq0$，根据克莱姆法则，方程组(8-4)有唯一解 $x_j=\dfrac{D_j}{D}$ $(j=1,2,\cdots,n)$，又因为行列式 D_j $(j=1,2,\cdots,n)$ 中 j 列的元素全为零，因而 $D_j=0$ $(j=1,2,\cdots,n)$，所以齐次线性方程组(8-4)只有零解，即 $x_j=\dfrac{D_j}{D}=0$ $(j=1,2,\cdots,n)$.

由推论可知齐次线性方程组(8-4)有非零解的条件为：它的系数行列式 D 等于零.

例 2　设方程组

$$\begin{cases} x_1+2x_2+3x_3=mx_1 \\ 2x_1+x_2+3x_3=mx_2 \\ 3x_1+3x_2+6x_3=mx_3 \end{cases}$$

有非零解，求 m 的值.

解　将方程组改写成

$$\begin{cases} (1-m)x_1+2x_2+3x_3=0 \\ 2x_1+(1-m)x_2+3x_3=0 \\ 3x_1+3x_2+(6-m)x_3=0 \end{cases}$$

它有非零解的条件为

$$\begin{vmatrix} 1-m & 2 & 3 \\ 2 & 1-m & 3 \\ 3 & 3 & 6-m \end{vmatrix}=0$$

展开此行列式，得 $m(m+1)(m-9)=0$，即当 $m_1=0$，$m_2=-1$，$m_3=9$ 时，方程组有非零解.

习题　8-3

1. 用克莱姆法则解下列线性方程组.

(1) $\begin{cases} x+3y+z-5=0 \\ x+y+5z+7=0 \\ 2x+3y-3z-14=0 \end{cases}$　　(2) $\begin{cases} x+2y-3z=0 \\ 3x-y+4z=0 \\ x+y+z=0 \end{cases}$

(3) $\begin{cases} x_1-x_2-x_3-x_4=2 \\ x_1-x_2+x_3+x_4=3 \\ x_1+x_2-x_3+x_4=4 \\ x_1+x_2+x_3-x_4=4 \end{cases}$ (4) $\begin{cases} x_2+x_3+x_4+x_5=1 \\ x_1+x_3+x_4+x_5=2 \\ x_1+x_2+x_4+x_5=3 \\ x_1+x_2+x_3+x_5=4 \\ x_1+x_2+x_3+x_4=5 \end{cases}$

2. 设下列齐次线性方程组有非零解，求 m 的值.

(1) $\begin{cases} (m-2)x+y=0 \\ x+(m-2)y+z=0 \\ y+(m-2)z=0 \end{cases}$ (2) $\begin{cases} 4x+3y+z=mx \\ 3x-4y+7z=my \\ x+7y-6z=mz \end{cases}$

第四节 矩阵的概念

在实际问题中，还会出现未知数的个数与方程个数不相等的方程组，为了讨论一般的线性方程组，需要引入一个数学工具——矩阵. 先看两个实例：

例 1 在物资调运中，经常要考虑如何使物资的总运费最低. 如果某个地区的煤有三个产地 x_1，x_2，x_3，有四个销地 y_1，y_2，y_3，y_4，可以用一个数表来表示煤的调运方案.

产地 / 销地	x_1	x_2	x_3
y_1	a_{11}	a_{12}	a_{13}
y_2	a_{21}	a_{22}	a_{23}
y_3	a_{31}	a_{32}	a_{33}
y_4	a_{41}	a_{42}	a_{43}

表中数字 a_{ij}表示由产地 x_i 运到销地 y_j 的数量，这个按一定次序排列的数表

$$\begin{pmatrix} a_{11} & a_{12} & a_{13} \\ a_{21} & a_{22} & a_{23} \\ a_{31} & a_{32} & a_{33} \\ a_{41} & a_{42} & a_{43} \end{pmatrix}$$

表示了煤的调运方案.

例 2 线性方程组

$$\begin{cases} a_{11}x_1+a_{12}x_2+\cdots+a_{1n}x_n=b_1 \\ a_{21}x_1+a_{22}x_2+\cdots+a_{2n}x_n=b_2 \\ \vdots \\ a_{m1}x_1+a_{m2}x_2+\cdots+a_{mn}x_n=b_m \end{cases} \tag{8-5}$$

把它的系数按原来的次序排成系数表

$$\begin{pmatrix} a_{11} & a_{12} & \cdots & a_{1n} \\ a_{21} & a_{22} & \cdots & a_{2n} \\ \vdots & \vdots & & \vdots \\ a_{m1} & a_{m2} & \cdots & a_{mn} \end{pmatrix}$$

常数项也排成一个表

$$\begin{pmatrix} b_1 \\ b_2 \\ \vdots \\ b_m \end{pmatrix}$$

有了两个表，方程组(8-5)就完全确定了.

类似这种矩形表，在自然科学、工程技术及经济领域中常被应用，这种数表在数学上就叫作矩阵.

定义 由 $m \times n$ 个数 $a_{ij}(i=1,2,\cdots,m;\ j=1,2,\cdots,n)$ 排成的矩形数表

$$\begin{pmatrix} a_{11} & a_{12} & \cdots & a_{1n} \\ a_{21} & a_{22} & \cdots & a_{2n} \\ \vdots & \vdots & & \vdots \\ a_{m1} & a_{m2} & \cdots & a_{mn} \end{pmatrix}$$

叫作一个 **m 行 n 列的矩阵**，简称 **$m\times n$ 矩阵**，这 $m\times n$ 个数叫作矩阵的**元素**，其中 a_{ij} 称为该矩阵**第 i 行第 j 列的元素**.

$m\times n$ 矩阵可记作 $\boldsymbol{A}_{m\times n}$ 或 $(a_{ij})_{m\times n}$，有时简记作 $\boldsymbol{A}$ 或 (a_{ij})（矩阵常用大写字母 $\boldsymbol{A},\boldsymbol{B},\boldsymbol{C},\cdots$ 来表示）.

当 $m=n$ 时，矩阵 $\boldsymbol{A}$ 称为 n 阶**方阵**.

当 $m=1$ 时，矩阵 $\boldsymbol{A}$ 称为**行矩阵**，即

$$\boldsymbol{A}_{1\times n}=(a_{11} \quad a_{12} \quad \cdots \quad a_{1n})$$

当 $n=1$ 时，矩阵 $\boldsymbol{A}$ 称为**列矩阵**，即

$$A_{m\times 1}=\begin{pmatrix} a_{11} \\ a_{21} \\ \vdots \\ a_{m1} \end{pmatrix}$$

如果矩阵 $\boldsymbol{A}$ 的元素全为零，则称 $\boldsymbol{A}$ 为**零矩阵**，记作 $\boldsymbol{O}$.

$$\boldsymbol{O}_{m\times n}=\begin{pmatrix} 0 & 0 & \cdots & 0 \\ 0 & 0 & \cdots & 0 \\ \vdots & \vdots & & \vdots \\ 0 & 0 & \cdots & 0 \end{pmatrix} \quad (m\text{ 行},n\text{ 列})$$

如果 n 阶方阵中主对角线左下方的元素全为零，则该方阵称为**上三角矩阵**，即

$$\begin{pmatrix} a_{11} & a_{12} & \cdots & a_{1n} \\ 0 & a_{22} & \cdots & a_{2n} \\ \vdots & \vdots & & \vdots \\ 0 & 0 & \cdots & a_{nn} \end{pmatrix}$$

如果 n 阶方阵中主对角线右上方的元素全为零，则该方阵称为**下三角矩阵**，即

$$\begin{pmatrix} a_{11} & 0 & \cdots & 0 \\ a_{21} & a_{22} & \cdots & 0 \\ \vdots & \vdots & & \vdots \\ a_{n1} & a_{n2} & \cdots & a_{nn} \end{pmatrix}$$

如果 n 阶方阵中除主对角线以外的元素全为零，则该方阵称为**对角矩阵**，即

$$\begin{pmatrix} a_{11} & 0 & \cdots & 0 \\ 0 & a_{22} & \cdots & 0 \\ \vdots & \vdots & & \vdots \\ 0 & 0 & \cdots & a_{nn} \end{pmatrix}$$

在 n 阶对角矩阵中，如果主对角线上的元素都为 1，则该方阵称为 **n 阶单位矩阵**，记为 $\boldsymbol{E}$，即

$$\boldsymbol{E}=\begin{pmatrix} 1 & 0 & \cdots & 0 \\ 0 & 1 & \cdots & 0 \\ \vdots & \vdots & & \vdots \\ 0 & 0 & \cdots & 1 \end{pmatrix}$$

如果矩阵 $\boldsymbol{A}$ 和矩阵 $\boldsymbol{B}$ 的行数与列数分别相同，并且各个对应位置的元素也相等，则称矩阵 $\boldsymbol{A}$ 与矩阵 $\boldsymbol{B}$ **相等**，记作 $\boldsymbol{A}=\boldsymbol{B}$，即如果 $\boldsymbol{A}=(a_{ij})_{m\times n}$，$\boldsymbol{B}=(b_{ij})_{m\times n}$，且 $a_{ij}=b_{ij}(i=1,2,\cdots,m;\ j=1,2,\cdots,n)$，那么 $\boldsymbol{A}=\boldsymbol{B}$.

例 3　设矩阵

$$\boldsymbol{A}=\begin{pmatrix} a & -1 & 4 \\ 0 & b & -4 \\ -5 & 6 & 7 \end{pmatrix},\ \boldsymbol{B}=\begin{pmatrix} -3 & -1 & c \\ 0 & 2 & -4 \\ d & 6 & 7 \end{pmatrix}$$

且 $\boldsymbol{A}=\boldsymbol{B}$，求 a，b，c，d.

解　由 $\boldsymbol{A}=\boldsymbol{B}$ 得，$a=-3$，$b=2$，$c=4$，$d=-5$.

将 $m\times n$ 矩阵 $\boldsymbol{A}_{m\times n}$ 的行换成列，列换成行，所得到的 $n\times m$ 矩阵称为 $\boldsymbol{A}_{m\times n}$ 的转置矩阵，记作 $\boldsymbol{A}^{\mathrm{T}}$，即

$$\text{若 } \boldsymbol{A}=\begin{pmatrix} a_{11} & a_{12} & \cdots & a_{1n} \\ a_{21} & a_{22} & \cdots & a_{2n} \\ \vdots & \vdots & & \vdots \\ a_{m1} & a_{m2} & \cdots & a_{mn} \end{pmatrix},\ \text{则 } \boldsymbol{A}^{\mathrm{T}}=\begin{pmatrix} a_{11} & a_{21} & \cdots & a_{m1} \\ a_{12} & a_{22} & \cdots & a_{m2} \\ \vdots & \vdots & & \vdots \\ a_{1n} & a_{2n} & \cdots & a_{mn} \end{pmatrix}.$$

例 4　求矩阵的转置矩阵

（1）$\boldsymbol{A}=(1\quad -1\quad 3)$　　　（2）$\boldsymbol{B}=\begin{pmatrix} 2 & -1 & 0 \\ 1 & 1 & 6 \\ 4 & 2 & 1 \end{pmatrix}$

解　（1）$\boldsymbol{A}^{\mathrm{T}}=\begin{pmatrix} 1 \\ -1 \\ 3 \end{pmatrix}$　（2）$\boldsymbol{B}^{\mathrm{T}}=\begin{pmatrix} 2 & 1 & 4 \\ -1 & 1 & 2 \\ 0 & 6 & 1 \end{pmatrix}$

转置矩阵具有下列性质：

(1) $(\boldsymbol{A}^{\mathrm{T}})^{\mathrm{T}}=\boldsymbol{A}$

(2) $(\boldsymbol{A}+\boldsymbol{B})^{\mathrm{T}}=\boldsymbol{A}^{\mathrm{T}}+\boldsymbol{B}^{\mathrm{T}}$

(3) $(\lambda\boldsymbol{A})^{\mathrm{T}}=\lambda\boldsymbol{A}^{\mathrm{T}}$

(4) $(\boldsymbol{AB})^{\mathrm{T}}=\boldsymbol{B}^{\mathrm{T}}\boldsymbol{A}^{\mathrm{T}}$

如果方阵 $\boldsymbol{A}$ 满足 $\boldsymbol{A}^{\mathrm{T}}=\boldsymbol{A}$，那么 $\boldsymbol{A}$ 称为**对称矩阵**，即 $a_{ij}=a_{ji}(i,j=1,2,\cdots,n)$.

例如，矩阵 $\boldsymbol{A}=\begin{pmatrix}1&2&9\\2&0&2\\9&2&-12\end{pmatrix}$是一个三阶对称矩阵.

矩阵与行列式是完全不同的两个概念，两者有本质区别. 行列式可以展开，它的值是一个算式或一个数，矩阵是一个数表，它不表示一个算式或一个数，也没有展开式. 通常把方阵 $\boldsymbol{A}_{n\times n}$ 的元素按原来顺序所构成的行列式，称为方阵 $\boldsymbol{A}_{n\times n}$ 的行列式，记作 $\det\boldsymbol{A}$.

如果方阵 $\boldsymbol{A}$ 满足 $\det\boldsymbol{A}\neq0$，称 $\boldsymbol{A}$ 为**非奇异方阵**；否则，称 $\boldsymbol{A}$ 为**奇异方阵**.

习题 8-4

1. 判断题.

(1) n 阶方阵是可以求值的. ( )

(2) 用同一组数组成的两个矩阵是相等的. ( )

(3) 两个行数、列数都相同的矩阵是相等的. ( )

(4) 矩阵都有行列式. ( )

(5) 如果两个矩阵的行列式相等，则两个矩阵相等. ( )

(6) 如果两个矩阵相等，则其行列式对应相等. ( )

(7) 如果矩阵 $\boldsymbol{A}$ 的行列式 $\det\boldsymbol{A}=0$，则 $\boldsymbol{A}=\boldsymbol{O}$. ( )

2. 填空题.

(1) 如果 $\boldsymbol{A}$ 是一个 $m\times n$ 矩阵，那么，$\boldsymbol{A}$ 有________行________列；当 $m=1$ 时，$1\times n$ 矩阵是________矩阵；当 $n=1$ 时，$m\times1$ 矩阵是________矩阵.

(2) 设矩阵

$$\boldsymbol{A}=\begin{pmatrix}3&5&-1\\0&-2&6\end{pmatrix},\ \boldsymbol{B}=\begin{pmatrix}a&5&c\\0&b&6\end{pmatrix}$$

则当 $\boldsymbol{A}=\boldsymbol{B}$ 时，$a=$________，$b=$________，$c=$________.

(3) 设 $\boldsymbol{A}$ 既是上三角矩阵，又是下三角矩阵，则 $\boldsymbol{A}$ 是一个________.

(4) 如果矩阵 $\boldsymbol{A}$ 满足 $\boldsymbol{A}^{\mathrm{T}}=\boldsymbol{A}$，那么 $\boldsymbol{A}$ 是________矩阵，它的元素 $a_{ij}=$________.

(5) 如果 $\boldsymbol{A}$ 是三角矩阵，且 $\det\boldsymbol{A}=0$，那么对角线上的元素________.

第五节 矩阵的运算

一、矩阵的运算

1. 矩阵的加减运算

定义 1 设两个 $m\times n$ 矩阵 $\boldsymbol{A}=(a_{ij})$，$\boldsymbol{B}=(b_{ij})$，将其对应位置元素相加(或相减)得到的 $m\times n$ 矩阵，称为矩阵的**和**(或**差**)，记作 $\boldsymbol{A}\pm\boldsymbol{B}$，即

若 $\boldsymbol{A}=\begin{pmatrix} a_{11} & a_{12} & \cdots & a_{1n} \\ a_{21} & a_{22} & \cdots & a_{2n} \\ \vdots & \vdots & & \vdots \\ a_{m1} & a_{m2} & \cdots & a_{mn} \end{pmatrix}$，$\boldsymbol{B}=\begin{pmatrix} b_{11} & b_{12} & \cdots & b_{1n} \\ b_{21} & b_{22} & \cdots & b_{2n} \\ \vdots & \vdots & & \vdots \\ b_{m1} & b_{m2} & \cdots & b_{mn} \end{pmatrix}$，则

$$\boldsymbol{A}\pm\boldsymbol{B}=\begin{pmatrix} a_{11}\pm b_{11} & a_{12}\pm b_{12} & \cdots & a_{1n}\pm b_{1n} \\ a_{21}\pm b_{21} & a_{22}\pm b_{22} & \cdots & a_{2n}\pm b_{2n} \\ \vdots & \vdots & & \vdots \\ a_{m1}\pm b_{m1} & a_{m2}\pm b_{m2} & \cdots & a_{mn}\pm b_{mn} \end{pmatrix}$$

例如，设 $\boldsymbol{A}=\begin{pmatrix} 6 & 0 & -4 \\ -2 & 5 & -1 \end{pmatrix}$，$\boldsymbol{B}=\begin{pmatrix} -2 & 3 & 2 \\ 0 & -3 & 1 \end{pmatrix}$，则

$$\begin{aligned}\boldsymbol{A}+\boldsymbol{B} &=\begin{pmatrix} 6 & 0 & -4 \\ -2 & 5 & -1 \end{pmatrix}+\begin{pmatrix} -2 & 3 & 2 \\ 0 & -3 & 1 \end{pmatrix} \\ &=\begin{pmatrix} 6+(-2) & 0+3 & -4+2 \\ -2+0 & 5+(-3) & -1+1 \end{pmatrix}=\begin{pmatrix} 4 & 3 & -2 \\ -2 & 2 & 0 \end{pmatrix}\end{aligned}$$

$$\begin{aligned}\boldsymbol{A}-\boldsymbol{B} &=\begin{pmatrix} 6 & 0 & -4 \\ -2 & 5 & -1 \end{pmatrix}-\begin{pmatrix} -2 & 3 & 2 \\ 0 & -3 & 1 \end{pmatrix} \\ &=\begin{pmatrix} 6-(-2) & 0-3 & -4-2 \\ -2-0 & 5-(-3) & -1-1 \end{pmatrix}=\begin{pmatrix} 8 & -3 & -6 \\ -2 & 8 & -2 \end{pmatrix}\end{aligned}$$

注意：只有在两个矩阵的行数和列数都对应相同时才能作加法(或减法)运算.

由定义可得，矩阵的加法具有以下性质：

(1) $\boldsymbol{A}+\boldsymbol{B}=\boldsymbol{B}+\boldsymbol{A}$

(2) $(\boldsymbol{A}+\boldsymbol{B})+\boldsymbol{C}=\boldsymbol{A}+(\boldsymbol{B}+\boldsymbol{C})$

(3) $\boldsymbol{A}+\boldsymbol{O}=\boldsymbol{A}$

其中，$\boldsymbol{A}$，$\boldsymbol{B}$，$\boldsymbol{C}$，$\boldsymbol{O}$ 都是 $m\times n$ 矩阵.

2. 数与矩阵的乘法

定义 2　设 k 为任意数，以数 k 乘以矩阵 $\boldsymbol{A}$ 中的每一个元素所得到的矩阵叫作数 k 与 $\boldsymbol{A}$ 的积，记为 $k\boldsymbol{A}$(或 $\boldsymbol{A}k$)即

$$k\boldsymbol{A}=(ka_{ij})_{m\times n}=\begin{pmatrix} ka_{11} & ka_{12} & \cdots & ka_{1n} \\ ka_{21} & ka_{22} & \cdots & ka_{2n} \\ \vdots & \vdots & & \vdots \\ ka_{m1} & ka_{m2} & \cdots & ka_{mn} \end{pmatrix}$$

例如，设 $\boldsymbol{A}=\begin{pmatrix} -4 & -2 & 2 \\ -2 & 4 & 6 \\ 6 & 3 & 1 \end{pmatrix}$，则

$$2\boldsymbol{A}=\begin{pmatrix} 2\times(-4) & 2\times(-2) & 2\times2 \\ 2\times(-2) & 2\times4 & 2\times6 \\ 2\times6 & 2\times3 & 2\times1 \end{pmatrix}=\begin{pmatrix} -8 & -4 & 4 \\ -4 & 8 & 12 \\ 12 & 6 & 2 \end{pmatrix}$$

数乘具有以下运算规律：

(1) $k(\boldsymbol{A}+\boldsymbol{B})=k\boldsymbol{A}+k\boldsymbol{B}$

(2) $(k+h)\boldsymbol{A}=k\boldsymbol{A}+h\boldsymbol{A}$

(3) $(kh)\boldsymbol{A}=k(h\boldsymbol{A})$

其中 $\boldsymbol{A}$，$\boldsymbol{B}$ 都是 $m\times n$ 矩阵，k，h 为任意实数.

例 1 已知

$$\boldsymbol{A}=\begin{pmatrix}5&-1&2&0\\1&5&7&9\\2&3&6&8\end{pmatrix},\ \boldsymbol{B}=\begin{pmatrix}7&2&-2&4\\5&1&9&7\\3&2&-1&6\end{pmatrix}$$

且 $\boldsymbol{A}+2\boldsymbol{Z}=\boldsymbol{B}$，求 $\boldsymbol{Z}$.

解 $$\boldsymbol{Z}=\frac{1}{2}(\boldsymbol{B}-\boldsymbol{A})=\frac{1}{2}\begin{pmatrix}2&3&-4&4\\4&-4&2&-2\\1&-1&-7&-2\end{pmatrix}=\begin{pmatrix}1&\frac{3}{2}&-2&2\\2&-2&1&-1\\\frac{1}{2}&-\frac{1}{2}&-\frac{7}{2}&-1\end{pmatrix}$$

3. 矩阵与矩阵相乘

定义 3 设矩阵 $\boldsymbol{A}=(a_{ik})_{m\times s}$，矩阵 $\boldsymbol{B}=(b_{kj})_{s\times n}$（$\boldsymbol{A}$ 的列数与 $\boldsymbol{B}$ 的行数相等），若矩阵 $\boldsymbol{C}=(c_{ij})_{m\times n}$ 中

$$\begin{aligned}c_{ij}&=a_{i1}b_{1j}+a_{i2}b_{2j}+\cdots+a_{is}b_{sj}\\&=\sum_{k=1}^{s}a_{ik}b_{kj}\quad(i=1,2,\cdots,m;\ j=1,2,\cdots,n)\end{aligned}$$

（即表示矩阵 $\boldsymbol{A}$ 的第 i 行元素依次乘矩阵 $\boldsymbol{B}$ 的第 j 列相应元素后相加），则称矩阵 $\boldsymbol{C}$ 为矩阵 $\boldsymbol{A}$ 与矩阵 $\boldsymbol{B}$ 的乘积，记作 $\boldsymbol{C}=\boldsymbol{AB}$.

例如，计算 c_{23} 这个元素（即 $i=2,j=3$）就是用矩阵 $\boldsymbol{A}$ 的第 2 行元素分别乘以矩阵 $\boldsymbol{B}$ 的第 3 列相应的元素，然后相加.

注意：两个矩阵 $\boldsymbol{A}$，$\boldsymbol{B}$ 相乘，只有当矩阵 $\boldsymbol{A}$ 的列数等于矩阵 $\boldsymbol{B}$ 的行数时，才有意义. 为此，常用下面方法来记：$\boldsymbol{A}_{m\times s}\boldsymbol{B}_{s\times n}=\boldsymbol{C}_{m\times n}$.

例 2 设 $\boldsymbol{A}=\begin{pmatrix}4&2&-1\\2&-3&5\end{pmatrix}$，$\boldsymbol{B}=\begin{pmatrix}2&3\\-5&4\\3&6\end{pmatrix}$，求 $\boldsymbol{AB}$ 及 $\boldsymbol{BA}$.

解 $$\begin{aligned}\boldsymbol{AB}&=\begin{pmatrix}4&2&-1\\2&-3&5\end{pmatrix}\begin{pmatrix}2&3\\-5&4\\3&6\end{pmatrix}\\&=\begin{pmatrix}4\times2+2\times(-5)+(-1)\times3&4\times3+2\times4+(-1)\times6\\2\times2+(-3)\times(-5)+5\times3&2\times3+(-3)\times4+5\times6\end{pmatrix}\\&=\begin{pmatrix}-5&14\\34&24\end{pmatrix}\end{aligned}$$

$$\boldsymbol{BA}=\begin{pmatrix}2&3\\-5&4\\3&6\end{pmatrix}\begin{pmatrix}4&2&-1\\2&-3&5\end{pmatrix}$$

$$=\begin{pmatrix} 2\times4+3\times2 & 2\times2+3\times(-3) & 2\times(-1)+3\times5 \\ -5\times4+4\times2 & -5\times2+4\times(-3) & -5\times(-1)+4\times5 \\ 3\times4+6\times2 & 3\times2+6\times(-3) & 3\times(-1)+6\times5 \end{pmatrix}$$

$$=\begin{pmatrix} 14 & -5 & 13 \\ -12 & -22 & 25 \\ 24 & -12 & 27 \end{pmatrix}$$

可以看出这里 $\boldsymbol{AB}\neq\boldsymbol{BA}$，说明矩阵乘法不满足交换律.

注意：$\boldsymbol{AB}=\boldsymbol{O}$ 推不出 $\boldsymbol{A}=\boldsymbol{O}$ 或 $\boldsymbol{B}=\boldsymbol{O}$；$\boldsymbol{AC}=\boldsymbol{BC}$ 推不出 $\boldsymbol{A}=\boldsymbol{B}$.

例如，$\boldsymbol{A}=\begin{pmatrix}1&1\\1&1\end{pmatrix}\neq\boldsymbol{O}$，$\boldsymbol{B}=\begin{pmatrix}1\\-1\end{pmatrix}\neq\boldsymbol{O}$，而 $\boldsymbol{AB}=\begin{pmatrix}1&1\\1&1\end{pmatrix}\begin{pmatrix}1\\-1\end{pmatrix}=\begin{pmatrix}0\\0\end{pmatrix}$.

再如，$\boldsymbol{A}=\begin{pmatrix}3&1\\4&6\end{pmatrix}$，$\boldsymbol{B}=\begin{pmatrix}2&1\\4&6\end{pmatrix}$，$\boldsymbol{C}=\begin{pmatrix}0&0\\1&1\end{pmatrix}$，有 $\boldsymbol{AC}=\boldsymbol{BC}=\begin{pmatrix}1&1\\6&6\end{pmatrix}$，但$\boldsymbol{A}\neq\boldsymbol{B}$.

矩阵的乘法满足下列运算规律(假设运算可行)：

(1) $(\boldsymbol{AB})\boldsymbol{C}=\boldsymbol{A}(\boldsymbol{BC})$

(2) $\boldsymbol{A}(\boldsymbol{B}+\boldsymbol{C})=\boldsymbol{AB}+\boldsymbol{AC}$，$(\boldsymbol{B}+\boldsymbol{C})\boldsymbol{A}=\boldsymbol{BA}+\boldsymbol{CA}$

(3) $k(\boldsymbol{AB})=(k\boldsymbol{A})\boldsymbol{B}=\boldsymbol{A}(k\boldsymbol{B})$

(4) $\boldsymbol{AE}=\boldsymbol{EA}=\boldsymbol{A}$

(5) $\boldsymbol{A}^k=\underbrace{\boldsymbol{AA}\cdots\boldsymbol{A}}_{k个}$，$\boldsymbol{A}^k\boldsymbol{A}^l=\boldsymbol{A}^{k+l}$，$(\boldsymbol{A}^k)^l=\boldsymbol{A}^{kl}$　($\boldsymbol{A}$ 为 n 阶方阵)

二、矩阵的初等变换

定义 4　对矩阵的行(或列)作下列 3 种变换称为矩阵的**初等变换**：

(1) **位置变换**　交换矩阵的某两行(列)，用记号 $r_i\leftrightarrow r_j$($c_i\leftrightarrow c_j$)表示.

(2) **倍法变换**　用一个不为零的数乘以矩阵的某一行(列)，用记号 kr_i(kc_i)表示.

(3) **倍加变换**　用一个数乘以矩阵的某一行(列)加到另一行(列)上，用记号 r_j+kr_i(c_j+kc_i)表示.

例 3　利用初等变换，将矩阵

$$\boldsymbol{A}=\begin{pmatrix}2&3&1\\0&1&3\\1&2&5\end{pmatrix}$$

化成单位矩阵.

解

$$\boldsymbol{A}=\begin{pmatrix}2&3&1\\0&1&3\\1&2&5\end{pmatrix}\xrightarrow{r_1\leftrightarrow r_3}\begin{pmatrix}1&2&5\\0&1&3\\2&3&1\end{pmatrix}\xrightarrow{r_3-2r_1}\begin{pmatrix}1&2&5\\0&1&3\\0&-1&-9\end{pmatrix}$$

$$\xrightarrow{r_3+r_2}\begin{pmatrix}1&2&5\\0&1&30\end{pmatrix}\xrightarrow{-\frac{1}{6}r_3}\begin{pmatrix}1&2&5\\0&1&3\\0&0&1\end{pmatrix}\xrightarrow[r_2-3r_3]{r_1-5r_3}\begin{pmatrix}1&2&0\\0&1&0\\0&0&1\end{pmatrix}$$

$$\xrightarrow{r_1-2r_2}\begin{pmatrix}1&0&0\\0&1&0\\0&0&1\end{pmatrix}$$

习题　8-5

1. 填空题.

（1）两个矩阵 $\boldsymbol{A}$ 与 $\boldsymbol{B}$ 可作加、减运算的条件是这两个矩阵的________.

（2）数 k 乘矩阵 $\boldsymbol{A}$ 是把 k 乘以 $\boldsymbol{A}$ 的________.

（3）两个矩阵 $\boldsymbol{A}$ 与 $\boldsymbol{B}$ 可作乘法运算的条件是________.

（4）设 $\boldsymbol{A}$ 是一个 $m\times n$ 矩阵，$\boldsymbol{B}$ 是一个 $n\times 5$ 矩阵，那么 $\boldsymbol{AB}$ 是________矩阵，第 i 行第 j 列的元素为________.

（5）设 $\boldsymbol{A}$，$\boldsymbol{B}$ 是两个上三角矩阵，那么，$(\boldsymbol{AB})^{\mathrm{T}}$ 是________矩阵，$(k\boldsymbol{A}-l\boldsymbol{B})$ 是________矩阵，其中 k、l 是常数.

（6）设 $\boldsymbol{A}$ 是一个三阶方阵，那么 $\det(-2\boldsymbol{A})=$ ________ $\det\boldsymbol{A}$.

2. 设矩阵

$$\boldsymbol{A}=\begin{pmatrix}1&-2&1&2\\2&3&-4&0\\-3&5&0&-4\end{pmatrix},\ \boldsymbol{B}=\begin{pmatrix}-3&3&0&-3\\0&-4&9&12\\6&-8&-9&5\end{pmatrix}$$

求　（1）$3\boldsymbol{A}-\boldsymbol{B}$　（2）$2\boldsymbol{A}+3\boldsymbol{B}$　（3）若 $\boldsymbol{X}$ 满足 $\boldsymbol{A}+\boldsymbol{X}=\boldsymbol{B}$，求 $\boldsymbol{X}$.

3. 计算

（1）$\begin{pmatrix}1&0\\0&1\end{pmatrix}\begin{pmatrix}3&2\\5&6\end{pmatrix}$　　（2）$\begin{pmatrix}2&-1\\-3&3\end{pmatrix}^2-5\begin{pmatrix}2&-1\\-3&3\end{pmatrix}+2\begin{pmatrix}1&0\\0&1\end{pmatrix}$

（3）$\begin{pmatrix}1&0\\0&1\end{pmatrix}\begin{pmatrix}5&3\\2&7\end{pmatrix}\begin{pmatrix}1&0\\0&1\end{pmatrix}$　　（4）$\begin{pmatrix}-1&2&3\\3&-1&0\end{pmatrix}\begin{pmatrix}2&5&0\\-4&3&-2\\-3&-1&1\end{pmatrix}$

4. 设 n 阶方阵 $\boldsymbol{A}$ 和 $\boldsymbol{B}$ 满足 $\boldsymbol{AB}=\boldsymbol{BA}$，证明：

（1）$(\boldsymbol{A}+\boldsymbol{B})^2=\boldsymbol{A}^2+2\boldsymbol{AB}+\boldsymbol{B}^2$　　（2）$\boldsymbol{A}^2-\boldsymbol{B}^2=(\boldsymbol{A}+\boldsymbol{B})(\boldsymbol{A}-\boldsymbol{B})$

5. 若矩阵

$$\boldsymbol{A}=\begin{pmatrix}-2&3\\-5&0\end{pmatrix},\ \boldsymbol{B}=\begin{pmatrix}2&1\\3&4\end{pmatrix}$$

验证：$\det\boldsymbol{AB}=\det\boldsymbol{A}\det\boldsymbol{B}$

6. 若矩阵

$$\boldsymbol{A}=\begin{pmatrix}1&3\\0&2\\-1&0\end{pmatrix},\ \boldsymbol{B}=\begin{pmatrix}1&0&1\\-1&1&0\end{pmatrix}$$

验证：$(\boldsymbol{AB})^{\mathrm{T}}=\boldsymbol{B}^{\mathrm{T}}\boldsymbol{A}^{\mathrm{T}}$

7. 已知矩阵 $\boldsymbol{A}=\begin{pmatrix}1&4&6\\4&2&5\\6&5&3\end{pmatrix}$，$\boldsymbol{B}=\begin{pmatrix}1&0&2&0\\1&-1&0&2\\0&2&1&-1\end{pmatrix}$

验证：$\boldsymbol{B}^{\mathrm{T}}\boldsymbol{AB}$ 为对称矩阵.

第六节　逆　矩　阵

一、逆矩阵的概念

利用矩阵的乘法和矩阵相等的含义，可以把线性方程组写成矩阵形式. 对于线性方程组

$$\begin{cases} a_{11}x_1+a_{12}x_2+\cdots+a_{1n}x_n=b_1 \\ a_{21}x_1+a_{22}x_2+\cdots+a_{2n}x_n=b_2 \\ \qquad\vdots \\ a_{m1}x_1+a_{m2}x_2+\cdots+a_{mn}x_n=b_m \end{cases}$$

令 $\boldsymbol{A}=\begin{pmatrix} a_{11} & a_{12} & \cdots & a_{1n} \\ a_{21} & a_{22} & \cdots & a_{2n} \\ \vdots & \vdots & & \vdots \\ a_{m1} & a_{m2} & \cdots & a_{mn} \end{pmatrix}$，$\boldsymbol{X}=\begin{pmatrix} x_1 \\ x_2 \\ \vdots \\ x_n \end{pmatrix}$，$\boldsymbol{B}=\begin{pmatrix} b_1 \\ b_2 \\ \vdots \\ b_m \end{pmatrix}$，则方程组可写成 $\boldsymbol{AX}=\boldsymbol{B}$.

方程 $\boldsymbol{AX}=\boldsymbol{B}$ 是线性方程组的矩阵表达形式，称为**矩阵方程**. 其中，矩阵 $\boldsymbol{A}$ 称为方程组的**系数矩阵**，矩阵 $\boldsymbol{X}$ 称为**未知矩阵**，矩阵 $\boldsymbol{B}$ 称为**常数项矩阵**.

这样，解线性方程组的问题就变成求矩阵方程中未知矩阵 $\boldsymbol{X}$ 的问题. 类似于一元一次方程 $ax=b(a\neq 0)$ 的解可以写成 $x=a^{-1}b$，矩阵方程 $\boldsymbol{AX}=\boldsymbol{B}$ 的解是否也可以表示为 $\boldsymbol{X}=\boldsymbol{A}^{-1}\boldsymbol{B}$的形式呢？如果可以，那么 $\boldsymbol{A}^{-1}$的含义和存在的条件又是什么呢？下面来讨论这些问题.

定义 1　对于 n 阶方阵 $\boldsymbol{A}$，如果存在 n 阶方阵 $\boldsymbol{C}$，使得 $\boldsymbol{AC}=\boldsymbol{CA}=\boldsymbol{E}$($\boldsymbol{E}$ 为 n 阶单位矩阵)，则称方阵 $\boldsymbol{C}$ 为方阵 $\boldsymbol{A}$ 的**逆矩阵**(简称**逆阵**)，记作 $\boldsymbol{A}^{-1}$，即 $\boldsymbol{C}=\boldsymbol{A}^{-1}$.

例如，$\boldsymbol{A}=\begin{pmatrix} 1 & 3 \\ 2 & 5 \end{pmatrix}$，$\boldsymbol{C}=\begin{pmatrix} -5 & 3 \\ 2 & -3 \end{pmatrix}$，因为 $\boldsymbol{AC}=\begin{pmatrix} 1 & 3 \\ 2 & 5 \end{pmatrix}\begin{pmatrix} -5 & 3 \\ 2 & -1 \end{pmatrix}=\begin{pmatrix} 1 & 0 \\ 0 & 1 \end{pmatrix}$，$\boldsymbol{CA}=\begin{pmatrix} -5 & 3 \\ 2 & -1 \end{pmatrix}\begin{pmatrix} 1 & 3 \\ 2 & 5 \end{pmatrix}=\begin{pmatrix} 1 & 0 \\ 0 & 1 \end{pmatrix}$，所以 $\boldsymbol{C}$ 是 $\boldsymbol{A}$ 的逆矩阵，即 $\boldsymbol{C}=\boldsymbol{A}^{-1}$.

由定义 1 可知，若 $\boldsymbol{AC}=\boldsymbol{CA}=\boldsymbol{E}$，则 $\boldsymbol{C}$ 是 $\boldsymbol{A}$ 的逆矩阵，也可以称 $\boldsymbol{A}$ 是 $\boldsymbol{C}$ 的逆矩阵，即 $\boldsymbol{A}=\boldsymbol{C}^{-1}$. 因此，$\boldsymbol{A}$ 与 $\boldsymbol{C}$ 称为**互逆矩阵**.

可以证明，逆矩阵有如下性质：

(1) 若 $\boldsymbol{A}$ 是可逆的，则逆矩阵唯一.

(2) 若 $\boldsymbol{A}$ 可逆，则$(\boldsymbol{A}^{-1})^{-1}=\boldsymbol{A}$.

(3) 若 $\boldsymbol{A}$，$\boldsymbol{B}$ 为同阶方阵且均可逆，则 $\boldsymbol{AB}$ 可逆，且$(\boldsymbol{AB})^{-1}=\boldsymbol{B}^{-1}\boldsymbol{A}^{-1}$.

(4) 若 $\boldsymbol{A}$ 可逆，则 $\det\boldsymbol{A}\neq 0$；反之，若 $\det\boldsymbol{A}\neq 0$，则 $\boldsymbol{A}$ 是可逆的.

证　如果 $\boldsymbol{B}$，$\boldsymbol{C}$ 都是 $\boldsymbol{A}$ 的逆矩阵，则

$$\boldsymbol{C}=\boldsymbol{CE}=\boldsymbol{C}(\boldsymbol{AB})=(\boldsymbol{CA})\boldsymbol{B}=\boldsymbol{EB}=\boldsymbol{B}$$

即逆矩阵唯一.

其他证明略.

二、逆矩阵的求法

1. 用伴随矩阵求逆矩阵

定义 2　由矩阵

$$A=\begin{pmatrix} a_{11} & a_{12} & \cdots & a_{1n} \\ a_{21} & a_{22} & \cdots & a_{2n} \\ \vdots & \vdots & & \vdots \\ a_{n1} & a_{n2} & \cdots & a_{nn} \end{pmatrix}$$

所对应的元素 a_{ij} 的代数余子式组成的矩阵

$$\begin{pmatrix} A_{11} & A_{21} & \cdots & A_{n1} \\ A_{12} & A_{22} & \cdots & A_{n2} \\ \vdots & \vdots & & \vdots \\ A_{1n} & A_{2n} & \cdots & A_{nn} \end{pmatrix}$$

称为 $\boldsymbol{A}$ 的**伴随矩阵**，记为 $\boldsymbol{A}^*$.

显然，$\boldsymbol{AA}^*=\begin{pmatrix} a_{11} & a_{12} & \cdots & a_{1n} \\ a_{21} & a_{22} & \cdots & a_{2n} \\ \vdots & \vdots & & \vdots \\ a_{n1} & a_{n2} & \cdots & a_{nn} \end{pmatrix}\begin{pmatrix} A_{11} & A_{21} & \cdots & A_{n1} \\ A_{12} & A_{22} & \cdots & A_{n2} \\ \vdots & \vdots & & \vdots \\ A_{1n} & A_{2n} & \cdots & A_{nn} \end{pmatrix}$ 仍是一个 n 阶方阵，其中第 i 行第 j 列的元素为

$$a_{i1}A_{j1}+a_{i2}A_{j2}+\cdots+a_{in}A_{jn}$$

由行列式按一行(列)展开式可知

$$a_{i1}A_{j1}+a_{i2}A_{j2}+\cdots+a_{in}A_{jn}=\begin{cases}\det\boldsymbol{A} & i=j\\ 0 & i\neq j\end{cases}$$

所以
$$\boldsymbol{AA}^*=\begin{pmatrix} \det\boldsymbol{A} & 0 & \cdots & 0 \\ 0 & \det\boldsymbol{A} & \cdots & 0 \\ \vdots & \vdots & & \vdots \\ 0 & 0 & \cdots & \det\boldsymbol{A} \end{pmatrix}=(\det\boldsymbol{A})\mathbf{E} \tag{8-6}$$

同理，$\boldsymbol{A}^*\boldsymbol{A}=(\det\boldsymbol{A})\boldsymbol{E}=\boldsymbol{AA}^*$.

定理 n 阶方阵 $\boldsymbol{A}$ 可逆的充分必要条件是 $\boldsymbol{A}$ 为非奇异矩阵，而且

$$\boldsymbol{A}^{-1}=\frac{1}{\det\boldsymbol{A}}\boldsymbol{A}^*=\frac{1}{\det\boldsymbol{A}}\begin{pmatrix} A_{11} & A_{21} & \cdots & A_{n1} \\ A_{12} & A_{22} & \cdots & A_{n2} \\ \vdots & \vdots & & \vdots \\ A_{1n} & A_{2n} & \cdots & A_{nn} \end{pmatrix} \tag{8-7}$$

证 必要性：

如果 $\boldsymbol{A}$ 可逆，则 $\boldsymbol{A}^{-1}$ 存在，且 $\boldsymbol{AA}^{-1}=\boldsymbol{E}$，两边取行列式 $\det(\boldsymbol{AA}^{-1})=\det\boldsymbol{E}$，即 $\det\boldsymbol{A}\det\boldsymbol{A}^{-1}=1$，可知 $\det\boldsymbol{A}\neq0$，即 $\boldsymbol{A}$ 为非奇异矩阵.

充分性：

设 $\boldsymbol{A}$ 为非奇异矩阵，则 $\det\boldsymbol{A}\neq0$，由式(8-6)可知

$$\boldsymbol{A}\left(\frac{1}{\det\boldsymbol{A}}\boldsymbol{A}^*\right)=\left(\frac{1}{\det\boldsymbol{A}}\boldsymbol{A}^*\right)\boldsymbol{A}=\boldsymbol{E}$$

所以 $\boldsymbol{A}$ 是可逆矩阵，且 $\boldsymbol{A}^{-1}=\dfrac{1}{\det\boldsymbol{A}}\boldsymbol{A}^*$.

例 1　求矩阵 $A=\begin{pmatrix}4&0&2\\2&1&0\\-3&2&-5\end{pmatrix}$ 的逆矩阵.

解　因为 $\det A=\begin{vmatrix}4&0&2\\2&1&0\\-3&2&-5\end{vmatrix}=-6\neq0$，所以 A 是可逆的. 又因为

$$A_{11}=\begin{vmatrix}1&0\\2&-5\end{vmatrix}=-5\qquad A_{12}=-\begin{vmatrix}2&0\\-3&-5\end{vmatrix}=10\qquad A_{13}=\begin{vmatrix}2&1\\-3&2\end{vmatrix}=7$$

$$A_{21}=-\begin{vmatrix}0&2\\2&-5\end{vmatrix}=4\qquad A_{22}=\begin{vmatrix}4&2\\-3&-5\end{vmatrix}=-14\qquad A_{23}=-\begin{vmatrix}4&0\\-3&2\end{vmatrix}=-8$$

$$A_{31}=\begin{vmatrix}0&2\\1&0\end{vmatrix}=-2\qquad A_{32}=-\begin{vmatrix}4&2\\2&0\end{vmatrix}=4\qquad A_{33}=\begin{vmatrix}4&0\\2&1\end{vmatrix}=4$$

所以 $A^{-1}=\dfrac{1}{\det A}A^{*}=-\dfrac{1}{6}\begin{pmatrix}-5&4&-2\\10&-14&4\\7&-8&4\end{pmatrix}=\begin{pmatrix}\frac{5}{6}&-\frac{2}{3}&\frac{1}{3}\\-\frac{5}{3}&\frac{7}{3}&-\frac{2}{3}\\-\frac{7}{6}&\frac{4}{3}&-\frac{2}{3}\end{pmatrix}$

2. 用初等变换求逆矩阵

用初等变换求一个可逆矩阵 A 的逆矩阵，其具体方法为：把方阵 A 和同阶的单位矩阵 E 写成一个长方矩阵 $[A\,\vdots\,E]$，对该矩阵的行实施初等行变换，当虚线左边的 A 变成单位矩阵 E 时，虚线右边的 E 就变成了 A^{-1}，即

$$[A\,\vdots\,E]\xrightarrow{\text{初等行变换}}[E\,\vdots\,A^{-1}]$$

例 2　用初等变换求 $A=\begin{pmatrix}0&1&2\\1&1&4\\2&-1&0\end{pmatrix}$ 的逆矩阵.

解　因为 $[A\,\vdots\,E]=\left(\begin{array}{ccc:ccc}0&1&2&1&0&0\\1&1&4&0&1&0\\2&-1&0&0&0&1\end{array}\right)$

$$\xrightarrow{r_2\leftrightarrow r_1}\left(\begin{array}{ccc:ccc}1&1&4&0&1&0\\0&1&2&1&0&0\\2&-1&0&0&0&1\end{array}\right)\xrightarrow{r_3-2r_1}\left(\begin{array}{ccc:ccc}1&1&4&0&1&0\\0&1&2&1&0&0\\0&-3&-8&0&-2&1\end{array}\right)$$

$$\xrightarrow[r_1-r_2]{r_3+3r_2}\left(\begin{array}{ccc:ccc}1&0&2&-1&1&0\\0&1&2&1&0&0\\0&0&-2&3&-2&1\end{array}\right)\xrightarrow{-\frac{1}{2}r_3}\left(\begin{array}{ccc:ccc}1&0&2&-1&1&0\\0&1&2&1&0&0\\0&0&1&-\frac{3}{2}&1&-\frac{1}{2}\end{array}\right)$$

$$\xrightarrow[r_2-2r_3]{r_1-2r_3}\left(\begin{array}{ccc:ccc}1&0&0&2&-1&1\\0&1&0&4&-2&1\\0&0&1&-\frac{3}{2}&1&-\frac{1}{2}\end{array}\right)$$

所以
$$A^{-1}=\begin{pmatrix}2&-1&1\\4&-2&1\\-\frac{3}{2}&1&-\frac{1}{2}\end{pmatrix}$$

例 3 解线性方程组

$$\begin{cases}x_2+2x_3=2\\x_1+x_2+4x_3=0\\2x_1-x_2=-1\end{cases}$$

解 方程组可写成

$$\begin{pmatrix}0&1&2\\1&1&4\\2&-1&0\end{pmatrix}\begin{pmatrix}x_1\\x_2\\x_3\end{pmatrix}=\begin{pmatrix}2\\0\\-1\end{pmatrix}$$

设 $\boldsymbol{A}=\begin{pmatrix}0&1&2\\1&1&4\\2&-1&0\end{pmatrix}$，$\boldsymbol{X}=\begin{pmatrix}x_1\\x_2\\x_3\end{pmatrix}$，$\boldsymbol{B}=\begin{pmatrix}2\\0\\-1\end{pmatrix}$，则 $\boldsymbol{AX}=\boldsymbol{B}$.

由例 2 知 $\boldsymbol{A}$ 可逆，且 $\boldsymbol{A}^{-1}=\begin{pmatrix}2&-1&1\\4&-2&1\\-\frac{3}{2}&1&-\frac{1}{2}\end{pmatrix}$，所以 $\boldsymbol{X}=\boldsymbol{A}^{-1}\boldsymbol{B}$，即

$$\begin{pmatrix}x_1\\x_2\\x_3\end{pmatrix}=\boldsymbol{A}^{-1}\boldsymbol{B}=\begin{pmatrix}2&-1&1\\4&-2&1\\-\frac{3}{2}&1&-\frac{1}{2}\end{pmatrix}\begin{pmatrix}2\\0\\-1\end{pmatrix}=\begin{pmatrix}3\\7\\-\frac{5}{2}\end{pmatrix}$$

于是，方程组的解为

$$\begin{cases}x_1=3\\x_2=7\\x_3=-\frac{5}{2}\end{cases}$$

习题 8-6

1. 用伴随矩阵求下列矩阵的逆矩阵.

（1）$\begin{pmatrix}2&1\\1&2\end{pmatrix}$ （2）$\begin{pmatrix}1&1&2\\-1&2&0\\1&1&3\end{pmatrix}$ （3）$\begin{pmatrix}2&2&3\\1&-1&0\\-1&2&1\end{pmatrix}$

2. 用初等变换求逆矩阵.

（1）$\begin{pmatrix}5&7\\8&11\end{pmatrix}$ （2）$\begin{pmatrix}1&0&1\\-1&1&1\\-2&-1&1\end{pmatrix}$ （3）$\begin{pmatrix}2&7&3\\3&9&4\\1&5&3\end{pmatrix}$ （4）$\begin{pmatrix}1&2&3&4\\2&3&1&2\\1&1&1&-1\\1&0&-2&-6\end{pmatrix}$

3. 解矩阵方程.

(1) $X\begin{pmatrix}2&5\\1&3\end{pmatrix}=\begin{pmatrix}4&-6\\2&1\end{pmatrix}$　　(2) $\begin{pmatrix}3&-1\\5&-2\end{pmatrix}X\begin{pmatrix}5&6\\7&8\end{pmatrix}=\begin{pmatrix}14&16\\9&10\end{pmatrix}$

(3) $\begin{pmatrix}1&0&1\\-1&1&1\\2&-1&1\end{pmatrix}X=\begin{pmatrix}2\\0\\-3\end{pmatrix}$　　(4) $X\begin{pmatrix}3&-1&2\\1&0&-1\\-2&1&4\end{pmatrix}=\begin{pmatrix}3&0&-2\\-1&4&1\end{pmatrix}$

4. 解线性方程组.

(1) $\begin{cases}x_1+x_2-x_3=2\\-2x_1+x_2+x_3=3\\x_1+x_2+x_3=6\end{cases}$　　(2) $\begin{cases}x_1+x_2+3x_3=-5\\2x_1+x_2+x_3=8\\3x_1+2x_2+3x_3=-9\end{cases}$

第七节　矩 阵 的 秩

一、矩阵的秩

为了进一步讨论方程组解的问题，有必要引进矩阵秩的概念. 下面先介绍矩阵子式的概念.

定义 1　从矩阵 $\boldsymbol{A}$ 中任取 r 行及 r 列，将位于这 r 行 r 列相交处的 r^2 个数按原次序作成一个行列式，称为矩阵 $\boldsymbol{A}$ 的一个 **r 阶子行列式**(或称 **r 阶子式**).

例如，矩阵 $\boldsymbol{A}=\begin{pmatrix}1&2&-1&2\\2&-1&3&5\\5&5&0&-1\end{pmatrix}$ 中，位于第 1、2 行与第 3、4 列相交处的元素构成的一个二阶子式是 $\begin{vmatrix}-1&2\\3&5\end{vmatrix}$，位于第 1、2、3 行与第 1、2、4 列相交处元素构成的一个三阶子式是 $\begin{vmatrix}1&2&2\\2&-1&5\\5&5&-1\end{vmatrix}$. 显然，$n$ 阶方阵 $\boldsymbol{A}$ 的 n 阶子式就是方阵 $\boldsymbol{A}$ 的行列式 $\det\boldsymbol{A}$.

定义 2　矩阵中 $\boldsymbol{A}=(a_{ij})_{m\times n}$ 不为零的子式的最高阶数 r 称为矩阵 $\boldsymbol{A}$ 的秩 r，记作 $r_A=r$.

显然，对任意矩阵 $\boldsymbol{A}=(a_{ij})_{m\times n}$ 都有 $r_A\leqslant\min(m,n)$. 若方阵 $\boldsymbol{A}_{n\times n}$ 的 $\det\boldsymbol{A}\neq0$，则一定有 $r_A=n$，此时称方阵 $\boldsymbol{A}$ 是满秩的.

例 1　求矩阵

$$\boldsymbol{A}=\begin{pmatrix}2&2&1\\-3&12&3\\8&-2&1\\2&12&4\end{pmatrix}$$

的秩.

解　因为 $\begin{vmatrix}2&2\\-3&12\end{vmatrix}=30\neq0$，所以 $r_A\geqslant2$. 而 $\boldsymbol{A}$ 中共 4 个三阶子式，它们是

$$\begin{vmatrix}2&2&1\\-3&12&3\\8&-2&1\end{vmatrix}=0\quad\begin{vmatrix}2&2&1\\-3&12&3\\2&12&4\end{vmatrix}=0\quad\begin{vmatrix}-3&12&3\\8&-2&1\\2&12&4\end{vmatrix}=0\quad\begin{vmatrix}2&2&1\\8&-2&1\\2&12&4\end{vmatrix}=0$$

即所有三阶子式均为零，矩阵不为零的最高阶子式的阶数为 2，于是 $r_A=2$.

由定义可知，如果矩阵 $\boldsymbol{A}$ 的秩是 r，则至少有一个 $\boldsymbol{A}$ 的 r 阶子式不为零，而 $\boldsymbol{A}$ 的所有高于 r 阶的子式全为零.

二、用初等变换求矩阵的秩

根据定义计算秩，需要计算很多个行列式，显然是很麻烦的事. 下面来讨论通过初等变换求矩阵的秩，为此先给出下面定理：

定理 矩阵 $\boldsymbol{A}$ 经过有限次初等变换变为矩阵 $\boldsymbol{B}$，矩阵的秩不变，即 $r_A=r_B$.

根据定理，可以利用初等变换把矩阵 $\boldsymbol{A}$ 变成一个容易求秩的阶梯形矩阵 $\boldsymbol{B}$，从而求出矩阵 $\boldsymbol{A}$ 的秩.

满足下列两个条件的矩阵为阶梯形矩阵：

(1) 矩阵的零行在矩阵的最下方；

(2) 非零行的第一个不为零的元素的列标随着行标的增大而增大.

例 2 求矩阵 $\boldsymbol{A}=\begin{pmatrix}1 & 2 & -1 & 4\\ 2 & 4 & 3 & 5\\ -1 & -2 & 6 & -7\end{pmatrix}$ 的秩.

解 因为 $\boldsymbol{A}=\begin{pmatrix}1 & 2 & -1 & 4\\ 2 & 4 & 3 & 5\\ -1 & -2 & 6 & -7\end{pmatrix}\xrightarrow[r_3+r_1]{r_2-2r_1}\begin{pmatrix}1 & 2 & -1 & 4\\ 0 & 0 & 5 & -3\\ 0 & 0 & 5 & -3\end{pmatrix}$

$$\xrightarrow{r_3-r_2}\begin{pmatrix}1 & 2 & -1 & 4\\ 0 & 0 & 5 & -3\\ 0 & 0 & 0 & 0\end{pmatrix}=\boldsymbol{B}$$

所以 $r_A=r_B=2$.

例 3 求矩阵 $\boldsymbol{A}=\begin{pmatrix}3 & -2 & 0 & 1 & -7\\ -1 & -3 & 2 & 0 & 4\\ 2 & 0 & -4 & 5 & 1\\ 4 & 1 & -2 & 1 & -11\end{pmatrix}$ 的秩.

解 因为 $\boldsymbol{A}=\begin{pmatrix}3 & -2 & 0 & 1 & -7\\ -1 & -3 & 2 & 0 & 4\\ 2 & 0 & -4 & 5 & 1\\ 4 & 1 & -2 & 1 & -11\end{pmatrix}\xrightarrow{r_1\leftrightarrow r_2}\begin{pmatrix}-1 & -3 & 2 & 0 & 4\\ 3 & -2 & 0 & 1 & -7\\ 2 & 0 & -4 & 5 & 1\\ 4 & 1 & -2 & 1 & -11\end{pmatrix}$

$$\xrightarrow[\substack{r_3+2r_1\\ r_4+4r_1}]{r_2+3r_1}\begin{pmatrix}-1 & -3 & 2 & 0 & 4\\ 0 & -11 & 6 & 1 & 5\\ 0 & -6 & 0 & 5 & 9\\ 0 & -11 & 6 & 1 & 5\end{pmatrix}\xrightarrow[r_4-r_2]{r_3-\frac{6}{11}r_2}\begin{pmatrix}-1 & -3 & 2 & 0 & 4\\ 0 & -11 & 6 & 1 & 5\\ 0 & 0 & -\dfrac{36}{11} & \dfrac{49}{11} & \dfrac{69}{11}\\ 0 & 0 & 0 & 0 & 0\end{pmatrix}=\boldsymbol{B}$$

所以 $r_A=r_B=3$.

习题 8-7

1. 判断题.

(1) 若 $\boldsymbol{A}$ 有一个 r 阶非零子式，则 $r_A=r$. ( )

(2) 若 $r_A\geqslant r$，则 $\boldsymbol{A}$ 中必有一个非零的 r 阶子式. ( )

（3）若 $A_{3\times4}$，且所有元素都不为零，则 $r_A=3$.　（　）

（4）若 A 至少有一个非零元素，则 $r_A>0$.　（　）

2. 用定义求矩阵.

$$A=\begin{pmatrix}2 & 1 & -1 & 1\\ 3 & -2 & 1 & -3\\ 1 & 4 & -3 & 5\end{pmatrix}$$

的秩.

3. 求下列矩阵的秩.

（1）$\begin{pmatrix}0 & 0 & 2\\ 1 & 0 & 0\end{pmatrix}$　（2）$\begin{pmatrix}1 & 2 & -4\\ 1 & 7 & -9\\ -2 & 1 & 3\end{pmatrix}$

（3）$\begin{pmatrix}3 & 1 & 0 & 2\\ 1 & -1 & 2 & -1\\ 1 & 3 & -4 & 4\end{pmatrix}$　（4）$\begin{pmatrix}1 & 2 & -1 & 0 & 3\\ 2 & -1 & 0 & 1 & -1\\ 3 & 1 & -1 & 1 & 2\\ 0 & -5 & 2 & 1 & -7\end{pmatrix}$

第八节　线性方程组

前面已经讨论了含有 n 个方程、n 个未知数的线性方程组的求解问题，可以用克莱姆法则或逆矩阵的方法求解. 本节将进一步研究含有 m 个方程、n 个未知数的一般的线性方程组，讨论它们是否有解，有多少解以及怎样求解问题.

一、高斯消元法

下面用一简单例题说明高斯消元法的基本思想.

例 1　解线性方程组

$$\begin{cases}3x_1+2x_2+6x_3=6\\ 3x_1+5x_2+9x_3=9\\ 6x_1+4x_2+15x_3=6\end{cases}$$

解　首先把方程组的系数及常数项矩阵写成如下形式：

$$\widetilde{A}=\begin{pmatrix}3 & 2 & 6 & 6\\ 3 & 5 & 9 & 9\\ 6 & 4 & 15 & 6\end{pmatrix}$$

称 $\widetilde{A}$ 为原方程组系数矩阵的**增广矩阵**. 将方程组消元过程与方程组系数矩阵的增广矩阵的变换过程对照地列成表.

方程组消元过程	增广矩阵的变换过程
$\begin{cases}3x_1+2x_2+6x_3=6 & (1)\\ 3x_1+5x_2+9x_3=9 & (2)\\ 6x_1+4x_2+15x_3=6 & (3)\end{cases}$	$\widetilde{A}=\left(\begin{array}{ccc:c}3 & 2 & 6 & 6\\ 3 & 5 & 9 & 9\\ 6 & 4 & 15 & 6\end{array}\right)$
$\xrightarrow[(3)+(-2)\times(1)]{(2)+(-1)\times(1)}\begin{cases}3x_1+2x_2+6x_3=6 & (1)'\\ 3x_2+3x_3=3 & (2)'\\ 3x_3=-6 & (3)'\end{cases}$	$\xrightarrow[r_3-2r_1]{r_2-r_1}\left(\begin{array}{ccc:c}3 & 2 & 6 & 6\\ 0 & 3 & 3 & 3\\ 0 & 0 & 3 & -6\end{array}\right)$

（续）

方程组消元过程	增广矩阵的变换过程
$\xrightarrow[(2)'+(-1)\times(3)']{(1)'+(-2)\times(3)'}\begin{cases}3x_1+2x_2=18 & (1)'' \\ 3x_2=9 & (2)'' \\ 3x_3=-6 & (3)''\end{cases}$	$\xrightarrow[r_2-r_3]{r_1-2r_3}\begin{pmatrix}3 & 2 & 0 & \vdots & 18 \\ 0 & 3 & 0 & \vdots & 9 \\ 0 & 0 & 3 & \vdots & -6\end{pmatrix}$
$\xrightarrow{(1)''+\left(-\frac{2}{3}\right)\times(2)''}\begin{cases}3x_1=12 & (1)''' \\ 3x_2=9 & (2)''' \\ 3x_3=-6 & (3)'''\end{cases}$	$\xrightarrow{r_1-\frac{2}{3}r_2}\begin{pmatrix}3 & 0 & 0 & \vdots & 12 \\ 0 & 3 & 0 & \vdots & 9 \\ 0 & 0 & 3 & \vdots & -6\end{pmatrix}$
$\xrightarrow{\frac{1}{3}\times(1)''',\ \frac{1}{3}\times(2)''',\ \frac{1}{3}\times(3)'''}\begin{cases}x_1=4 \\ x_2=3 \\ x_3=-2\end{cases}$	$\xrightarrow{\frac{1}{3}r_1,\ \frac{1}{3}r_2,\ \frac{1}{3}r_3}\begin{pmatrix}1 & 0 & 0 & \vdots & 4 \\ 0 & 1 & 0 & \vdots & 3 \\ 0 & 0 & 1 & \vdots & -2\end{pmatrix}$

从上述过程可以看出，对方程组同解变形实质上相当于对 $\widetilde{\boldsymbol{A}}$ 施以行的初等变换，即经过行初等变换得到的矩阵所对应的方程组与原方程组同解，在行初等变换过程中达到消元的目的，从而求出方程组的解，这种消元法叫作**高斯消元法**.

一般地，设线性方程组为

$$\begin{cases}a_{11}x_1+a_{12}x_2+\cdots+a_{1n}x_n=b_1 \\ a_{21}x_1+a_{22}x_2+\cdots+a_{2n}x_n=b_2 \\ \qquad\vdots \\ a_{n1}x_1+a_{n2}x_2+\cdots+a_{nn}x_n=b_n\end{cases}$$

其增广矩阵为

$$\widetilde{\boldsymbol{A}}=\begin{pmatrix}a_{11} & a_{12} & \cdots & a_{1n} & \vdots & b_1 \\ a_{21} & a_{22} & \cdots & a_{2n} & \vdots & b_2 \\ \vdots & \vdots & & \vdots & \vdots & \vdots \\ a_{n1} & a_{n2} & \cdots & a_{nn} & \vdots & b_n\end{pmatrix}$$

若方程组的系数行列式 $\det\boldsymbol{A}\neq0$（即 $r_A=n$），则 $\widetilde{\boldsymbol{A}}$ 经过行初等变换，成为如下形式：

$$\begin{pmatrix}1 & 0 & \cdots & 0 & \vdots & c_1 \\ 0 & 1 & \cdots & 0 & \vdots & c_2 \\ \vdots & \vdots & & \vdots & \vdots & \vdots \\ 0 & 0 & \cdots & 1 & \vdots & c_n\end{pmatrix}$$

由此得方程组的唯一解为 $x_1=c_1$，$x_2=c_2$，$\cdots$，$x_n=c_n$.

例 2 用初等变换解方程组

$$\begin{cases}2x_1-3x_2+x_3-x_4=3 \\ 3x_1+x_2+x_3+x_4=0 \\ 4x_1-x_2-x_3-x_4=7 \\ -2x_1-x_2+x_3+x_4=-5\end{cases}$$

解

$$\widetilde{A}=\left(\begin{array}{cccc:c}2&-3&1&-1&3\\3&1&1&1&0\\4&-1&-1&-1&7\\-2&-1&1&1&-5\end{array}\right)$$

$$\xrightarrow{r_1\leftrightarrow r_2}\left(\begin{array}{cccc:c}3&1&1&1&0\\2&-3&1&-1&3\\4&-1&-1&-1&7\\-2&-1&1&1&-5\end{array}\right)$$

$$\xrightarrow{r_1+r_3}\left(\begin{array}{cccc:c}7&0&0&0&7\\2&-3&1&-1&3\\4&-1&-1&-1&7\\-2&-1&1&1&-5\end{array}\right)$$

$$\xrightarrow{r_1\times\frac{1}{7}}\left(\begin{array}{cccc:c}1&0&0&0&1\\2&-3&1&-1&3\\4&-1&-1&-1&7\\-2&-1&1&1&-5\end{array}\right)$$

$$\xrightarrow[(-1)r_4-2r_1]{\substack{r_2+(-2)r_1\\r_3+(-4)r_1}}\left(\begin{array}{cccc:c}1&0&0&0&1\\0&-3&1&-1&1\\0&-1&-1&-1&3\\0&1&-1&-1&3\end{array}\right)$$

$$\xrightarrow{r_2\leftrightarrow r_4}\left(\begin{array}{cccc:c}1&0&0&0&1\\0&1&-1&-1&3\\0&-1&-1&-1&3\\0&-3&1&-1&1\end{array}\right)$$

$$\xrightarrow[r_4+3r_2]{r_3+r_2}\left(\begin{array}{cccc:c}1&0&0&0&1\\0&1&-1&-1&3\\0&0&-2&-2&6\\0&0&-2&-4&10\end{array}\right)$$

$$\xrightarrow{r_4+(-1)r_3}\left(\begin{array}{cccc:c}1&0&0&0&1\\0&1&-1&-1&3\\0&0&-2&-2&6\\0&0&0&-2&4\end{array}\right)$$

$$\xrightarrow[r_4\times\left(-\frac{1}{2}\right)]{r_3\times\left(-\frac{1}{2}\right)}\left(\begin{array}{cccc:c}1&0&0&0&1\\0&1&-1&-1&3\\0&0&1&1&-3\\0&0&0&1&-2\end{array}\right)$$

$$\xrightarrow[r_3-r_4]{r_2+r_4}\left(\begin{array}{cccc:c}1&0&0&0&1\\0&1&-1&0&1\\0&0&1&0&-1\\0&0&0&1&-2\end{array}\right)$$

$$\xrightarrow{r_2+r_3}\left(\begin{array}{cccc:c}1&0&0&0&1\\0&1&0&0&0\\0&0&1&0&-1\\0&0&0&1&-2\end{array}\right)$$

因此，方程组的解为 $x_1=1$，$x_2=0$，$x_3=-1$，$x_4=-2$.

二、一般线性方程组求解问题

前面我们利用克莱姆法则及逆矩阵和高斯消元法来解线性方程组时，有两个限制条件：一是线性方程组中方程的个数和未知数的个数必须相等，二是系数行列式不等于零(系数矩阵的秩等于未知数个数)．现在讨论一般线性方程组的解法.

1. 非齐次线性方程组

在含有 n 个未知数 m 个方程的线性方程组

$$\begin{cases}a_{11}x_1+a_{12}x_2+\cdots+a_{1n}x_n=b_1\\a_{21}x_1+a_{22}x_2+\cdots+a_{2n}x_n=b_2\\\quad\vdots\\a_{m1}x_1+a_{m2}x_2+\cdots+a_{mn}x_n=b_m\end{cases}\tag{8-8}$$

中，若 b_1，b_2，$\cdots$，b_m 不全为零，则此方程组叫作**非齐次线性方程组**；若 b_1，b_2，$\cdots$，b_m 全为零，则此方程组叫作**齐次线性方程组**.

定理 1 线性方程组(8-8)有解的充分必要条件是它的系数矩阵 $\boldsymbol{A}$ 与增广矩阵 $\tilde{\boldsymbol{A}}$ 有相同的秩.

例 3 线性方程组

$$\begin{cases}2x_1-x_2-x_3+x_4=1\\x_1+2x_2-x_3-2x_4=0\\3x_1+x_2-2x_3-x_4=2\end{cases}$$

是否有解？

解

$$\tilde{\boldsymbol{A}}=\left(\begin{array}{cccc:c}2&-1&-1&1&1\\1&2&-1&-2&0\\3&1&-2&-1&2\end{array}\right)$$

$$\xrightarrow{r_1\leftrightarrow r_2}\left(\begin{array}{cccc:c}1&2&-1&-2&0\\2&-1&-1&1&1\\3&1&-2&-1&2\end{array}\right)$$

$$\xrightarrow[r_3+(-3)r_1]{r_2+(-2)r_1}\left(\begin{array}{cccc:c}1&2&-1&-2&0\\0&-5&1&5&1\\0&-5&1&5&2\end{array}\right)$$

$$\xrightarrow{r_3+(-1)r_2}\left(\begin{array}{cccc:c}1 & 2 & -1 & -2 & 0\\0 & -5 & 1 & 5 & 1\\0 & 0 & 0 & 0 & 1\end{array}\right)=\boldsymbol{B}$$

由矩阵 $\boldsymbol{B}$ 可知 $r_A=2$，而 $r_{\tilde{A}}=3$，即 $r_A\neq r_{\tilde{A}}$，所以方程组无解.

如果方程组(8-8)有解，那么它的解是唯一的还是无穷多组？下面的定理回答了这个问题.

定理 2　设在方程组(8-8)中，$r_A=r_{\tilde{A}}=r$，

(1) 若 $r=n$，则方程组(8-8)有唯一解；

(2) 若 $r<n$，则方程组(8-8)有无穷多组解.

例 4　解线性方程组

$$\begin{cases}x_1-x_2+2x_3=1\\x_1-2x_2-x_3=2\\3x_1-x_2+5x_3=3\\-2x_1+2x_2+3x_3=-4\end{cases}$$

解　对方程组的增广矩阵作初等变换如下：

$$\tilde{\boldsymbol{A}}=\left(\begin{array}{ccc:c}1 & -1 & 2 & 1\\1 & -2 & -1 & 2\\3 & -1 & 5 & 3\\-2 & 2 & 3 & -4\end{array}\right)$$

$$\xrightarrow[r_4+2r_1]{\substack{r_2+(-1)r_1\\r_3+(-3)r_1}}\left(\begin{array}{ccc:c}1 & -1 & 2 & 1\\0 & -1 & -3 & 1\\0 & 2 & -1 & 0\\0 & 0 & 7 & -2\end{array}\right)$$

$$\xrightarrow{r_3+2r_2}\left(\begin{array}{ccc:c}1 & -1 & 2 & 1\\0 & -1 & -3 & 1\\0 & 0 & -7 & 2\\0 & 0 & 7 & -2\end{array}\right)$$

$$\xrightarrow{r_4+r_3}\left(\begin{array}{ccc:c}1 & -1 & 2 & 1\\0 & -1 & -3 & 1\\0 & 0 & -7 & 2\\0 & 0 & 0 & 0\end{array}\right)=\boldsymbol{B}$$

由矩阵 $\boldsymbol{B}$ 可知 $r_A=r_{\tilde{A}}=3$(等于未知数的个数)，所以方程组有唯一解. 继续对 $\boldsymbol{B}$ 的前三行所构成的矩阵作行初等变换：

$$\left(\begin{array}{ccc:c}1 & -1 & 2 & 1\\0 & -1 & -3 & 1\\0 & 0 & -7 & 2\end{array}\right)\xrightarrow[r_3\times\left(-\frac{1}{7}\right)]{r_2\times(-1)}\left(\begin{array}{ccc:c}1 & -1 & 2 & 1\\0 & 1 & 3 & -1\\0 & 0 & 1 & -\frac{2}{7}\end{array}\right)$$

$$\xrightarrow[r_1+(-2)r_3]{r_2+(-3)r_3}\begin{pmatrix}1 & -1 & 0 & \vdots & \frac{11}{7}\\ 0 & 1 & 0 & \vdots & -\frac{1}{7}\\ 0 & 0 & 1 & \vdots & -\frac{2}{7}\end{pmatrix}\xrightarrow{r_1+r_2}\begin{pmatrix}1 & 0 & 0 & \vdots & \frac{10}{7}\\ 0 & 1 & 0 & \vdots & -\frac{1}{7}\\ 0 & 0 & 1 & \vdots & -\frac{2}{7}\end{pmatrix}$$

于是，方程组的解为

$$x_1=\frac{10}{7},\ x_2=-\frac{1}{7},\ x_3=-\frac{2}{7}$$

例 5 解线性方程组

$$\begin{cases}x_1+2x_2+3x_3-x_4=2\\ 3x_1+2x_2+x_3-x_4=4\\ x_1-2x_2-5x_3+x_4=0\end{cases}$$

解

$$\tilde{\boldsymbol{A}}=\begin{pmatrix}1 & 2 & 3 & -1 & \vdots & 2\\ 3 & 2 & 1 & -1 & \vdots & 4\\ 1 & -2 & -5 & 1 & \vdots & 0\end{pmatrix}$$

$$\xrightarrow[r_3+(-1)r_1]{r_2+(-3)r_1}\begin{pmatrix}1 & 2 & 3 & -1 & \vdots & 2\\ 0 & -4 & -8 & 2 & \vdots & -2\\ 0 & -4 & -8 & 2 & \vdots & -2\end{pmatrix}$$

$$\xrightarrow{r_3+(-1)r_2}\begin{pmatrix}1 & 2 & 3 & -1 & \vdots & 2\\ 0 & -4 & -8 & 2 & \vdots & -2\\ 0 & 0 & 0 & 0 & \vdots & 0\end{pmatrix}$$

$$\xrightarrow{r_2\times\left(-\frac{1}{4}\right)}\begin{pmatrix}1 & 2 & 3 & -1 & \vdots & 2\\ 0 & 1 & 2 & -\frac{1}{2} & \vdots & \frac{1}{2}\\ 0 & 0 & 0 & 0 & \vdots & 0\end{pmatrix}$$

$$\xrightarrow{r_1+(-2)r_2}\begin{pmatrix}1 & 0 & -1 & 0 & \vdots & 1\\ 0 & 1 & 2 & -\frac{1}{2} & \vdots & \frac{1}{2}\\ 0 & 0 & 0 & 0 & \vdots & 0\end{pmatrix}=\boldsymbol{B}$$

由 $\boldsymbol{B}$ 可知 $r_A=r_{\tilde{A}}=2$，且小于未知数的个数，所以方程组有无穷多组解.

$\boldsymbol{B}$ 所对应的方程组

$$\begin{cases}x_1-x_3=1\\ x_2+2x_3-\frac{1}{2}x_4=\frac{1}{2}\end{cases}$$

即

$$\begin{cases}x_1=1+x_3\\ x_2=\frac{1}{2}-2x_3+\frac{1}{2}x_4\end{cases}$$

其中 x_3，x_4 可以任意取值，如果令 $x_3=c_1$，$x_4=c_2$，则方程组的一般解为

$$x_1=1+c_1,\ x_2=\frac{1}{2}-2c_1+\frac{1}{2}c_2,\ x_3=c_1,\ x_4=c_2$$

其中 c_1，c_2 为任意常数.

2. 齐次线性方程组

设有 n 个未知数 m 个方程的齐次线性方程组

$$\begin{cases}a_{11}x_1+a_{12}x_2+\cdots+a_{1n}x_n=0\\a_{21}x_1+a_{22}x_2+\cdots+a_{2n}x_n=0\\\qquad\vdots\\a_{m1}x_1+a_{m2}x_2+\cdots+a_{mn}x_n=0\end{cases}\tag{8-9}$$

显然方程组(8-9)的增广矩阵与系数矩阵的秩是相等的，因此根据定理 1 可知，齐次线性方程组总是有解的. 根据定理 2，可以得出以下定理.

定理 3　设在方程组(8-9)中，$r_A=r$，

（1）若 $r=n$，则方程组只有零解；

（2）若 $r<n$，则方程组有无穷多组非零解.

例 6　解线性方程组

$$\begin{cases}x_1+2x_2+5x_3=0\\x_1+3x_2-2x_3=0\\3x_1+7x_2+8x_3=0\\x_1+4x_2-9x_3=0\end{cases}$$

解

$$\boldsymbol{A}=\begin{pmatrix}1&2&5\\1&3&-2\\3&7&8\\1&4&-9\end{pmatrix}\xrightarrow[r_4+(-1)r_1]{\substack{r_2+(-1)r_1\\r_3+(-3)r_1}}\begin{pmatrix}1&2&5\\0&1&-7\\0&1&-7\\0&2&-14\end{pmatrix}\xrightarrow[r_4+(-2)r_2]{\substack{r_1+(-2)r_2\\r_3+(-1)r_2}}\begin{pmatrix}1&0&19\\0&1&-7\\0&0&0\\0&0&0\end{pmatrix}=\boldsymbol{B}$$

由 $\boldsymbol{B}$ 可知 $r_A=2<3$，所以根据定理 3，方程组有无穷多组非零解，以 $\boldsymbol{B}$ 的前两行为系数写出所对应的方程组

$$\begin{cases}x_1+19x_3=0\\x_2-7x_3=0\end{cases}$$

解得

$$\begin{cases}x_1=-19x_3\\x_2=7x_3\end{cases}$$

于是方程组的一般解为

$$x_1=-19c,\ x_2=7c,\ x_3=c$$

其中，c 为任意常数.

习题 8-8

1. 解下列线性方程组.

(1) $\begin{cases} x_1-2x_2+3x_3=4 \\ 2x_1+x_2-3x_3=5 \\ -x_1+2x_2+2x_3=6 \\ 3x_1-3x_2+2x_3=7 \end{cases}$　　(2) $\begin{cases} 2x_1-3x_2+x_3+5x_4=6 \\ -3x_1+x_2+2x_3-4x_4=5 \\ -x_1-2x_2+3x_3+x_4=2 \end{cases}$

(3) $\begin{cases} x_1-3x_2-2x_3-x_4=6 \\ 3x_1-8x_2+x_3+5x_4=0 \\ -2x_1+x_2-4x_3+x_4=-12 \\ -x_1+4x_2-x_3-3x_4=2 \end{cases}$

2. 设方程组为

$$\begin{cases} \lambda x_1+x_2+x_3=2 \\ x_1+\lambda x_2+x_3=0 \\ x_1+x_2+\lambda x_3=-1 \end{cases}$$

试就 λ 的取值讨论方程组解的情况.

3. 判定下列方程组是否有解.

(1) $\begin{cases} 2x_1+x_2+x_3=2 \\ x_1+3x_2+x_3=5 \\ x_1+x_2+5x_3=-7 \\ 2x_1+3x_2-3x_3=14 \end{cases}$　　(2) $\begin{cases} x_1+x_2-3x_3=-3 \\ 2x_1+2x_2-2x_3=-2 \\ x_1+x_2+x_3=1 \\ 3x_1+3x_2-5x_3=-5 \end{cases}$

(3) $\begin{cases} 2x_1+x_2-x_3+x_4=1 \\ 3x_1-2x_2+2x_3-3x_4=2 \\ 5x_1+x_2-x_3+2x_4=-1 \\ 2x_1-x_2+x_3-3x_4=4 \end{cases}$

4. 若下列线性方程组有非零解，试确定 m 的值，并求出它们的解.

(1) $\begin{cases} (m-6)x_1+2x_2-2x_3=0 \\ 2x_1+(m-3)x_2-4x_3=0 \\ -2x_1-4x_2+(m-3)x_3=0 \end{cases}$　(2) $\begin{cases} x_1+2x_2+3x_3=0 \\ x_1+x_2+2x_3=0 \\ x_1-x_2+mx_3=0 \end{cases}$

本章小结

一、行列式

1. 二阶、三阶和 n 阶行列式的定义及计算

由两行两列共 4 个元素排成的算式 $\begin{vmatrix} a_{11} & a_{12} \\ a_{21} & a_{22} \end{vmatrix}$ 称为二阶行列式. 它代表一个算式，等于 $a_{11}a_{22}-a_{12}a_{21}$，即

$$\begin{vmatrix} a_{11} & a_{12} \\ a_{21} & a_{22} \end{vmatrix}=a_{11}a_{22}-a_{12}a_{21}$$

由三行三列共 9 个元素排成的算式 $\begin{vmatrix} a_{11} & a_{12} & a_{13} \\ a_{21} & a_{22} & a_{23} \\ a_{31} & a_{32} & a_{33} \end{vmatrix}$ 称为三阶行列式. 它也代表一个算式，即

$$\begin{vmatrix} a_{11} & a_{12} & a_{13} \\ a_{21} & a_{22} & a_{23} \\ a_{31} & a_{32} & a_{33} \end{vmatrix} = a_{11}a_{22}a_{33}+a_{12}a_{23}a_{31}+a_{13}a_{21}a_{32}-a_{13}a_{22}a_{31}-a_{11}a_{23}a_{32}-a_{12}a_{21}a_{33}$$

由 n 行 n 列共 n^2 个元素排成的算式 $\begin{vmatrix} a_{11} & a_{12} & \cdots & a_{1n} \\ a_{21} & a_{22} & \cdots & a_{2n} \\ \vdots & \vdots & & \vdots \\ a_{n1} & a_{n2} & \cdots & a_{nn} \end{vmatrix}$ 称为 n 阶行列式，也代表一个算式. 三阶以上的行列式一般不用对角线法则计算. 但 n 阶对角行列式(主对角线上元素不全为零,其余元素全为零)、n 阶上三角行列式(主对角线及以上元素不全为零,其余元素全为零)、n 阶下三角行列式(主对角线及以下元素不全为零,其余元素全为零)的值都等于主对角线上元素的乘积 $a_{11}a_{22}\cdots a_{nn}$.

2. 行列式按行(列)展开法则

行列式 D 等于它的任一行(或列)的各元素与其对应的代数余子式的乘积之和，即

$$D=a_{i1}A_{i1}+a_{i2}A_{i2}+\cdots+a_{in}A_{in}=\sum_{j=1}^{n}a_{ij}A_{ij}$$

或

$$D=a_{1j}A_{1j}+a_{2j}A_{2j}+\cdots+a_{nj}A_{nj}=\sum_{i=1}^{n}a_{ij}A_{ij}$$

$$(i=1,2,\cdots,n;\ j=1,2,\cdots,n)$$

这样，我们可以通过计算 n 个 $n-1$ 阶行列式来计算 n 阶行列式. 行列式任一行(列)与其另一行(列)的代数余子式乘积之和为零.

3. 用行列式的性质化简、计算行列式

行列式具有如下性质：

性质 1　行列式转置后，其值不变，即 $D=D^{\mathrm{T}}$.

性质 2　互换行列式中的任意两行(列)，行列式仅改变符号.

性质 3　如果行列式中有两行(列)的对应元素相同，则此行列式为零.

性质 4　如果行列式中有一行(列)元素全为零，则此行列式等于零.

性质 5　把行列式的某一行(列)的每一个元素同乘以数 k，等于以数 k 乘该行列式.

推论 1　如果行列式某行(列)的所有元素有公因子，则公因子可以提到行列式外面.

推论 2　如果行列式有两行(列)的对应元素成比例，则行列式等于零.

性质 6　如果行列式中的某一行(列)所有元素都是两个数的和，则此行列式等于两个行列式的和，而且这两个行列式除了这一行(列)以外，其余的元素与原行列式的对应元素相同，即

$$\begin{vmatrix} a_{11} & a_{12} & a_{13} \\ a_{21}+b_{21} & a_{22}+b_{22} & a_{23}+b_{23} \\ a_{31} & a_{32} & a_{33} \end{vmatrix} = \begin{vmatrix} a_{11} & a_{12} & a_{13} \\ a_{21} & a_{22} & a_{23} \\ a_{31} & a_{32} & a_{33} \end{vmatrix} + \begin{vmatrix} a_{11} & a_{12} & a_{13} \\ b_{21} & b_{22} & b_{23} \\ a_{31} & a_{32} & a_{33} \end{vmatrix}$$

性质 7 以数 k 乘行列式的某一行(列)的所有元素，然后加到另一行(列)的对应元素上，行列式的值不变.

4. 克莱姆法则

若非齐次线性方程组

$$\begin{cases} a_{11}x_1+a_{12}x_2+\cdots+a_{1n}x_n=b_1 \\ a_{21}x_1+a_{22}x_2+\cdots+a_{2n}x_n=b_2 \\ \qquad\vdots \\ a_{n1}x_1+a_{n2}x_2+\cdots+a_{nn}x_n=b_n \end{cases}$$

的系数行列式 $D\neq0$，则存在唯一解

$$x_1=\frac{D_1}{D},x_2=\frac{D_2}{D},\cdots,x_j=\frac{D_j}{D},\cdots,x_n=\frac{D_n}{D}$$

其中，D 为系数行列式，是方程组中未知数系数按原位置排列的行列式；D_j 是第 j 个未知数的行列式，是指在系数行列式中去掉第 j 列换成常数列的行列式.

齐次线性方程组

$$\begin{cases} a_{11}x_1+a_{12}x_2+\cdots+a_{1n}x_n=0 \\ a_{21}x_1+a_{22}x_2+\cdots+a_{2n}x_n=0 \\ \qquad\vdots \\ a_{n1}x_1+a_{n2}x_2+\cdots+a_{nn}x_n=0 \end{cases}$$

总有零解，它有非零解的充分必要条件是它的系数行列式为零.

二、矩阵

1. 矩阵的概念

由 $m\times n$ 个数 $a_{ij}(i=1,2,\cdots,m;j=1,2,\cdots,n)$ 排成的矩形数表

$$\begin{pmatrix} a_{11} & a_{12} & \cdots & a_{1n} \\ a_{21} & a_{22} & \cdots & a_{2n} \\ \vdots & \vdots & & \vdots \\ a_{m1} & a_{m2} & \cdots & a_{mn} \end{pmatrix}$$

叫作一个 m 行 n 列的矩阵，简称 $m\times n$ 矩阵，这 $m\times n$ 个数叫作矩阵的元素. a_{ij} 称为该矩阵第 i 行第 j 列的元素.

只有一行的矩阵叫作行矩阵；只有一列的矩阵叫作列矩阵. 元素全部为零的矩阵叫作零矩阵. 主对角线上元素皆为 1，其余元素全为零的矩阵叫作单位矩阵. 主对角线及以上元素不全为零，其余元素全为零的矩阵叫作上三角矩阵；主对角线及以下元素不全为零，其余元素全为零的矩阵叫作下三角矩阵. 主对角线以外的元素全为零的矩阵称为对角矩阵. 以上除行矩阵和列矩阵外都是指行列数相等的方阵. 方阵 $\boldsymbol{A}$ 中的元素组成的行列式，记为 $\det\boldsymbol{A}$.

2. 矩阵的运算

将矩阵的行写为相应的列，称为矩阵的转置. 当两个矩阵的行、列数对应相等的时候，

称这两个矩阵同型，两个同型矩阵可以进行加减运算. 两个同型矩阵相加减就是两个矩阵的对应元素相加减. 用一个常数去乘一个矩阵相当于用这个常数去乘这个矩阵中的每一个元素.

若矩阵 $\boldsymbol{A}=(a_{ik})_{m\times s}$ 与矩阵 $\boldsymbol{B}=(b_{kj})_{s\times n}$（$\boldsymbol{A}$ 的列数与 $\boldsymbol{B}$ 的行数相等）相乘，那么，矩阵 $\boldsymbol{C}=(c_{ij})_{m\times n}$ 称为矩阵 $\boldsymbol{A}$ 与矩阵 $\boldsymbol{B}$ 的乘积，其中

$$c_{ij}=a_{i1}b_{1j}+a_{i2}b_{2j}+\cdots+a_{is}b_{sj}=\sum_{k=1}^{s}a_{ik}b_{kj}\quad(i=1,2,\cdots,m;\ j=1,2,\cdots,n)$$

如果 n 阶方阵 $\boldsymbol{A}$ 的行列式不为零，$\boldsymbol{AC}=\boldsymbol{CA}=\boldsymbol{E}$（$\boldsymbol{E}$ 为 n 阶单位矩阵），方阵 $\boldsymbol{C}$ 称为 $\boldsymbol{A}$ 的逆矩阵（简称逆阵），记作 $\boldsymbol{A}^{-1}$，即 $\boldsymbol{C}=\boldsymbol{A}^{-1}$. 逆矩阵的伴随矩阵求法是

$$\boldsymbol{A}^{-1}=\frac{1}{\det\boldsymbol{A}}\boldsymbol{A}^{*}=\frac{1}{\det\boldsymbol{A}}\begin{pmatrix}A_{11}&A_{21}&\cdots&A_{n1}\\A_{12}&A_{22}&\cdots&A_{n2}\\\vdots&\vdots&&\vdots\\A_{1n}&A_{2n}&\cdots&A_{nn}\end{pmatrix}$$

3. 矩阵的秩

在一个矩阵中任取 k 行 k 列，位于这些行列相交处的元素构成的行列式，叫作这个矩阵的一个 k 阶子式. 矩阵中不为零的子式的最大阶数称为这个矩阵的秩.

4. 矩阵的初等变换及应用

对一个矩阵作如下三种变换称为矩阵的初等变换：

（1）位置变换：交换矩阵的某两行（列）.

（2）倍乘变换：用一个不为零的数 k 乘以矩阵的某一行（列）的各元素.

（3）倍加变换：用一个数 k 乘以矩阵的某一行（列）的各元素加到另一行（列）相应元素上去.

利用矩阵的初等变换可以求矩阵的秩、求逆矩阵、解线性方程组. 在用初等变换求矩阵的秩时，是利用初等变换不会改变矩阵秩的性质，先将矩阵通过初等变换变成阶梯形矩阵，则该阶梯形矩阵的非零行的行数就是该矩阵的秩. 用初等变换求逆矩阵的方法是：把方阵 $\boldsymbol{A}$ 和同阶的单位矩阵 $\boldsymbol{E}$ 写成一个长方矩阵 $[\boldsymbol{A}\,\vdots\,\boldsymbol{E}]$，对该矩阵实施初等行变换，当虚线左边的 $\boldsymbol{A}$ 变成单位矩阵 $\boldsymbol{E}$ 时，虚线右边的 $\boldsymbol{E}$ 变成了 $\boldsymbol{A}^{-1}$.

三、线性方程组

线性方程组有解的充分必要条件是系数矩阵的秩等于它的增广矩阵的秩，即 $r_A=r_{\widetilde{A}}$. 在有解时：

（1）若 $r_A=r_{\widetilde{A}}<n$，则方程组有无穷多组解；

（2）若 $r_A=r_{\widetilde{A}}=n$，则方程组有唯一解，其中 n 是未知数的个数.

利用这个基本定理，我们可以用初等变换求解任意的线性方程组.

复 习 题 八

1. 选择题.

（1）设 A_{ij} 是行列式 D 的元素 a_{ij} $(i=1,2,\cdots,n;\ j=1,2,\cdots,n)$ 的代数余子式，则当 $i\neq j$ 时，下列式子中正确的是（　　）.

A. $a_{i1}A_{j1}+a_{i2}A_{j2}+\cdots+a_{in}A_{jn}=0$　　B. $a_{i1}A_{i1}+a_{i2}A_{i2}+\cdots+a_{in}A_{in}=0$

C. $a_{1j}A_{1j}+a_{2j}A_{2j}+\cdots+a_{nj}A_{nj}=0$　　D. $a_{i1}A_{j1}+a_{i2}A_{j2}+\cdots+a_{in}A_{jn}=0$

(2) 设 $\boldsymbol{A}$ 是一个四阶方阵，且 $\det\boldsymbol{A}=3$，则 $\det(2\boldsymbol{A})=$ (　　).

A. 2×3^4　　B. 2×4^3　　C. $2^4\times3$　　D. $2^3\times4$

(3) 方阵 $\boldsymbol{A}$ 可逆的充要条件是(　　).

A. $\boldsymbol{A}>0$　　B. $\det\boldsymbol{A}\neq0$　　C. $\det\boldsymbol{A}>0$　　D. $\boldsymbol{A}\neq0$

(4) 设 $\boldsymbol{A}$，$\boldsymbol{B}$ 是两个 $m\times n$ 矩阵，$\boldsymbol{C}$ 是 n 阶方阵，则(　　).

A. $\boldsymbol{C}(\boldsymbol{A}+\boldsymbol{B})=\boldsymbol{CA}+\boldsymbol{CB}$　　B. $(\boldsymbol{A}^{\mathrm{T}}+\boldsymbol{B}^{\mathrm{T}})\boldsymbol{C}=\boldsymbol{A}^{\mathrm{T}}\boldsymbol{C}+\boldsymbol{B}^{\mathrm{T}}\boldsymbol{C}$

C. $\boldsymbol{C}^{\mathrm{T}}(\boldsymbol{A}+\boldsymbol{B})=\boldsymbol{C}^{\mathrm{T}}\boldsymbol{A}+\boldsymbol{C}^{\mathrm{T}}\boldsymbol{B}$　　D. $(\boldsymbol{A}+\boldsymbol{B})\boldsymbol{C}=\boldsymbol{AC}+\boldsymbol{BC}$

2. 计算下列行列式.

(1) $\begin{vmatrix} -ab & ac & ae \\ bd & -cd & de \\ bf & cf & -ef \end{vmatrix}$　　(2) $\begin{vmatrix} 1 & 1 & 1 & 1 \\ a & x & b & b \\ b & b & x & c \\ c & c & c & x \end{vmatrix}$

(3) $\begin{vmatrix} -8 & 1 & 7 & -3 \\ 1 & 3 & 2 & 4 \\ 3 & 0 & 4 & 0 \\ 4 & 0 & 1 & 0 \end{vmatrix}$　　(4) $\begin{vmatrix} \cos\alpha & \sin\alpha & 0 & 0 & 0 \\ -\sin\alpha & \cos\alpha & 0 & 0 & 0 \\ 0 & 0 & 1 & 0 & 0 \\ 0 & 0 & 0 & \cos\alpha & \sin\alpha \\ 0 & 0 & 0 & -\sin\alpha & \cos\alpha \end{vmatrix}$

3. 证明

(1) $\begin{vmatrix} \cos(\alpha-\beta) & \sin\alpha & \cos\alpha \\ \sin(\alpha+\beta) & \cos\alpha & \sin\alpha \\ 1 & \sin\beta & \cos\beta \end{vmatrix}=0$　　(2) $\begin{vmatrix} a-b-c & 2a & 2a \\ 2b & b-c-a & 2b \\ 2c & 2c & c-a-b \end{vmatrix}=(a+b+c)^3$

4. 求下列矩阵的逆矩阵.

(1) $\begin{pmatrix} 2 & 0 & 0 & 0 \\ 0 & 1 & 4 & 0 \\ 0 & 0 & -1 & 1 \\ 0 & 0 & 0 & 9 \end{pmatrix}$　　(2) $\begin{pmatrix} 1 & -1 & 1 & 1 \\ -1 & 0 & 1 & 0 \\ 1 & -1 & 1 & 0 \\ 1 & 0 & 0 & 2 \end{pmatrix}$

5. λ 取何值时，方程组 $\begin{cases} x_1+x_2+\lambda x_3=1 \\ x_1+\lambda x_2+x_3=\lambda \\ \lambda x_1+x_2-x_3=\lambda^2 \end{cases}$

(1) 有唯一解？　　(2) 无解？　　(3) 有无穷多组解？

6. 解下列线性方程组.

(1) $\begin{cases} x_1+3x_2-7x_3=-8 \\ 2x_1+5x_2+4x_3=4 \\ -3x_1-7x_2-2x_3=-3 \\ x_1+4x_2-12x_3=-15 \end{cases}$　　(2) $\begin{cases} 5x_1+x_2+2x_3=4 \\ 2x_1+x_2+x_3=5 \\ 9x_1+2x_2+5x_3=8 \end{cases}$　　(3) $\begin{cases} x_1-x_2+5x_3-x_4=0 \\ x_1+x_2-2x_3+3x_4=0 \\ 3x_1-x_2+8x_3+x_4=0 \\ x_1+3x_2-9x_3+7x_4=0 \end{cases}$

部分习题参考答案

习题　1-1

1. (1) $(-\infty,-3)\cup(-3,-2)\cup(-2,+\infty)$；(2) $(-1,2]$；(3) $(-\infty,-1]\cup[1,+\infty)$；(4) $(2k\pi,(2k+1)\pi)$，$k\in\mathbf{Z}$；(5) $(-1,1)$；(6) $\left(\dfrac{n}{2}\pi,\ \dfrac{n+1}{2}\pi\right)$，$n\in\mathbf{Z}$

2. $f(0)=1$；$f\left(\dfrac{1}{a}\right)=\dfrac{a^2+1}{a^2}$；$f(t^2-1)=t^4-2t^2+2$；$f[\varphi(x)]=1+\sin^2\dfrac{x}{3}$；$\varphi[f(x)]=\sin\dfrac{1+x^2}{3}$

3. $f\left(-\dfrac{1}{2}\right)=0$；$f\left(\dfrac{1}{3}\right)=\dfrac{2}{3}$；$f\left(\dfrac{3}{4}\right)=\dfrac{1}{2}$；$f(2)=0$

4. (1) $y=\sqrt{x^3-1}$；(2) $y=\arcsin\sqrt{x}$；(3) $y=\lg 2^{\cos x}$；(4) $y=e^{\tan^2 x}$

5. (1) $y=u^3$，$u=1+x$；(2) $y=\ln u$，$u=\sin x$；(3) $y=\arccos u$，$u=v^{\frac{1}{2}}$，$v=1+x$；(4) $y=u^2$，$u=\sin v$，$v=2x-1$

习题　1-2

1. (1) 4；(2) 0；(3) $\dfrac{1}{3}$；(4) 1；(5) 不存在；(6) 不存在

2. (1) 2；(2) 0；(3) 2；(4) 2；(5) 0；(6) 1

3. 不存在

4. $f(0-0)=-1$，$f(0+0)=1$，$\lim\limits_{x\to 0}f(x)$不存在

习题　1-3

1. (1) 无穷小；(2) 无穷大；(3) 无穷大；(4) 无穷小

3. (1) 0；(2) 0；(3) 0；(4) 0

习题　1-4

1. (1) 2；(2) $-\dfrac{4}{3}$；(3) 3；(4) ∞；(5) $\dfrac{1}{3}$；(6) $\dfrac{1}{2}$；(7) $3x^2$；(8) ∞

2. (1) ∞；(2) $\dfrac{1}{3}$；(3) 0；(4) $\dfrac{3}{2}$；(5) $\dfrac{1}{2}$；(6) 0

习题　1-5

1. (1) 2；(2) $\dfrac{n}{m}$；(3) -1；(4) $\sqrt{2}$；(5) 2；(6) 3；(7) 1；(8) $\dfrac{2}{3}$

2. (1) e^{-2}；(2) e；(3) e^{-6}；(4) e；(5) e^3；(6) e

习题　1-6

1. (1) $\Delta y=0.63$；(2) $\Delta y=-1.08$；(3) $\Delta y=6\Delta x+3(\Delta x)^2$

3. 不连续

4. 连续区间(0,3]；$\lim\limits_{x\to\frac{1}{2}}f(x)=0$，$\lim\limits_{x\to1}f(x)=1$，$\lim\limits_{x\to2}f(x)=0$

5. (1) $x=2$；(2) $x=-3$，$x=-2$；(3) $x=1$；(4) $x=0$

6. (1) 2；(2) $\frac{1-e^{-2}}{2}$；(3) $-\frac{\sqrt{2}}{2}$；(4) $\sqrt{2}$；(5) 4；(6) $\frac{1}{2\sqrt{x}}$；(7) 1；(8) 1；(9) $-\ln2$；(10) 1

复习题一

1. (1) ×；(2) ×；(3) ×；(4) ×；(5) ×；(6) ×；(7) ✓

2. (1) $[-1,1]$；(2) $\pi+1$；(3) $2-2\cos^2x$；(4) $y=u^{\frac{1}{2}}$，$u=2-3x$；(5) π；(6) $\frac{4}{9}$；(7) $x\to\pm1$；$x\to\infty$；(8) -3；(9) 不存在，2

3. (1) 4；(2) 1；(3) $\frac{1}{e}$；(4) $\frac{1}{4}$；(5) 8；(6) -2；(7) $\frac{1}{2\sqrt{x}}$；(8) $\frac{1}{3}$；(9) -1；(10) $\frac{4}{3}$；(11) $\frac{1}{20}$；(12) 0；(13) $\frac{1}{2}$；(14) $-\frac{\sqrt{2}}{2}$；(15) $\frac{4}{3}$；(16) $\frac{\pi}{4}$；(17) 2

4. 1

5. 不存在

6. (1) 连续区间$(-\infty,1)\cup(1,2)\cup(2,+\infty)$，$\frac{1}{\sqrt[3]{2}}$；(2) 连续区间(0,1)，$\ln\frac{\pi}{6}$

7. $x=1$ 是间断点

习题 2-1

1. (1) -2；(2) -4

2. $f'(x)=2ax+b$，$f'(0)=b$，$f'\left(\frac{1}{2}\right)=a+b$，$f'\left(-\frac{b}{a}\right)=-b$

3. (1) $-\frac{1}{2x\sqrt{x}}$；(2) $3x^2$；(3) $\frac{5}{2}x\sqrt{x}$；(4) $\frac{10}{7}\sqrt[7]{x^3}$；(5) $-\frac{3}{x^4}$；(6) $\frac{7}{3}x\sqrt[3]{x}$

4. $f'\left(\frac{\pi}{3}\right)=-\frac{\sqrt{3}}{2}$，$f'\left(-\frac{5}{4}\pi\right)=-\frac{\sqrt{2}}{2}$

5. 切线方程：$12x-y-16=0$，法线方程：$x+12y-98=0$

6. $\left(\frac{\pi}{2},1\right)$；(0,0)

习题 2-2

1. (1) $1-\frac{1}{3}\sec^2x$；(2) $\frac{2x}{(1-x^2)^2}$；(3) $\cot x-x\csc^2x$；(4) $2\sqrt{2}x\sec x+\sqrt{2}x^2\sec x\tan x$；(5) $\frac{2}{3\sqrt[3]{x}}$；(6) $\tan x+x\sec^2x+2\csc x\cot x$；(7) $-\frac{6x^2}{(x^3-1)^2}$；(8) $\frac{1}{1+\sin2t}$；(9) $2x-\frac{5}{2}x^{-\frac{7}{2}}-3x^{-4}$；(10) $-\frac{x+1}{2x\sqrt{x}}$；(11) $-\frac{3}{(x-4)^2}$；

(12) $\frac{2}{(1-x)^2}$；(13) $2x\cot x-x^2\csc^2 x-2\csc x\cot x$；(14) $-\frac{1}{(x-1)^2}-14x$；

(15) $\frac{1}{2\sqrt{x}}\tan x+\sqrt{x}\sec^2 x$；(16) $\frac{5}{2}x^{\frac{3}{2}}+\frac{9}{2}x^{\frac{1}{2}}-1+\frac{1}{2\sqrt{x}}$

2. (1) -2，π；(2) -1，$-\frac{1}{9}$；(3) 1，-3；(4) -1，-1

3. $2x+y-3=0$

4. 切线方程：$x+9y-9=0$，法线方程：$9x-y-\frac{79}{3}=0$

5. $k=-1$；$\left(\frac{1}{3}; -\frac{32}{27}\right)$，$(-1,0)$

习题 2-3

1. (1) $-\frac{x}{\sqrt{a^2-x^2}}$；(2) $-\sin x\tan 2x+2\cos x\sec^2 2x$；(3) $\frac{\cos x}{x}-\frac{\sin x}{x^2}+\frac{1}{2}\sin 2x$；

(4) $\frac{2x(x+1)\cos x^2-\sin x^2}{(x+1)^2}$；(5) $-2\csc^2 2x-2\sec^2 x\tan x$；(6) $-\frac{3}{2}\sin\frac{3x+1}{2}$；

(7) $\frac{3\sec^3(\ln x)\tan(\ln x)}{x}$；(8) $\frac{2x+x^3}{(1+x^2)^{\frac{3}{2}}}$

2. (1) -1；(2) $-\frac{24}{5}$；(3) $\frac{4}{3}\sqrt{3}$；(4) $\frac{\sqrt{2}}{2e}$

3. (1) $100a(ax+b)^{99}$；(2) $\frac{1}{1+x}+\frac{2x}{1+x^2}$

习题 2-4

1. (1) $2e^{2x}+2ex^{2e-1}$；(2) $e^{-\frac{1}{x}}+\frac{1}{x}e^{-\frac{1}{x}}$；(3) $-\frac{1}{x^2}e^{\tan\frac{1}{x}}\sec^2\frac{1}{x}$；(4) $e^{x\ln x}(\ln x+1)$；

(5) $e^x\sec^2 e^x$；(6) $-2(x^3-2x^2+2x+1)e^{-x^2}$；(7) $-2e^{-2x}\sin 3x+3e^{-2x}\cos 3x$；(8) $\frac{4}{(e^x+e^{-x})^2}$；

(9) $\frac{e^{\arcsin x}}{\sqrt{1-x^2}}$；(10) $\frac{2e^{2x}}{e^{2x}+1}$；(11) $\frac{1}{2}\sqrt{a^2-x^2}-\frac{x^2}{2\sqrt{a^2-x^2}}+\frac{a}{2}\cos\frac{x}{a}$；

(12) $\csc x-\operatorname{arccot} x+\frac{x}{1+x^2}$；(13) $\pm\frac{2}{1+x^2}$；(14) $\frac{2x+1}{(x^2+x+1)\ln 2}$；(15) $\frac{1}{4\sqrt{\tan\frac{x}{2}}}\sec^2\frac{x}{2}$；

(16) $\frac{2^{\frac{x}{\ln x}}\ln 2\cdot(\ln x-1)}{\ln^2 x}$；(17) $\frac{1}{\ln(\ln x)}\cdot\frac{1}{\ln x}\cdot\frac{1}{x}$；(18) $3\tan^2 x+2x\cdot 3^{\tan^2 x}\cdot\ln 3\cdot\tan x\cdot\sec^2 x$

2. (1) $-\frac{3}{8}$；(2) $\frac{4}{3}\sqrt{3}$

3. 切线方程：$2x-y+1=0$，法线方程：$x+2y-2=0$

4. $\left(1,\ \frac{1}{e}\right)$；$y=\frac{1}{e}$

习题 2-5

1. (1) $\frac{a^2}{(x^2-a^2)\sqrt{a^2-x^2}}$；(2) $e^{x^2}(6x+4x^3)$；(3) $-\csc^2 x$；(4) $9e^{3x+1}$；
(5) $-2\cos 2x\ln x-\frac{\sin 2x}{x}-\frac{x\sin 2x+\cos^2 x}{x^2}$；(6) $4\ln^2 3\cdot 3^{2x}$；(7) $-\frac{1}{x^2}$；(8) $e^{-2t}(3\sin t-4\cos t)$；
(9) $4e^{2x}+2e(2e-1)x^{2e-2}$；(10) $\frac{x^2-2x+2}{x^3}e^x$；(11) $-\frac{1}{x^2}+\frac{1-x^2}{(1+x^2)^2}+\frac{1}{(x+1)^2}$；
(12) $-a^2\sin ax-b^2\cos bx$；(13) $\frac{4}{(x+1)^3}$；(14) $(x+1)(x+3)e^x$

2. (1) 4；(2) 1；(3) -4π

3. $-\omega^2 A\sin\omega t$

4. $v=-\lambda e^{-\lambda t}\sin\omega t+\omega e^{-\lambda t}\cos\omega t$，$a=e^{-\lambda t}(\lambda^2\sin\omega t-2\lambda\omega\cos\omega t-\omega^2\sin\omega t)$

5. $v=9\text{m/s}$，$a=12\text{m/s}^2$

习题 2-6

1. (1) $\frac{x}{y}$；(2) $\frac{\cos y-\cos(x+y)}{x\sin y+\cos(x+y)}$；(3) $-\frac{ye^x}{e^x+\frac{1}{y}}$；(4) $\frac{x+y}{x-y}$；(5) $-\frac{e^y}{1+xe^y}$；
(6) $\frac{y^2-4xy}{2x^2-2xy+3y^2}$

2. (1) $\frac{(3-x)^4\sqrt{x+2}}{(x+5)^5}\left[\frac{1}{2(x+2)}+\frac{4}{x-3}-\frac{5}{x+5}\right]$；(2) $\frac{\ln y-\frac{y}{x}}{\ln x-\frac{x}{y}}$；
(3) $\sqrt[5]{\frac{2x+3}{\sqrt[3]{x^2+1}}}\left[\frac{2}{5(2x+3)}-\frac{2x}{15(x^2+1)}\right]$；(4) $\left(\frac{x}{1+x}\right)^x\left[1+\ln x-\ln(1+x)-\frac{x}{x+1}\right]$

3. (1) $\frac{6y(3y^4-2x^2y^2-x^4)}{(3y^2-x^2)^3}$；(2) $-\frac{2[(x+y)^2+1]}{(x+y)^5}$

4. $-\frac{1}{e}$

5. (1) $\frac{3t^2-1}{2t}$；(2) $\sec t$；(3) $\frac{\sin t}{1-\cos t}$

6. $\sqrt{3}-2$

7. 切线方程：$8x+y-24=0$，法线方程：$x-8y+127=0$

习题 2-7

1. (1) $\Delta y=0.04$, $dy=0.04$; (2) $\Delta y=-0.0199$, $dy=-0.02$

2. (1) $\left(-\frac{1}{x^2}+\frac{1}{\sqrt{x}}\right)dx$; (2) $(\sin 2x+2x\cos 2x)dx$; (3) $\frac{2\ln(1-x)}{x-1}dx$;

(4) $-2e^{-2x}[\cos(3+2x)+\sin(3+2x)]dx$; (5) $2e^{\sin 2x}\cos 2x dx$; (6) $\frac{1}{x\ln x}dx$;

(7) $-3\sin 3x dx$; (8) $-4\tan(1-2x)\sec^2(1-2x)dx$; (9) $2(3x^3+2x^2-5x)(9x^2+4x-5)dx$;

(10) $2(e^x+e^{-x})(e^x-e^{-x})dx$; (11) $(2xe^{x^2}\sin 2x+2e^{x^2}\cos 2x)dx$;

(12) $-4\tan 2x dx$; (13) $-12x^2\sec^2(1-2x^3)\tan(1-2x^3)dx$; (14) $\left(-\sin x-\frac{3}{3x+2}\right)dx$;

(15) $5^{\ln\tan x}\ln 5\cdot\cot x\cdot\sec^2 x dx$; (16) $-10x(a^2-x^2)^4dx$

3. (1) 1.006; (2) 0.017; (3) 0.02; (4) 0.02

习题 2-8

1. (1) $\sqrt{9x^4-6x^2+2}\,dx$; (2) $\sqrt{4p^2+1}\,dx$; (3) $\sqrt{1+\frac{1}{x^2}}\,dx$; (4) $\sqrt{1+\cos^2 x}\,dx$

2. (1) $K=\frac{\sqrt{2}}{4}$, $R=2\sqrt{2}$; (2) $K=\frac{\sqrt{2}}{4}$, $R=2\sqrt{2}$

3. $K=\frac{3\sqrt{10}}{50}$, $R=\frac{5\sqrt{10}}{3}$

4. $K=2$, $R=\frac{1}{2}$

5. $K=\frac{4\sqrt{5}}{25}$, $R=\frac{5\sqrt{5}}{4}$

复习题二

1. (1) ×; (2) ×; (3) √; (4) ×; (5) ×; (6) ×; (7) √; (8) ×

2. (1) D; (2) B; (3) B; (4) A; (5) C; (6) C; (7) B; (8) C

3. (1) $y-y_0=f'(x_0)(x-x_0)$; $y-y_0=-\frac{1}{f'(x_0)}(x-x_0)$; (2) dy; (3) $-\sqrt{3}$; (4) 0; (5) -1

4. (1) $1+\frac{3}{2x\sqrt{x}}+\frac{6}{x^2}$; (2) $a\cos(ax+b)$; (3) $\sec x$; (4) $-\cot x\cdot\csc^2 x-\tan x$;

(5) $-\frac{2x}{3}(1+x^2)^{-\frac{4}{3}}$; (6) $4\sec^2 2x\cdot\tan 2x-3e^{-3x}$; (7) $-\frac{1}{x^2}e^{\tan\frac{1}{x}}\left(\sec\frac{1}{x}\cdot\tan\frac{1}{x}+\cos\frac{1}{x}\right)$;

(8) $\frac{1}{4(1+x)}+\frac{1}{4(1-x)}$; (9) $\frac{4x}{\sqrt{1-(2x^2-1)^2}}$; (10) $-\frac{1}{2\sqrt{x(1-x)}}$; (11) 0;

(12) $2e^{2x}-\frac{2x}{1+x^4}$

5. (1) $(a^3\sin 2ax-b^3\sin 2bx)dx$; (2) $\frac{6x^2}{(x^3+1)^2}dx$; (3) $\frac{3^{\ln 2x}\ln 3}{x}dx$;

(4) $-\dfrac{4}{(1+2x)\ln^3(1+2x)}dx$；(5) $\left(\dfrac{e^x}{1+e^{2x}}-\dfrac{1}{x^2+1}\right)dx$；(6) $x^x(1+\ln x)dx$

6. (1) $(2+x)e^x$；(2) $2\csc^2x\cdot\cot x$；(3) $6x\ln x+5x$；(4) $\dfrac{1}{(x^2-1)\sqrt{1-x^2}}$

7. $v=1-\dfrac{a}{\sqrt{e}}$，$a=\dfrac{a^2}{\sqrt{e}}$

8. (1) 1，$\dfrac{7}{2}$；(2) $-\dfrac{16}{\pi^3}$；(3) 0，$-\pi$；(4) $\dfrac{3}{25}$，$\dfrac{17}{15}$

9. (1) $\dfrac{ay-x^2}{y^2-ax}$；(2) $\dfrac{e^y}{1-xe^y}$；(3) $\dfrac{\sec^2(x-y)}{1+\sec^2(x-y)}$；(4) $\dfrac{\ln y-\dfrac{y}{x}}{\ln x-\dfrac{x}{y}}$

10. (1) $\dfrac{\cos t-t\sin t}{1-\sin t-t\cos t}$；(2) $-\dfrac{3e^t+1}{3e^{-t}}$

11. $2x-y-2=0$ 或 $2x-y+2=0$

12. (1) $K=\dfrac{1}{2}$，$R=2$；(2) $K=4$，$R=\dfrac{1}{4}$

习题 3-1

1. 满足，$\xi=\dfrac{2}{\sqrt{3}}$

2. $\left(\pm\dfrac{2}{3}\sqrt{3},\ 1+\dfrac{2}{9}\sqrt{3}\right)$

3. (1) $\cos a$；(2) $-\dfrac{1}{3}$；(3) -1；(4) 1；(5) 0；(6) -1；(7) 1；(8) $+\infty$

习题 3-2

1. (1) 函数在$(-\infty,0)$内单调减少，在$(0,+\infty)$内单调增加；(2) 函数在$(-\infty,1)\cup(2,+\infty)$内单调增加，在$(1,2)$内单调减少；(3) 函数在$\left(\dfrac{1}{2},+\infty\right)$内单调增加，在$\left(0,\dfrac{1}{2}\right)$内单调减少；(4) 函数在$(-\infty,0)\cup\left(\dfrac{2}{5},+\infty\right)$内单调增加，在$\left(0,\dfrac{2}{5}\right)$内单调减少

2. (1) $f_{极大}(-1)=\dfrac{14}{3}$，$f_{极小}(3)=-6$；(2) $f_{极大}(0)=7$，$f_{极小}(\pm1)=6$；(3) $f_{极大}(1)=10$，$f_{极小}(5)=-22$；(4) $f_{极小}(0)=0$；(5) 无极值点，无极值；(6) $f_{极大}\left(\dfrac{3}{4}\right)=\dfrac{5}{4}$

3. (1) $f_{极大}\left(\dfrac{\pi}{4}\right)=\sqrt{2}$，$f_{极小}\left(\dfrac{5\pi}{4}\right)=-\sqrt{2}$；(2) $f_{极大}(\pi)=\dfrac{3}{2}$

习题 3-3

1. (1) $f_{极大}(3)=13, f_{极小}(2)=-4$；(2) $f_{极大}(2)=\ln 5, f_{极小}(0)=0$；(3) $f_{极大}(4)=6$, $f_{极小(0)}=0$；(4) $f_{极大}(1)=\dfrac{1}{2}, f_{极小}(0)=0$

3. $V_{极大}=\dfrac{2}{27}a^3$

4. D 点应选在距 A 点 15km 处

5. $2\sqrt{\dfrac{2A}{\pi+4}}$

习题 3-4

1. (1) 曲线在$(-\infty,1)$内是凸的，在$(1,+\infty)$内是凹的，拐点$(1,-2)$；(2) 曲线在$(-\infty,+\infty)$内都是凹的，无拐点；(3) 曲线在$(0,1)$内是凸的，在$(-\infty,0)\cup(1,+\infty)$内是凹的，拐点$(0,1)$，$(1,0)$；(4) 曲线在$(-\infty,-1)\cup(1,+\infty)$内是凸，$(-1,1)$为凹区间，拐点$(-1,\ln 2)$，$(1,\ln 2)$；(5) 曲线在$(-1,0)$内是凸的，在$(-\infty,-1)\cup(0,+\infty)$内是凹的，拐点$(-1,0)$；(6) 曲线在$(-\infty,0)$内是凸的，在$(0,+\infty)$内是凹的，拐点$(0,0)$

2. $a=1$，$b=3$，$c=0$，$d=2$

习题 3-5

1. (1) 水平渐近线 $y=\pm\dfrac{\pi}{2}$；(2) 水平渐近线 $y=1$，垂直渐近线 $x=\pm 1$；(3) 水平渐近线 $y=0$；(4) 水平渐近线 $y=c$，垂直渐近线 $x=b$

复 习 题 三

1. (1) ×；(2)×；(3)×；(4) ×；(5) ×；(6)×；(7) ✓；(8) ×

2. (1) $x=-1, f_{极小}(3)=-6$；(2) $\ln 5$，0；(3) -3，$(1,-7)$，$(1,+\infty)(-\infty,1)$；(4) $\sqrt{2}$；(5) $(0,+\infty)$

3. (1) $\dfrac{m}{n}a^{m-n}$；(2) $-\dfrac{5}{3}$；(3) n；(4) 1；(5) 0；(6) 1；(7) 1；(8) 1

4. (1) 函数在$(-\infty,0)$内单调增加，在$(0,+\infty)$内单调减少，$f_{极大}(0)=-1$；(2) 函数在$(-\infty,1)\cup\left(\dfrac{7}{5},2\right)\cup(2,+\infty)$内单调增加，在$\left(1,\dfrac{7}{5}\right)$单调减少，$f_{极大}(1)=0$，$f_{极小}\left(\dfrac{7}{5}\right)=-\dfrac{108}{3125}$；(3) 函数在$\left(0,\dfrac{\pi}{4}\right)\cup\left(\dfrac{5\pi}{4},2\pi\right)$内单调增加，在$\left(\dfrac{\pi}{4},\dfrac{5\pi}{4}\right)$内单调减少，$f_{极大}\left(\dfrac{\pi}{4}\right)=\sqrt{2}, f_{极小}\left(\dfrac{5\pi}{4}\right)=-\sqrt{2}$；(4) 函数在$(-\infty,-1)$内单调增加，在$(-1,+\infty)$内单调减少，$f_{极大}(-1)=3$

5. (1) 曲线在$(-\infty,1)$内是凸的，在$(1,+\infty)$内是凹的，拐点$(1,-1)$；(2) 曲线在$(e^{-\frac{3}{2}},+\infty)$内是凸的，在$(0,e^{-\frac{3}{2}})$内是凹的，拐点$\left(e^{-\frac{3}{2}},\dfrac{3}{2}e^{-3}\right)$

6. 长为 2，宽为 $2\sqrt{2}$

习题 4-1

1. (1) $\sin(2x+3)+C$；(2) $\dfrac{dx}{1+x^2}$；(3) $x\sin x+C$；(4) $e^x(\cos x-\sin x)$

3. $y=\dfrac{1}{3}x^3+1$

4. $s=\sin t+9$

习题 4-2

1. (1) e^x+x+C；(2) $\dfrac{a^x e^x}{1+\ln a}+C$；(3) $\ln|x|-2\sin x+C$；(4) $\dfrac{1}{3}x^3+\dfrac{3}{2}x^2+9x+C$；(5) $\dfrac{2^x}{\ln 2}+\tan x+C$；(6) $\ln|x|+\dfrac{3^x}{\ln 3}+\tan x-e^x+C$；(7) $\tan x-\sec x+C$；(8) $\dfrac{1}{2}x^2+2\arctan x+C$；(9) $x+2\ln|x|-\dfrac{1}{x}+C$；(10) $\dfrac{2}{3}x\sqrt{x}-2x+C$；(11) $\dfrac{1}{2}(x-\sin x)+C$；(12) $2\sin x+C$；(13) $-\cot x-2x+C$；(14) $-\cot x-\tan x+C$；(15) $\tan x-x+C$；(16) $-\cot x+\csc x+C$；(17) $\dfrac{1}{2}\tan x+C$

2. $y=-\cos x+\sin x+1$

习题 4-3

1. (1) $\dfrac{1}{2}$；(2) $\dfrac{1}{2}$；(3) $\dfrac{1}{3}$；(4) $\dfrac{1}{2}$；(5) -1；(6) $\dfrac{1}{2}$；(7) $\dfrac{1}{2}$；(8) $-\dfrac{1}{2}$

2. (1) $\dfrac{1}{4}\sin 4x+C$；(2) $-5\cos\dfrac{t}{5}+C$；(3) $\dfrac{1}{22}(x^2-2x+3)^{11}+C$；(4) $\dfrac{1}{2\ln 3}\times 3^{2x}+C$；(5) $\sqrt{1+2x}+C$；(6) $\dfrac{1}{32}(2x-3)^{16}+C$；(7) $\dfrac{1}{3}(1+x^2)\sqrt{1+x^2}+C$；(8) $\dfrac{1}{200(1-x^2)^{100}}+C$；(9) $-\dfrac{1}{2}\cos(2x-3)+C$；(10) $\dfrac{1}{b}\ln|a+b\sin x|+C$；(11) $e^{\sin x}+C$；(12) $\sec x+C$；(13) $\dfrac{1}{3}\cos^3 x-\cos x+C$；(14) $-\dfrac{1}{2}\csc^2 x+C$；(15) $\dfrac{1}{4}\ln^4 x+C$；(16) $2\sqrt{1+\ln x}+C$；(17) $-e^{-x}+C$；(18) $e^{\tan x}+C$；(19) $2\sin\sqrt{x}+C$；(20) $2e^{\sqrt{x}}+C$；(21) $\dfrac{2}{3}(2+e^x)\sqrt{2+e^x}+C$；(22) $-\dfrac{1}{3}\cos x^3+C$；(23) $\dfrac{1}{2b}\sin(a+bx^2)+C$；(24) $\dfrac{1}{6\ln a}a^{2x^3}+C$；(25) $e^{-\frac{1}{x}}+C$；(26) $\dfrac{1}{2}\sin 2x-\dfrac{1}{6}\sin^3 2x+C$；(27) $\ln|\ln\sin x|+C$；(28) $-\dfrac{1}{b}\tan(a-bx)+C$；(29) $-\dfrac{1}{18}\cos 9x+\dfrac{1}{2}\cos x+C$；(30) $\tan x-\dfrac{3}{2}x+\dfrac{1}{4}\sin 2x+C$；(31) $\arcsin\ln x+C$；(32) $-\dfrac{1}{2}\cot(1+x^2)+C$

3. (1) $\frac{3}{2}\sqrt[3]{(x+1)^2}-3\sqrt[3]{x+1}+3\ln|1+\sqrt[3]{x+1}|+C$;

(2) $2\sqrt{x}-3\sqrt[3]{x}+6\sqrt[6]{x}-6\ln(1+\sqrt[6]{x})+C$; (3) $\ln\frac{\sqrt{1+x}-1}{\sqrt{1+x}+1}+C$; (4) $\ln\frac{\sqrt{1+e^x}-1}{\sqrt{1+e^x}+1}+C$;

(5) $\frac{1}{3}\ln(3x+\sqrt{9x^2-4})+C$; (6) $\arccos\frac{1}{x}+C$; (7) $\frac{1}{4}\arcsin 2x+\frac{x}{2}\sqrt{1-4x^2}+C$;

(8) $\frac{9}{2}\arcsin\frac{x}{3}-\frac{x}{2}\sqrt{9-x^2}+C$

习题 4-4

(1) $-x\cos x+\sin x+C$; (2) $x(\ln x-1)+C$; (3) $x\arcsin x+\sqrt{1-x^2}+C$;

(4) $-e^{-x}(x+1)+C$; (5) $\frac{1}{2}(\sin x-\cos x)e^{-x}+C$; (6) $x^2\sin x+2x\cos x-2\sin x+C$;

(7) $-\frac{1}{2}\left(t+\frac{1}{2}\right)e^{-2t}+C$; (8) $-\frac{1}{4}x\cos 2x+\frac{1}{8}\sin 2x+C$; (9) $\frac{x^3}{3}\left(\ln x-\frac{1}{3}\right)+C$;

(10) $\frac{1}{2}x^2\sin 2x+\frac{1}{2}x\cos 2x-\frac{1}{4}\sin 2x+C$; (11) $2\sqrt{x}(\ln x-2)+C$; (12) $x\ln^2x-2x\ln x+2x+C$

复 习 题 四

1. (1) $f(x)=g(x)+C$; (2) $s=t^3+2t^2$; (3) $F(x)+Ax+C$; (4) $\arctan f(x)+C$;

(5) $\arcsin\frac{x}{a}+C$; (6) $e^{f(x)}+C$; (7) $-\ln|\ln\cos x|+C$; (8) $\frac{\cos^2x\mathrm{d}x}{1+\sin^2x}$;

(9) $\frac{\cos x}{1+\sin x}+C$; (10) $\frac{\sin x}{1+x^2}$

2. (1) B; (2) A; (3) D; (4) C; (5) C

3. (1) $\tan x-\cot x+C$; (2) $\frac{1}{8}x-\frac{1}{32}\sin 4x+C$; (3) $-2\cos\sqrt{x}+C$; (4) $-2\cot x+\frac{2}{\sin x}-x+C$;

(5) $\frac{1}{6}(2x^2+1)\sqrt{2x^2+1}+C$; (6) $\frac{1}{3}(\ln x)^3+C$; (7) $2\ln|\ln x|+C$; (8) $e^x+e^{-x}+C$;

(9) $\frac{1}{3}(\arctan x)^3+C$; (10) $\frac{1}{2}(\arcsin x)^2+C$; (11) $\frac{1}{2\sqrt{3}}\arctan\frac{2x}{\sqrt{3}}+C$; (12) $\frac{1}{a}\arctan\frac{\sin x}{a}+C$;

(13) $\arctan(x+1)+C$;

(14) $\frac{1}{3}x^3\ln(x-3)-\frac{1}{9}x^3-\frac{1}{2}x^2-3x-9\ln(x-3)+C$; (15) $\frac{x}{2}\sin 2x-\frac{x^2}{2}\cos 2x+\frac{1}{4}\cos 2x+C$;

(16) $2(\sqrt{x}\sin\sqrt{x}+\cos\sqrt{x})+C$; (17) $\frac{1}{2}\ln^2(\arcsin x)+C$; (18) $\frac{1}{2}\cos x-\frac{1}{10}\cos 5x+C$;

(19) $\frac{1}{6}x^3+\frac{1}{2}x^2\sin x+x\cos x-\sin x+C$; (20) $xf'(x)-f(x)+C$; (21) $xf(x)+C$;

(22) $\arcsin\frac{1+x}{2}-2\sqrt{3-2x-x^2}+C$; (23) $\frac{x-1}{2}\sqrt{3+2x-x^2}+2\arcsin\frac{x-1}{2}+C$

4. $y=x^3-3x+2$

习题 5-1

1. (1) $|b-a|$, $\left|\int_a^b \mathrm{d}x\right|$; (2) $\int_0^3 (2t+1)\mathrm{d}t$; (3) 3, -2; $[-2,3]$

2. (1) $\int_1^2 x^2\mathrm{d}x$; (2) $\int_{\frac{\pi}{3}}^{\pi} \sin x\mathrm{d}x$; (3) $\int_1^{e} \ln x\mathrm{d}x$

4. (1) $\int_a^b [f(x)-g(x)]\mathrm{d}x$; (2) $\int_{-1}^3 [(2x+3)-x^2]\mathrm{d}x$;

(3) $\int_1^3 \frac{1}{x}\mathrm{d}x$; (4) $\int_{-1}^1 (\sqrt{2-x^2}-x^2)\mathrm{d}x$

习题 5-2

1. (1) $\frac{\pi}{3}$; (2) $\frac{29}{6}$; (3) $\frac{\pi}{6}$; (4) 2; (5) $4\sqrt{3}-\frac{10}{3}\sqrt{2}$; (6) $\frac{\pi}{2}$; (7) $1+\frac{\pi}{4}$; (8) 0; (9) $\frac{4\sqrt{3}}{3}$; (10) $2\sqrt{2}-2$; (11) $-\frac{1}{3}$

2. $\frac{7}{3}$

习题 5-3

1. (1) $2(\ln 3-\ln 2)$; (2) $\frac{21}{400}$; (3) $2(\sqrt{3}-1)$; (4) $\frac{2}{3}$; (5) $\frac{2}{3}$; (6) $\frac{2}{15}$; (7) $\frac{\pi}{6}$; (8) $\frac{8}{3}$; (9) $\ln\frac{1+e}{2}$; (10) $\frac{4}{3}$

2. (1) $\frac{\pi}{12}+\frac{\sqrt{3}}{2}-1$; (2) π; (3) $e-2$; (4) $\frac{e^2+1}{4}$; (5) $\frac{1}{2}(e^{\frac{\pi}{2}}+1)$; (6) $\pi-2$

习题 5-4

1. (1) $\frac{1}{2}$; (2) $\frac{1}{a}$; (3) π; (4) 1

2. (1) 发散; (2) 发散; (3) 发散; (4) 收敛

3. (1) 2; (2) π; (3) $\frac{\pi^2}{8}$; (4) $\frac{\pi}{2}$

习题 5-5

1. (1) 2; (2) 4; (3) $\frac{2}{3}$; (4) $\frac{\pi}{2}+\frac{1}{3}$; (5) $\frac{9}{2}$; (6) $\frac{3}{2}-\ln 2$

2. (1) $\frac{4}{3}a^2\pi^3$; (2) $a^2\pi$; (3) $\frac{5}{4}\pi$; (4) a^2

3. (1) $\frac{3\pi}{10}$; (2) $\frac{\pi^2}{2}$; (3) $\frac{16\pi}{3}$; (4) 8π; (5) $160\pi^2$

习题 5-6

1. 0.7J

2. $\dfrac{k(b^2-a^2)}{2a}$

3. $2ka^2$

4. 1.47×10^5N

5. $6.93\times10^3a^3$N

6. $\dfrac{1}{4}(1-\cos2)$

7. 13m/s

复 习 题 五

1.（1）积分变量，被积函数及积分区间；（2）$F(b)-F(a)$；（3）0；（4）0；（5）1；（6）$\dfrac{1}{2}\left(\dfrac{\pi}{2}-\arctan\dfrac{1}{2}\right)$；（7）$\int_a^b[f(x)-g(x)]\mathrm{d}x$；（8）$\dfrac{2}{\pi}$；（9）$\dfrac{76}{3}$

2.（1）A；（2）A，C；（3）A；（4）B；（5）C

3.（1）$\dfrac{13}{2}$；（2）$\dfrac{7}{72}$；（3）0；（4）$\dfrac{3}{2}$；（5）$\dfrac{2}{5}$；（6）$\dfrac{\pi}{4}-\dfrac{1}{2}$；（7）$\dfrac{4}{3}$；（8）1；（9）$\dfrac{\pi}{16}$；（10）$\ln\dfrac{2e}{1+e}$；（11）$\dfrac{1}{2}\ln2+\dfrac{\pi^2}{32}$；（12）$8\ln2-4$

4.（1）-1；（2）$\dfrac{\pi}{2}$

5. $2(\sqrt{2}-1)$

6. $\dfrac{9}{4}$

7. $\dfrac{8}{3}\pi$

8. $2.94\times10^4\pi$J

9. 直线距水池上沿$\dfrac{5}{2}\sqrt{2}$m

10. $\dfrac{1}{2}$

习题 6-1

1.（1）二阶；（2）不是；（3）一阶；（4）一阶

2.（1）通解；（2）通解；（3）通解

3.（1）$y=\ln|x|+C$；（2）$y=e^x+\dfrac{1}{2}C_1x^2+C_2x+C_3$；（3）$y=\ln x^2-x+2$；

(4) $y=-\frac{2}{9}\sin3x+\frac{5}{3}x$；(5) $y=\frac{1}{8}e^{2x}-\frac{1}{4}x$

4. (1) $y=\ln\left(\frac{1}{2}e^{2x}+C\right)$；(2) $1+y^2=C(1-x^2)$；(3) $\tan x\cdot\cot y=C$；(4) $\frac{1}{y}=a\ln(1-a-x)+C$；(5) $\ln y=\tan\frac{x}{2}$；(6) $y=\arccos\left(\frac{\sqrt{2}}{2}\cos x\right)$；(7) $y^2=2\ln(1+e^x)+1-2\ln2$

5. (1) $y'=x^2$；(2) $yy'+2x=0$；(3) $y'=y$，$y|_{x=1}=0$

习题 6-2

1. (1) $3x^2-\ln(2+3y)^2=C$；(2) $y=\left(-\frac{1}{3}\cos3x+C\right)x^2$；(3) $y=\frac{1}{x^2}\left(-\frac{1}{2}e^{-x^2}+C\right)$；(4) $y=\frac{1}{x^2-1}(\sin x+C)$；(5) $x=y^2+Cy$

2. (1) $y=\frac{1}{5}e^{-2x}(e^{5x}-1)$；(2) $y=x\sec x$；(3) $\ln^2y-2x\ln y=0$

3. $y=-2x-2+2e^x$

习题 6-3

1. (1) $y+\sqrt{y^2-x^2}=Cx^2$；(2) $x^3-2y^3=Cx$；(3) $x+2ye^{\frac{x}{y}}=C$；(4) $x^2-y^2+y^3=0$；(5) $x+y=x^2+y^2$

3. (1) $y+x=\tan(x+C)$；(2) $(x-y)^2=-2x+C$；(3) $xy=e^{Cx}$；(4) $2xy+1=2x^2y^2(\ln y+C)$

4. (1) $y=\frac{1}{12}x^4+\sin x+\frac{1}{2}C_1x^2+C_2x+C_3$；(2) $y=(x-1)e^x+C_1x^2+C_2$；(3) $y=\frac{1}{6}x^3\ln x-\frac{11}{36}(x^3-1)$；(4) $y=-\frac{1}{a}\ln|ax+1|$

习题 6-4

1. (1) $y=C_1e^x+C_2e^{-2x}$；(2) $y=C_1+C_2e^{-3x}$；(3) $y=(C_1+C_2x)e^{5x}$；(4) $y=e^{-3x}(C_1\cos2x+C_2\sin2x)$；(5) $s=C_1\cos\omega t+C_2\sin\omega t$；(6) $x=(C_1+C_2t)e^{\frac{5}{2}t}$

2. (1) $y=4e^x+2e^{3x}$；(2) $y=(2+x)e^{-\frac{x}{2}}$；(3) $y=e^{2x}\sin3x$

3. $y=(1+x-nx)e^{nx}$

习题 6-5

1. (1) $y=x$；(2) $y=e^x$；(3) $y=\sin x$；(4) $y=\left(\frac{3}{2}x^2-3x\right)e^{2x}$；(5) $y=\frac{7}{6}$

2. (1) $y=C_1e^{3x}+C_2e^{-x}-x+\frac{1}{3}$；(2) $y=e^{3t}(C_1\sin2t+C_2\cos2t)+3$；

(3) $y=C_1e^{-t}+C_2e^{-2t}+\frac{1}{4}t-\frac{3}{8}$； (4) $y=e^{\frac{x}{2}}\left(\frac{5}{2}x^2+C_1x+C_2\right)$； (5) $x=-\sin 2t+C_1t+C_2$；

(6) $y=x^2-2+\frac{1}{2}x\sin x+C_1\cos x+C_2\sin x$

3. (1) $y=\frac{7}{6}e^{-2x}+\frac{5}{3}e^x-x-\frac{1}{2}$； (2) $y=xe^{-\frac{3}{2}x}+12e^{-\frac{3}{2}x}-9e^{-\frac{5}{2}x}$； (3) $y=(x^2-x+1)e^x-e^{-x}$；

(4) $y=\frac{\pi}{4}\cos x-\frac{1}{2}x\cos x$

复 习 题 六

1. (1)①②；(2)①；(3)①②；(4)①；(5)③；(6)③
2. (1) C；(2) C；(3) D；(4) C；(5) D；(6) D；(7) B；(8) A
3. (1) $s=e^t(C-t)$； (2) $y=\frac{1}{2}(\cos x+\sin x)+Ce^{-x}$； (3) $y=\frac{1}{m-a}e^{mx}+Ce^{ax}$；

(4) $y=-\frac{1}{3}x^3-x^2-2x+C_1+C_2e^x$； (5) $y=C_1e^{-x}+C_2e^{-3x}+\frac{1}{5}\sin x-\frac{2}{5}\cos x$；

(6) $y=-x\cos kx+C_1\sin kx+C_2\cos kx$

4. (1) $y=\sqrt{1+x^2}\ln(x+\sqrt{1+x^2})+x^2+1$； (2) $y=\frac{5}{3}e^{x^3}-\frac{1}{3}x^3-\frac{2}{3}$
5. (1) $y=\frac{1}{16}x+\frac{1}{32}+e^{4x}\left(\frac{1}{2}x^2+C_1x+C_2\right)$； (2) $y=\frac{1}{4}x\sin x-\frac{1}{16}\cos 3x+C_1\sin x+C_2\cos x$
6. $T\approx 2.0002\mathrm{s}$

习题 7-1

1. (1) $\frac{9s}{9s^2+1}$； (2) $\frac{1}{s+2}$； (3) $\frac{6}{s^4}$； (4) $\frac{1}{2}\left(\frac{1}{s}-\frac{s}{s^2+1}\right)$
2. $\frac{1}{s}(3-4e^{-2s}+e^{-4s})$
3. $\frac{1}{(s^2+1)(1-e^{-\pi s})}$
4. $\frac{1+as}{s^2}-\frac{a}{s(1-e^{-as})}$

习题 7-2

1. (1) $\frac{6}{s^4}+\frac{2}{s^2}-\frac{2}{s}$； (2) $\frac{1}{s}-\frac{1}{(s-1)^2}$； (3) $\frac{s^2-4s+5}{(s-1)^3}$； (4) $\frac{s}{(s^2+a^2)^2}$；

(5) $\frac{s^2-9}{(s^2+9)^2}$； (6) $\frac{8}{s^2+4}-\frac{3s}{s^2+1}$； (7) $\frac{5}{(s+3)^2+25}$； (8) $\frac{s+2}{(s+2)^2+9}$； (9) $\frac{n!}{(s-a)^{n+1}}$；

(10) $\frac{\omega\cos\varphi+s\sin\varphi}{s^2+\omega^2}$； (11) $\frac{1}{s}e^{-\frac{4}{3}s}$； (12) $\frac{s^2+2}{s(s^2+4)}$； (13) $\frac{1}{s}(2e^{-4s}-1)$；

(14) $\frac{s(1+e^{-\pi s})}{s^2+1}+\frac{1+\pi s}{s^2}e^{-\pi s}$

2. (1) $\frac{s^2-k^2}{(s^2+k^2)^2}$; (2) $\frac{2(3s^2k-k^3)}{(s^2+k^2)^3}$; (3) $\ln\frac{s-2}{s-3}$; (4) $\operatorname{arccot}\frac{s}{2}$

习题 7-3

(1) $3e^{-2t}$; (2) $\delta(t)+2e^{2t}$; (3) $\frac{1}{4}t\sin 2t$; (4) $2\cos 4t$; (5) $\frac{1}{6}\sin\frac{3}{2}t$;
(6) $\frac{ae^{at}-be^{bt}}{a-b}$; (7) $\frac{a-c}{a-b}e^{-at}+\frac{c-b}{a-b}e^{-bt}$; (8) $\frac{1}{ab}+\frac{1}{a-b}\left[\frac{e^{-at}}{a}-\frac{e^{-bt}}{b}\right]$; (9) $\frac{t}{a^2}-\frac{t}{a^3}\sin at$;
(10) $-t+\frac{1}{2}(e^t-e^{-t})$; (11) $2te^t+2e^t-1$; (12) $\frac{4}{\sqrt{6}}e^{-2t}\sin\sqrt{6}t$; (13) $\frac{1}{3}\sin t-\frac{1}{6}\sin 2t$;
(14) $\frac{1}{9}\left(\sin\frac{2}{3}t+\cos\frac{2}{3}t\right)e^{-\frac{2}{3}t}$

习题 7-4

(1) $i(t)=5(e^{-3t}-e^{-5t})$; (2) $y(t)=\frac{1}{4}[(7+2t)e^{-t}-3e^{-3t}]$; (3) $y=\sin\omega t$;
(4) $y(t)=e^{-t}-e^{-2t}+\left[\frac{1}{2}+\frac{1}{2}e^{-2(t-1)}-e^{-(t-1)}\right]u(t-1)$; (5) $y(t)=-2\sin t-\cos 2t$;
(6) $y(t)=te^t\sin t$; (7) $y(t)=-\frac{1}{2}+\frac{1}{10}e^{2t}+\frac{2}{5}\cos t-\frac{1}{5}\sin t$; (8) $y(t)=2t+3\cos 4t-\sin 4t$

复习题七

1. (1)B; (2)C; (3)B; (4)C; (5)B; (6)C; (7)D; (8)A; (9)B; (10)C

2. (1) $\frac{1}{2}\left[\frac{s-4}{(s-4)^2+49}+\frac{s-4}{(s-4)^2+1}\right]$; (2) $\frac{2s^3-24s}{(s^2+4)^3}$; (3) $\ln\left(1-\frac{1}{s}\right)$;
(4) $\frac{2(s-1)}{[(s-1)^2+1]^2}$; (5) $\frac{1}{2}\left(\frac{1}{s}-\frac{s}{s^2+16}\right)$; (6) $\frac{6}{(s^2+1)(s^2+9)}$; (7) $\frac{1}{s}(e^{-2s}-e^{-4s})$;
(8) $\frac{1}{(s^2+1)(1-e^{-\pi s})}$

3. (1) $e^{-t}(3\cos 3t+2\sin 3t)$; (2) $2u(t-1)-u(t-2)=\begin{cases}0 & 0\leqslant t<1\\ 2 & 1\leqslant t<2\\ 1 & t\leqslant 2\end{cases}$;
(3) $\frac{2}{9}+\frac{7}{9}e^{-3t}-\frac{11}{3}te^{-3t}$; (4) $2-e^{-t}\cos t-3e^{-t}\sin t$

4. (1) $(3t^2+4t-2)e^{-2t}$; (2) $\cos t-\sin t+\frac{1}{2}t^2+t-1$

习题 8-1

1. （1）14；（2）$2(a^2+b^2)$；（3）61；（4）$2abc$；（5）210
2. $x_1=0$，$x_2=2$

习题 8-2

1. （1）143；（2）ab；（3）-11；（4）$(x+y+z)(y+z-x)(y-x-z)(y+x-z)$
3. （1）$x=-\frac{12}{13}$；（2）$x_1=0$，$x_2=-2$，$x_3=2$

习题 8-3

1. （1）$x=1$，$y=2$，$z=-2$；（2）$x=y=z=0$；
   （3）$x_1=\frac{13}{4}$，$x_2=\frac{3}{4}$，$x_3=\frac{1}{4}$，$x_4=\frac{1}{4}$；
   （4）$x_1=\frac{11}{4}$，$x_2=\frac{7}{4}$，$x_3=\frac{3}{4}$，$x_4=-\frac{1}{4}$，$x_5=-\frac{5}{4}$
2. （1）2，$2+\sqrt{2}$；（2）0，$-3\pm2\sqrt{21}$

习题 8-4

1. （1）×；（2）×；（3）×；（4）×；（5）×；（6）✓；（7）×
2. （1）m，n，行，列；（2）3，-2，-1；（3）对角矩阵；
   （4）对称，a_{ji}；（5）至少有一个为 0

习题 8-5

1. （1）行数、列数对应相同；（2）每一个元素；（3）$\boldsymbol{A}$ 的列数与 $\boldsymbol{B}$ 的行数相同；
   （4）$m\times5$，$\sum_{k=1}^{n}a_{ik}b_{kj}$；（5）下三角，上三角；（6）$-8$
2. （1）$\begin{pmatrix}6&-9&3&9\\6&13&-21&-12\\-15&23&9&-17\end{pmatrix}$；（2）$\begin{pmatrix}-7&5&2&-5\\4&-6&19&36\\12&-14&-27&7\end{pmatrix}$；
   （3）$\begin{pmatrix}-4&5&-1&-5\\-2&-7&13&12\\9&-13&-9&9\end{pmatrix}$
3. （1）$\begin{pmatrix}3&2\\5&6\end{pmatrix}$；（2）$\begin{pmatrix}-1&0\\0&-1\end{pmatrix}$；（3）$\begin{pmatrix}5&3\\2&7\end{pmatrix}$；（4）$\begin{pmatrix}-19&-2&-1\\10&12&2\end{pmatrix}$

习题 8-6

1. (1) $\begin{pmatrix} \frac{2}{3} & -\frac{1}{3} \\ -\frac{1}{3} & \frac{2}{3} \end{pmatrix}$；(2) $\begin{pmatrix} 2 & -\frac{1}{3} & -\frac{4}{3} \\ 1 & \frac{1}{3} & -\frac{2}{3} \\ -1 & 0 & 1 \end{pmatrix}$；(3) $\begin{pmatrix} 1 & -4 & -3 \\ 1 & -5 & -3 \\ -1 & 6 & 4 \end{pmatrix}$

2. (1) $\begin{pmatrix} -11 & 7 \\ 8 & -5 \end{pmatrix}$；(2) $\frac{1}{5}\begin{pmatrix} 2 & -1 & -1 \\ -1 & 3 & -2 \\ 3 & 1 & 1 \end{pmatrix}$；(3) $\begin{pmatrix} -\frac{7}{3} & 2 & -\frac{1}{3} \\ \frac{5}{3} & -1 & -\frac{1}{3} \\ -2 & 1 & 1 \end{pmatrix}$；

   (4) $\begin{pmatrix} 22 & -6 & -26 & 17 \\ -17 & 5 & 20 & -13 \\ -1 & 0 & 2 & -1 \\ 4 & -1 & -5 & 3 \end{pmatrix}$

3. (1) $\begin{pmatrix} 18 & -32 \\ 5 & -8 \end{pmatrix}$；(2) $\begin{pmatrix} 1 & 2 \\ 3 & 4 \end{pmatrix}$；(3) $\begin{pmatrix} 7 \\ 12 \\ -5 \end{pmatrix}$；(4) $\begin{pmatrix} \frac{1}{7} & \frac{20}{7} & \frac{1}{7} \\ -\frac{8}{7} & \frac{57}{7} & \frac{20}{7} \end{pmatrix}$

4. (1) $x_1=1$，$x_2=3$，$x_3=2$；(2) $x_1=37$，$x_2=-78$，$x_3=12$

习题 8-7

1. (1) ×；(2) ✓；(3) ×；(4) ✓
2. $r_A=2$
3. (1) $r=2$；(2) $r=2$；(3) $r=2$；(4) $r=2$

习题 8-8

1. (1) $x_1=4$，$x_2=3$，$x_3=2$；(2) 无解；

   (3) $x_1=2$，$x_2=-1$，$x_3=1$，$x_4=-3$
2. $\lambda=1$ 或 $\lambda=-2$ 时无解，$\lambda\neq1$ 且 $\lambda\neq-2$ 时有唯一解
3. (1) 唯一解；(2) 无穷多组解；(3) 无解
4. (1) $m=7$ 或 $m=-2$；$m=7$ 时，$x_1=2c_2-2c_1$，$x_2=c_1$，$x_3=c_2$（c_1,c_2 为任意常数）.

   $m=-2$ 时，$x_1=-\frac{1}{2}c$，$x_2=-c$，$x_3=c$（c 为任意常数）；

   (2) $m=0$，$x_1=-c$，$x_2=-c$，$x_3=c$（c 为任意常数）

复习题八

1.（1）A；（2）C；（3）B；（4）D

2.（1）$4abcdef$；（2）$(x-a)(x-b)(x-c)$；（3）169；（4）1

4.（1）$\begin{pmatrix} \frac{1}{2} & 0 & 0 & 0 \\ 0 & 1 & 4 & -\frac{4}{9} \\ 0 & 0 & -1 & \frac{1}{9} \\ 0 & 0 & 0 & \frac{1}{9} \end{pmatrix}$；（2）$\begin{pmatrix} -2 & 0 & 2 & 1 \\ -4 & 1 & 3 & 2 \\ -2 & 1 & 2 & 1 \\ 1 & 0 & -1 & 0 \end{pmatrix}$

5.（1）$\lambda\neq 0$，± 1；（2）$\lambda=0$；（3）$\lambda=\pm 1$

6.（1）$x_1=5$，$x_2=-2$，$x_3=1$；（2）$x_1=-\frac{1}{4}$，$x_2=\frac{23}{4}$，$x_3=-\frac{1}{4}$；

（3）$x_1=-\frac{3}{2}c_1-c_2$，$x_2=\frac{7}{2}c_1-2c_2$ $x_3=c_1$，$x_4=c_2$（c_1,c_2 为任意常数）

参 考 文 献

[1] 侯风波. 高等数学[M]. 4版. 北京: 高等教育出版社, 2014.
[2] 冯宁. 高等数学[M]. 南京: 南京大学出版社, 2015.
[3] 王化久. 高等数学[M]. 北京: 机械工业出版社, 2003.
[4] 同济大学数学教研室. 高等数学[M]. 4版. 北京: 高等教育出版社, 1996.
[5] 张圣勤. 高等数学[M]. 北京: 机械工业出版社, 2010.